中国特色高水平高职学校项目建设成果

金属切削加工技术

主　编　张国艳　陈　强
副主编　陈　秀　史　锐
参　编　孙美娜　姜东全
主　审　王道林　裴永斌

本书依据国家职业教育机械制造类专业人才培养定位要求，参照车工、铣工等国家职业技能标准，与企业合作开发、以金属切削加工工作过程为导向，岗课赛证融合，并将素质教育融入其中，教材资源丰富。本书内容包括轴类零件车削加工，平面、箱体类零件铣削加工，外圆及平面零件磨削加工，刨削、钻削及齿轮加工4个学习情境，计10个学习任务，分别为阶梯轴车削加工，锥面车削加工，螺纹车削加工，台阶面铣削加工，箱体类零件铣削加工，外圆磨削加工，平面磨削加工，零件刨削、插削加工，轴承套钻削加工，齿轮加工。每个学习任务包括学习导图、任务工单、课前自学、自学自测、任务实施、工作单、课后作业等栏目。

本书既可作为职业教育机械制造类专业本科、高职层次的教学用书，也可作为相关工程技术人员培训和进修的参考用书。

为便于教学，本书在适当位置植入二维码链接，读者扫描二维码，即可观看其中的视频、动画等内容。本书还配有电子课件、习题解答等教学资源，凡使用本书作为授课教材的教师均可登录机械工业出版社教育服务网（www. cmpedu. com），注册、免费下载。

图书在版编目（CIP）数据

金属切削加工技术/张国艳，陈强主编. —北京：机械工业出版社，2024. 1
中国特色高水平高职学校项目建设成果
ISBN 978-7-111-74970-7

Ⅰ.①金…　Ⅱ.①张…②陈…　Ⅲ.①金属切削-加工工艺-高等职业教育-教材　Ⅳ.①TG506

中国国家版本馆CIP数据核字（2024）第032322号

机械工业出版社（北京市百万庄大街22号　邮政编码100037）
策划编辑：王海峰　　责任编辑：王海峰
责任校对：张亚楠　丁梦卓　　封面设计：张　静
责任印制：刘　媛
北京中科印刷有限公司印刷
2024年4月第1版第1次印刷
184mm×260mm · 16.5印张 · 407千字
标准书号：ISBN 978-7-111-74970-7
定价：49.80元

电话服务　　网络服务
客服电话：010-88361066　　机　工　官　网：www. cmpbook. com
010-88379833　　机　工　官　博：weibo. com/cmp1952
010-68326294　　金　书　网：www. golden-book. com
封底无防伪标均为盗版　　机工教育服务网：www. cmpedu. com

中国特色高水平高职学校项目建设系列教材编审委员会

编写说明

中国特色高水平高职学校和专业建设计划（简称“双高计划”）是我国为建设一批引领改革、支撑发展、中国特色、世界水平的高等职业学校和骨干专业（群）而推出的重大决策建设工程。哈尔滨职业技术学院入选“双高计划”建设单位，对学院中国特色高水平学校建设进行顶层设计，编制了站位高端、理念领先的建设方案和任务书，并扎实开展了人才培养高地、特色专业群、高水平师资队伍与校企合作等项目建设，借鉴国际先进的教育教学理念，开发中国特色、国际水准的专业标准与规范，深入推动“三教改革”，组建模块化教学创新团队，开展“课堂革命”，校企双元开发活页式、工作手册式、新形态教材。为适应智能时代先进教学手段应用需求，学校加大优质在线资源的建设，丰富教材的载体，为开发以工作过程为导向的优质特色教材奠定基础。

按照教育部印发的《职业院校教材管理办法》要求，教材编写总体思路是：依据学校双高建设方案中教材建设规划、国家相关专业教学标准、专业相关职业标准及职业技能等级标准，服务学生成长成才和就业创业，以立德树人为根本任务，融入素质教育内容，对接相关产业发展需求，将企业应用的新技术、新工艺和新规范融入教材之中。教材编写遵循技术技能人才成长规律和学生认知特点，适应相关专业人才培养模式创新和课程体系优化的需要，注重以真实生产项目、典型工作任务及典型工作案例等为载体开发教材内容体系，实现理论与实践有机融合。

本套教材是哈尔滨职业技术学院中国特色高水平高职学校项目建设的重要成果之一，也是哈尔滨职业技术学院教材建设和教法改革成效的集中体现，教材体例新颖，具有以下特色：

第一，教材研发团队组建创新。按照学校教材建设统一要求，遴选教学经验丰富、课程改革成效突出的专业教师担任主编，选取了行业内具有一定知名度的企业作为联合建设单位，形成了一支学校、行业、企业和教育领域高水平专业人才参与的开发团队，共同参与教材编写。

第二，教材内容整体构建创新。精准对接国家专业教学标准、职业标准、职业技能等级标准确定教材内容体系，参照行业企业标准，有机融入新技术、新工艺、新规范，构建基于职业岗位工作需要的体现真实工作任务和流程的内容体系。

第三，教材编写模式形式创新。与课程改革相配套，按照“工作过程系统化”“项目+任务式”“任务驱动式”“CDIO 式”四类课程改革需要设计教材编写模式，创新新形态、活页式及工作手册式教材三大编写形式。

第四，教材编写实施载体创新。依据本专业教学标准和人才培养方案要求，在深入企业调研、岗位工作任务和职业能力分析基础上，按照“做中学、做中教”的编写思路，以企业典型工作任务为载体进行教学内容设计，将企业真实工作任务、业务流程、生产过程融入教材之中，并开发了与教学内容配套的教学资源，以满足教师线上、线下混合式教学的需要，教材配套资源同时在相关教学平台上线，可随时进行下载，以满足学生在线自主学习课程的需要。

第五，教材评价体系构建创新。从培养学生良好的职业道德、综合职业能力与创新创业能力出发，设计并构建评价体系，注重过程考核以及由学生、教师、企业等参与的多元评价，在学生技能评价上借助社会评价组织的“1+X”技能考核评价标准和成绩认定结果进行学分认定，每种教材均根据专业特点设计了综合评价标准。

为确保教材质量，组建了中国特色高水平高职学校项目建设系列教材编审委员会，教材编审委员会由职业教育专家和企业技术专家组成，组织了专业与课程专题研究组，建立了常态化质量监控机制，为提升教材品质提供稳定支持，确保教材的质量。

本套教材是在学校骨干院校教材建设的基础上，经过几轮修订，融入素质教育内容和课堂革命理念，既具积累之深厚，又具改革之创新，凝聚了校企合作编写团队的集体智慧。本套教材的出版，充分展示了课程改革成果，为更好地推进中国特色高水平高职学校项目建设做出积极贡献！

哈尔滨职业技术学院

中国特色高水平高职学校项目建设系列教材编审委员会

前言

近年来，随着国家高职教育的快速发展，高等职业教育教学改革也在不断发展。以教师教育教学理念提升为先导，以真实工作任务或实际产品为载体，以校企双方参与课程开发与实施为主要途径，以学生为主体，以教师为主导，以培养学生职业道德、综合职业能力和创业与就业能力为重点，进行课程改革与建设，本书编者即是在此思想指引下，解构与重构原有课程体系，构建基于工作过程的全新教材模式，整合了“金属切削加工与刀具”“金属切削机床”等课程内容，以具体学习任务为载体，构建了4个学习情境，计10个具体学习任务，并结合课程改革实践成果，在总结高职教育教学经验的基础上，编写了这本具有鲜明高职教育特色的教材。

本书具有以下特色。

1. 遵循教育规律突出素质教育

本书在编写过程中坚决贯彻党的二十大精神，明确职业教育的发展方向和要求，按照智能制造工程技术、机械制造及自动化、数控技术等职业岗位群的工作过程要求及职业素养、职业精神的要求，将本课程的教学目标确定为使学生掌握常用机床及附件和刀具的基本结构、用途与应用方法以及常用切削加工方法等基本知识，为后续课程学习和以后从事生产技术工作奠定必要的知识基础和初步的专业技能，并且将职业规范、大国重器、工匠故事等内容融入书中，从职业规范、职业素养、职业精神、职业理想四个层面，培养学生成为高素质技术技能型人才。

2. 校企合作构建教材学习体系

学习情境与学习任务的确定由经验丰富的一线教师和企业专家共同完成。将金属切削加工教学内容按零件车削、铣削、刨磨削、齿轮加工等加工顺序进行编排，使教材内容更具有职业教育特色。以企业生产的典型零件为载体，独立解决阶梯轴车削加工、变速箱壳体铣削加工等，将企业的工作内容转变成学生学习内容，提升学生职业技能与职业素养。

3. “岗课赛证”设计学习载体

根据本学习领域的职业岗位，参照机械加工岗位职业标准、多轴数控加工1+X证书标准等，结合机械制造类专业的知识、能力、素质要求，对实际任务整合、归纳出学习任务，以学习任务为载体设计教学情境，以典型加工零件为导向制定实施方案，引入常规机械加工的车削、铣削、磨削、镗削、钻削和刨削等加工方法，形成教学情境。教学情境由浅入深，注重调动学生学习的积极性和主体作用，培养学生的自主学习能力。

4. 适应面宽适用性强

考虑到职业教育多层次教学的需要，本书在编写过程中尽力做到知识面和内容深度兼顾，使其有较广的适应性。本书贯彻现行国家标准，力求体现学科与技术的发展。

5. 配套数字化资源丰富

本书配套的数字化资源融文档、动画、视频、微课于一体，便于学生更好地理解，方便自学，提升学习效果。

本书由哈尔滨职业技术学院张国艳和陈强担任主编，张国艳负责确定教材编写体例、统稿及定稿工作；哈尔滨职业技术学院陈秀和哈尔滨汽轮机叶片厂史锐担任副主编，哈尔滨职业技术学院孙美娜、姜东全参加编写。编写分工为：学习情境一、三由张国艳编写；学习情境二中的任务 1 由史锐编写；学习情境二中的任务 2 由孙美娜编写；学习情境四中的任务 1、任务 2 由陈秀编写；学习情境四中的任务 3 由陈强、姜东全编写。

本书经过学校教材编审委员会审定，由哈尔滨电机厂有限责任公司大国工匠裴永斌与南京工业职业技术大学王道林教授担任主审。

在本书编写过程中，编者参考了大量资料和文献，在此谨对相关作者表示诚挚的谢意！由于编者水平有限，书中难免有疏漏及不当之处，恳请广大读者批评指正。

编 者

二维码索引

序号	名称	图形	页码	序号	名称	图形	页码
1	微课：切削运动		4	12	微课：螺纹车削加工方法		55
2	微课：切削用量及合理选择		6	13	微课：铣削的工艺范围		75
3	微课：刀具几何角度		9	14	微课：铣削用量		76
4	微课：刀具角度的合理选择		12	15	微课：铣床的基本操作		77
5	动画：切屑的形成		31	16	微课：铣削加工		99
6	动画：积屑瘤		32	17	微课：磨床的种类及构成		117
7	动画：切削热		33	18	动画：无心外圆磨削		117
8	动画：刀具磨损的过程和主要形式		34	19	微课：轴承支座磨削加工		118
9	微课：车刀的结构及分类		35	20	动画：研磨		120
10	微课：车刀安装		38	21	动画：磨削外圆加工		120
11	微课：车床		39	22	微课：砂轮结构与组成		122

（续）

序号	名称	图形	页码	序号	名称	图形	页码
23	微课：磨削工艺分析		129	33	微课：拉削加工方法		186
24	动画：纵向磨削法		129	34	动画：麻花钻的切削平面和基面		206
25	动画：横向磨削法		129	35	动画：麻花钻的组成		206
26	动画：周磨法		154	36	动画：锪钻的类型		207
27	动画：端磨法		154	37	微课：镗床的分类		210
28	动画：牛头刨床		173	38	动画：立式单柱坐标镗床		210
29	动画：龙门刨床		175	39	动画：立式双柱坐标镗床		210
30	动画：插床		180	40	动画：卧式坐标镗床		210
31	动画：拉刀与拉孔过程		185	41	动画：双刃镗刀		212
32	微课：拉刀结构		185	42	动画：滚切斜齿圆柱齿轮的传动原理		226

（续）

序号	名称	图形	页码	序号	名称	图形	页码
43	动画：滚切直齿圆柱齿轮的传动原理		226	46	动画：剃齿工作原理		228
44	视频：齿轮加工1		226	47	微课：滚齿和插刀		230
45	视频：齿轮加工2		226				

目　录

学习情境一

轴类零件车削加工

【学习指南】

【情境导入】

某汽车制造公司的生产部门接到一项定位阶梯轴零件加工生产任务，其主要结构由阶梯轴、锥面和螺纹等组成。加工人员需要根据零件图样要求，研讨并选用加工所需的机床、刀具及附件等装备，并且能够运用正确的加工方法，依照加工方案，规范地完成含有阶梯轴、锥面、螺纹等典型轴类零件的加工，同时达到图样要求的尺寸精度、几何精度、表面质量等要求。

【学习目标】

知识目标：

1. 识别各种加工方法的切削运动。
2. 正确描述车刀、车床的结构及组成。
3. 完整定义并准确绘制刀具的几何角度。
4. 理解积屑瘤产生原因及避免的措施。
5. 正确阐述切削力对工件几何公差的影响。
6. 正确阐述加工中切削热对加工精度的影响。

能力目标：

1. 能够进行刀具选用与刃磨。
2. 能够正确安装刀具。
3. 正确选用车削加工的机床及附件。
4. 根据零件加工要求，选择合理的切削用量。
5. 熟练操作车床进行零件加工。

素养目标：

1. 养成学生遵守职业规范的习惯。
2. 树立学生民族自豪感和荣誉感。
3. 养成学生精益求精的工匠精神。
4. 锻炼学生具有团队合作意识和创新意识。
5. 养成学生的环保意识和质量意识。

【工作任务】

任务 1　阶梯轴车削加工，参考学时：课内 6 学时（课外 8 学时）。

任务 2　锥面车削加工，参考学时：课内 4 学时（课外 4 学时）。

任务 3　螺纹车削加工，参考学时：课内 4 学时（课外 4 学时）。

任务 1　阶梯轴车削加工

【学习导图】

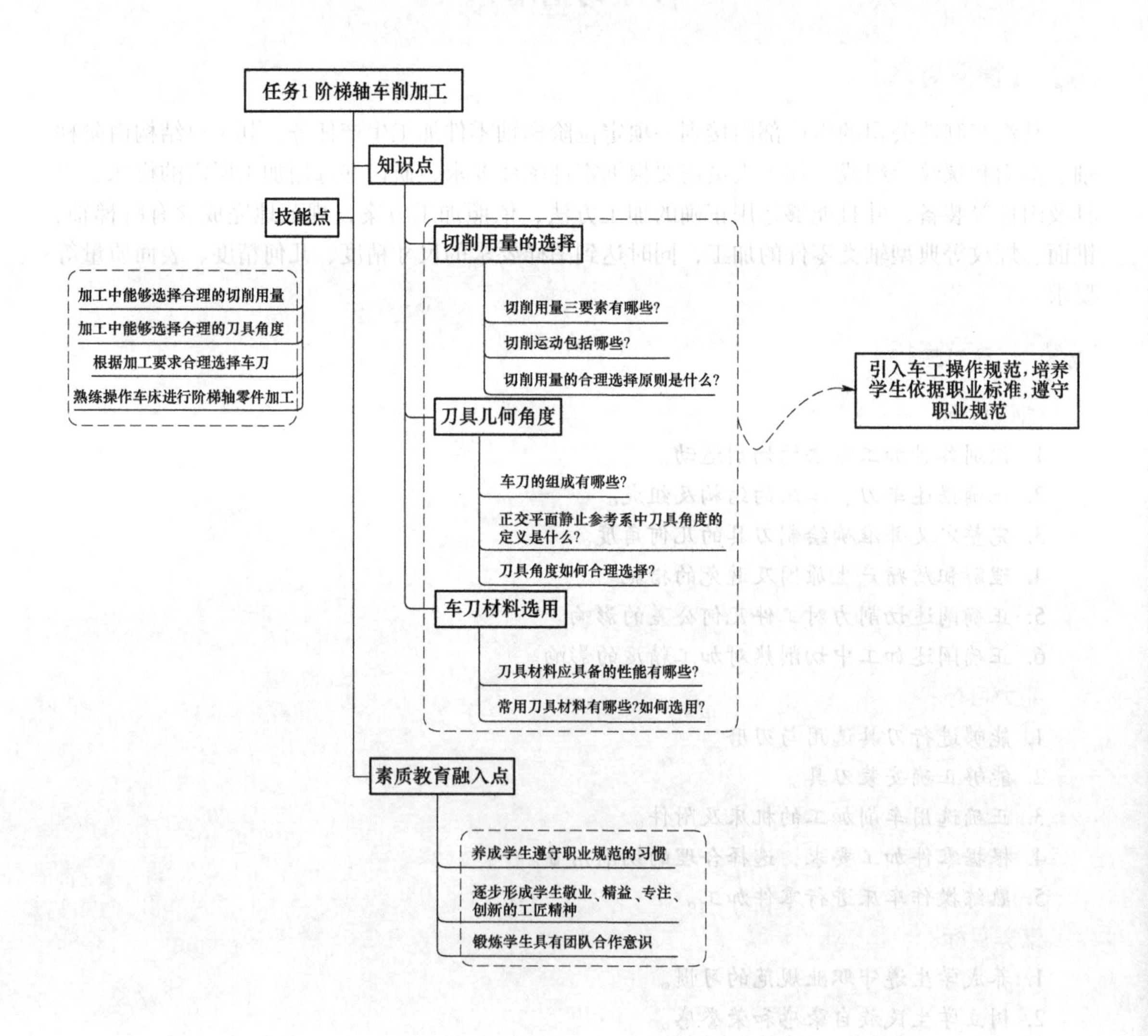

【任务工单】

<table>
<tr><td>学习情境一</td><td colspan="3">轴类零件车削加工</td><td>工作任务 1</td><td colspan="2">阶梯轴车削加工</td></tr>
<tr><td colspan="4">任务学时</td><td colspan="3">6 学时（课外 8 学时）</td></tr>
<tr><td colspan="7">布置任务</td></tr>
<tr><td>工作目标</td><td colspan="6">1. 根据轴类零件结构特点，合理选择加工机床及附件。
2. 根据轴类零件结构特点，合理选择刀具并能进行刃磨。
3. 根据加工要求，选择正确的加工方法。
4. 根据加工要求，制订合理加工路线，并完成阶梯轴的加工。</td></tr>
<tr><td>任务描述</td><td colspan="6">阶梯轴是轴类零件的核心零件，要求独立完成图 1-1 所示的定位阶梯轴加工操作。企业加工中要分析毛坯材料，了解加工中所涉及的加工表面，对零件进行简单工艺分析、制订合理的加工工艺路线，并进行车削加工。本任务为定位阶梯轴外圆表面的车削加工，要求学会车刀角度的刃磨，并能独立加工出合格轴类零件产品，将社会主义核心价值观、精益求精的工匠精神融入实际加工过程中，从而达到本任务的学习目标。 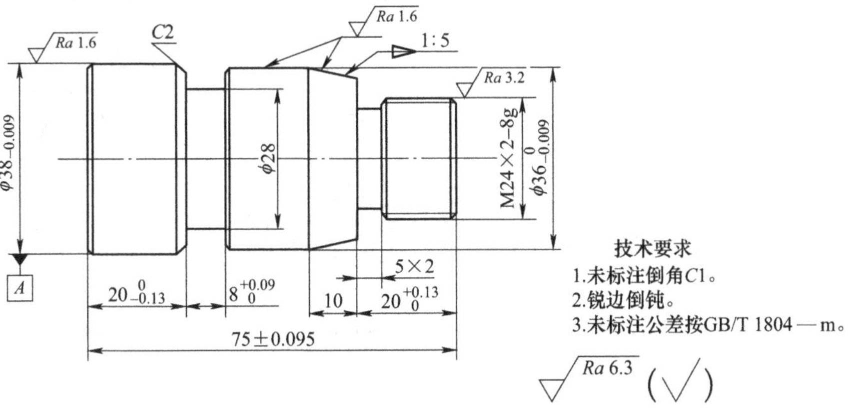

技术要求
1.未标注倒角C1。
2.锐边倒钝。
3.未标注公差按GB/T 1804—m。

图 1-1　定位阶梯轴零件图</td></tr>
<tr><td rowspan="2">学时安排</td><td>资讯</td><td>计划</td><td>决策</td><td>实施</td><td>检查</td><td>评价</td></tr>
<tr><td>1 学时</td><td>1 学时</td><td>0.5 学时</td><td>2.5 学时</td><td>0.5 学时</td><td>0.5 学时</td></tr>
<tr><td>提供资源</td><td colspan="6">1. 定位阶梯轴零件图样。
2. 课程标准、多媒体课件、教学演示视频及其他共享数字资源。
3. 机床及附件。
4. 游标卡尺等工具和量具。</td></tr>
<tr><td>对学生学习及成果的要求</td><td colspan="6">1. 对轴类零件图能够正确识读和表述。
2. 合理选择加工机床及附件。
3. 合理选择刀具并能进行刃磨。
4. 加工出表面质量和精度合格的阶梯轴。
5. 学生均能按照学习导图自主学习，并完成自学自测和课后作业。
6. 严格遵守课堂纪律，学习态度认真、端正，能够正确评价自己和同学在本任务中的素质表现。
7. 学生必须积极参与小组工作，承担零件图识读、零件切削加工设备选用、加工工艺路线制订等工作，做到积极主动不推诿，能够与小组成员合作完成工作任务。
8. 学生均需独立或在小组同学的帮助下完成任务工作单、加工工艺文件、加工视频及动画等，并提请检查、签认，对提出的建议或错误之处务必及时修改。
9. 每组必须完成任务工单，并提请教师进行小组评价，小组成员分享小组评价分数或等级。
10. 学生均完成任务反思，以小组为单位提交。</td></tr>
</table>

【课前自学】

微课：切削运动

一、切削用量的选择

（一）切削运动

为切除工件上多余的金属，加工过程中刀具与工件之间必须要有相对运动，这种相对运动称为切削运动。切削运动按其作用可分为主运动和进给运动，如图 1-2 所示。

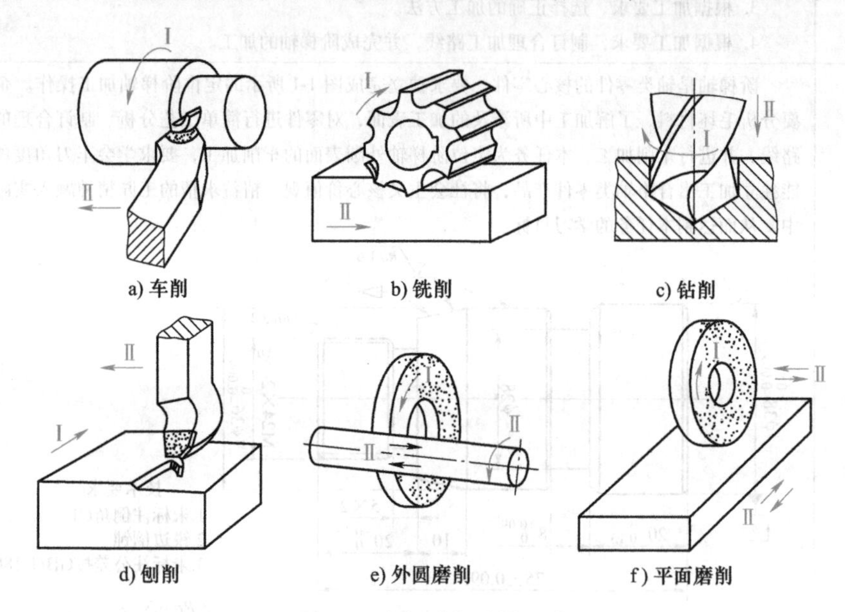

图 1-2　主运动与进给运动

Ⅰ—主运动　Ⅱ—进给运动

1. 主运动

主运动是由机床或人力提供运动，使工件与刀具之间产生的主要相对运动。它是进行切削最基本的运动。主运动的特征是速度最高，消耗功率最多。切削加工中只有一个主运动，它可由工件完成，也可以由刀具完成。如车削时工件的旋转运动，铣削、钻削时铣刀、钻头的旋转运动都是主运动。

2. 进给运动

进给运动是为了使切削活动能够连续或间断地进行下去所必需的运动。进给运动使金属层不断投入切削，配合主运动加工出完整表面。进给运动的速度较低，消耗功率较小。进给运动可以是一个，也可以是几个；可以是连续运动，也可以是间歇运动；可以是工件的运动，如刨削，也可以是刀具的运动，如车削。

3. 合成切削运动

当主运动与进给运动同时进行时，刀具切削刃上某一点相对于工件的运动称为合成切削运动，其大小与方向用合成速度矢量 $\boldsymbol{v}_e$ 表示。如图 1-3 所示，车削外圆时的合成切削速度为

$$\boldsymbol{v}_e = \boldsymbol{v}_c + \boldsymbol{v}_f \tag{1-1}$$

由于进给速度 v_f 远远小于主运动 v_c，故常将主运动看成是合成切削运动。

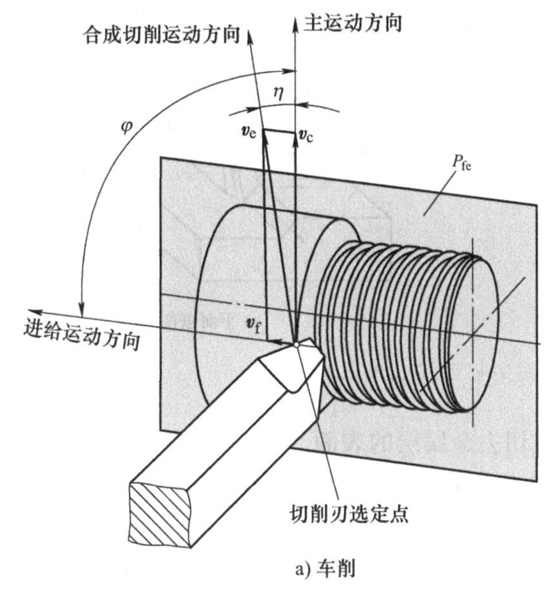

a) 车削

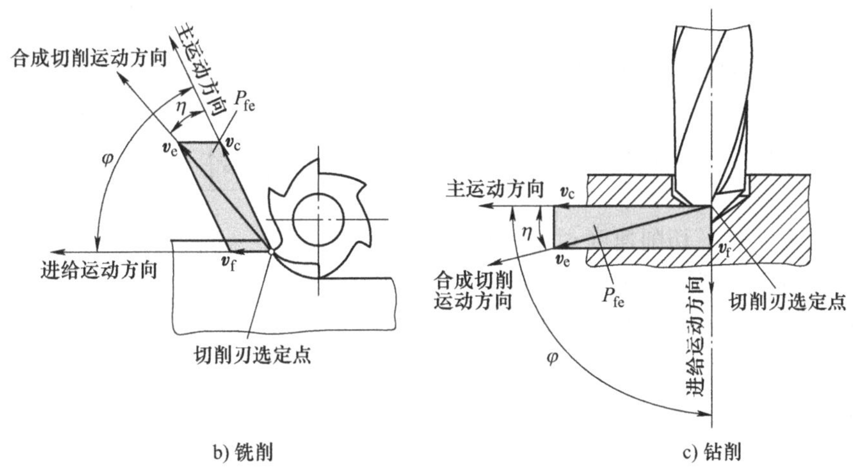

b) 铣削　　c) 钻削

图 1-3　合成切削运动

学 习 小 结

（二）加工表面与切削用量

1. 工件的加工表面

在切削加工过程中，工件上始终有三个不断变化着的表面，如图 1-4 所示。

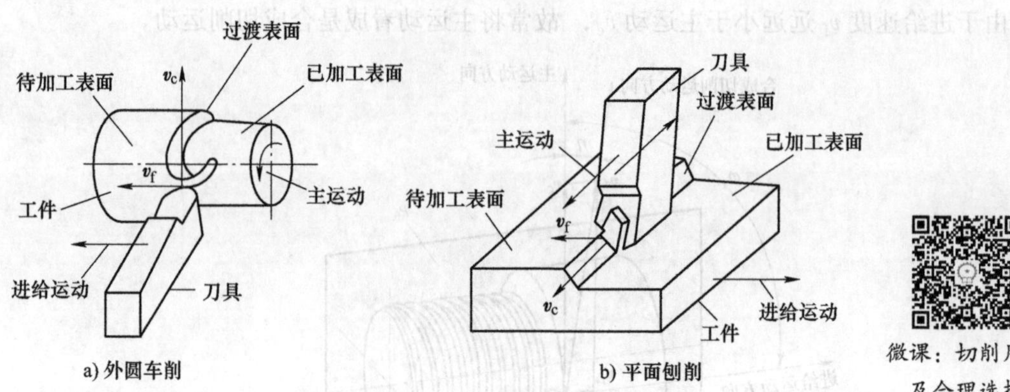

图 1-4　工件上的表面

微课：切削用量及合理选择

（1）待加工表面　即将被切去金属层的表面。

（2）过渡表面（也称为加工表面）　切削刃正在切削着的表面。

（3）已加工表面　工件上经刀具切削后产生的表面。

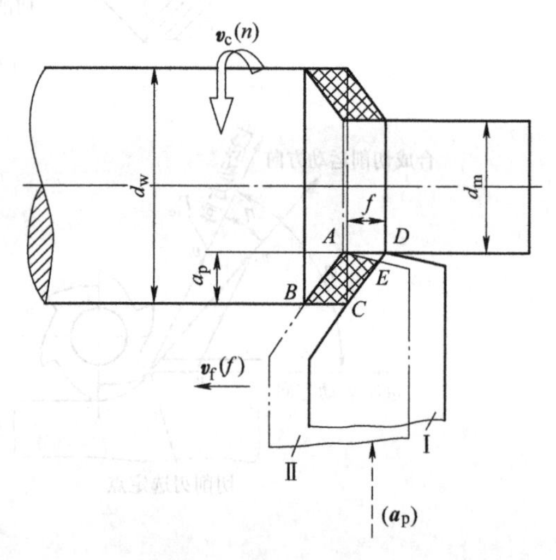

图 1-5　切削用量

2. 切削用量

切削速度、进给量（或进给速度）和背吃刀量称为切削用量三要素，是调整机床、计算切削力、切削功率和工时定额的重要参数，如图 1-5 所示。

（1）切削速度 v_c　切削速度 v_c 是刀具切削刃上选定点相对于工件的主运动瞬时线速度，它表示在单位时间内工件和刀具沿主运动方向相对移动的距离，单位是 m/s 或 m/min。

当主运动是回转运动时，切削速度由下式确定：

$$v_c = \frac{\pi d n}{1000} \tag{1-2}$$

式中　d——完成主运动的刀具或工件上某一点的回转直径，单位为 mm；

n——主运动的转速，单位为 r/s 或 r/min。

当主运动为往复直线运动时，以其平均速度为切削速度（m/min），即

$$v_c = \frac{2Ln_r}{1000} \tag{1-3}$$

式中　L——刀具或工件往复直线运动的形成长度，单位为 mm；

n_r——主运动每分钟往复次数，单位为 min^{-1}。

（2）进给量 f　进给量是刀具在进给运动方向上相对于工件的位移量，可用刀具或工件每转或每行程的位移量来表述和度量，其单位是 mm/r 或 mm/str。

进给运动的度量往往以进给速度 v_f 表示，其定义为切削刃上选定点相对于工件的进给运动的瞬时速度，单位为 mm/s 或 mm/min。对于多齿刀具（如铣刀），进给运动的度量常以每齿进给量 f_z（mm/z）表示。进给量的大小反映了进给速度的大小，若进给运动为直线运动，则它们之间的关系为

$$v_f = nf = nzf_z \tag{1-4}$$

式中 n——刀具转速，单位为 r/s 或 r/min；

z——刀具的齿数。

习惯上常把进给运动称为走刀运动，进给量称为走刀量。

（3）背吃刀量 a_p 背吃刀量一般指工件上已加工表面和待加工表面间的垂直距离。

车外圆时：

$$a_p = (d_w - d_m)/2 \tag{1-5}$$

式中 d_w——待加工表面直径，单位为 mm；

d_m——已加工表面直径，单位为 mm。

3. 切削用量的合理选择

合理的切削用量是指在保证加工质量的前提下，能充分发挥刀具和机床的效能，获得高生产率和低加工成本的切削用量三要素的最佳组合。

切削用量三要素切削速度、进给量、背吃刀量虽然对加工质量、刀具寿命和生产率均有直接影响，但影响程度却不相同，且它们之间又是互相联系、互相制约的，不可能都选择得很大。因此，就存在着一个从不同角度出发，优先将哪个要素选择得最大才合理的问题。

（1）切削用量选择的基本原则

1）根据工件加工余量和粗、精加工要求，选定背吃刀量。

2）根据加工工艺系统允许的切削力，其中包括机床进给系统、工件刚度及精加工时表面粗糙度要求，确定进给量。

3）根据刀具寿命，确定切削速度。

4）所选定的切削用量应该是机床功率允许的。

（2）合理切削用量的选择方法

1）确定背吃刀量。一般根据加工性质与加工余量来确定 a_p。

切削加工一般分为粗加工（Ra = 50～12.5μm）、半精加工（Ra = 6.3～3.2μm）和精加工（Ra = 1.6～0.8μm）。粗加工时，在保留半精加工与精加工余量的前提下，若机床刚性允许，应尽可能把粗加工余量一次切掉，以减少走刀次数。在中等功率机床上采用硬质合金刀具车外圆时，粗车取 a_p = 2～6mm，半精车时取 a_p = 0.3～2mm，精车时取 a_p = 0.1～0.3mm。

在下列情况下，粗车要分多次走刀。

工艺系统刚度低，如加工细长轴和薄壁零件，或加工余量极不均匀，会引起很大振动。

加工余量太大，一次走刀切掉会使切削力过大，以致机床功率不足或刀具强度不够。

断续切削，刀具会受到很大冲击而造成打刀。

即使是在上述情况下，也应当把第一次或头几次走刀的背吃刀量选得大一些，若分为两次走刀，则第一次走刀一般取加工余量的2/3~3/4。

2）确定进给量。粗加工时，对加工表面质量要求不高，这时切削力较大，进给量的选择主要受切削力的限制。在刀杆、工件刚度及刀片和机床走刀机构强度允许的情况下，应选取大的进给量。

半精加工和精加工时，因背吃刀量较小，产生的切削力不大，进给量的选择主要受加工表面质量要求的限制，应选得小些。当刀具有合理的过渡刃、修光刃且采用较高的切削速度时，进给量可适当选大一些，以提高生产率。应注意，进给量不可选得太小，否则不但生产率低，而且因切削厚度太小而切不下切屑，影响加工质量。

在生产中，进给量常常根据经验或通过查表来选取。粗加工时，进给量可根据工件材料、刀具结构（如车刀刀杆）尺寸、工件尺寸（如直径）及已确定的背吃刀量来选取；在半精加工和精加工时，则按加工表面粗糙度值的大小，根据工件材料和预先估计的切削速度与刀尖圆弧半径来选取。

3）确定切削速度。当刀具寿命、背吃刀量与进给量选定后，可按有关公式计算切削速度。生产中常按经验或查有关切削用量手册确定。切削速度确定之后，即可算出机床转速（单位：r/s）。

$$n = \frac{1000v_c}{\pi d_w} \tag{1-6}$$

所选定的转速应根据机床说明书最后确定（取较低而相近的机床转速），最后应根据选定的转速来计算出实际切削速度。

在选择切削速度时，还应考虑以下几点。

①精加工时，应尽量避免积屑瘤的产生区域。

②断续加工时，宜适当降低切削速度，以减小冲击和热应力。

③在加工大型、细长、薄壁工件时，应选用较低的切削速度；端面车削应比外圆车削的速度高一些，以获得较高的平均切削速度，提高生产率。

实际生产中，切削用量主要是根据工艺文件的规定、查手册和按操作者的实际经验来选取。

（三）切削层参数

刀具切削刃在一个进给量的进给中，从工件待加工表面上切下来的金属层称为切削层。切削层参数就是指这个切削层的截面尺寸，它决定了刀具所承受负荷的大小及切屑的尺寸大小，还影响切削力和刀具磨损、表面质量和生产率。如图1-6所示，切削层参数可用以下三个参数表示：

（1）切削层公称厚度（h_D） 是切削刃两瞬时位置过渡表面间的距离。

（2）切削层公称宽度（b_D） 是沿过渡表面测量的切削层尺寸。

（3）切削层公称横截面面积（A_D） 是切削层横截面的面积。

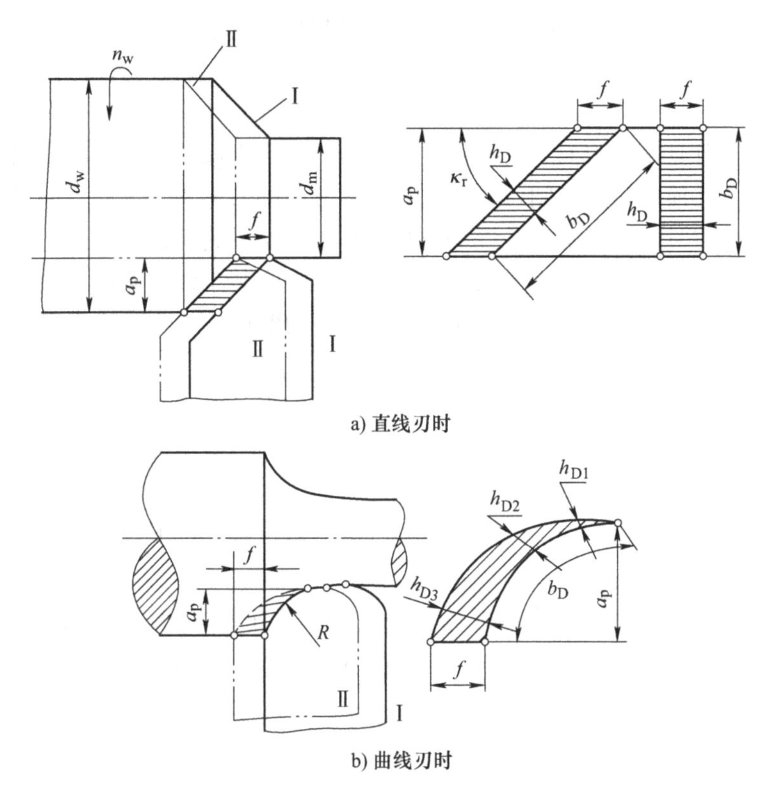

图 1-6 车外圆时切削层参数

学习小结

二、刀具几何角度

微课：刀具几何角度

（一）车刀的组成

以外圆车刀为例，车刀由刀柄和刀头组成，如图 1-7 所示。刀柄是刀具上的夹持部分，与车床连接。刀头则用于切削，也称为切削部分。刀头由以下几部分构成：

（1）前刀面（A_γ） 切屑流出时经过的刀面称为前刀面。

（2）主后刀面（A_α） 与待加工表面相对的刀面称为主后刀面。

（3）副后刀面（A'_α） 与已加工表面相对的刀面称为副后刀面。

（4）切削刃（S） 前、后刀面的交线，它担负主要切削工作，也叫主切削刃或主刀。

（5）副切削刃（S'） 前刀面与副后刀面的交线，它配合切削刃完成切削工作。

（6）刀尖　切削刃与副切削刃的交点，它可以是一个点、微小的一段直线或圆弧，如图1-7所示。

（二）刀具静止参考系

刀具的切削部分是由前刀面、后刀面、切削刃、刀尖组成的一个空间几何体。为了确定刀具切削部分的各几何要素的空间位置，需要建立相应的参考系。为此目的设立的参考系一般有两大类：一是刀具静止参考系；二是刀具工作参考系。其中，刀具静止参考系及其坐标平面是在假定条件下建立的参考系。假定条件是指假定安装条件和假定运动条件。

假定安装条件：假定车刀安装绝对正确。安装车刀时应使刀尖与工件中心等高，车刀刀杆对称面垂直于工件轴线。

假定运动条件：以切削刃选定点位于工件中心高时的主运动方向作为假定主运动方向；以切削刃选定点的进给运动方向作为假定进给运动方向，不考虑进给运动的大小。

这样便可近似地用平行或垂直于假定主运动方向的平面构成坐标平面，即参考系。由此可见，静止参考系是在简化了切削运动和设立标准刀具位置条件下建立的参考系。

1. 正交平面静止参考系

正交平面静止参考系由相互垂直的P_r、P_s、P_o三个坐标平面组成，如图1-8所示。

1）基面（P_r）：通过切削刃选定点且垂直于假定主运动方向的平面称为基面。对于车刀，基面平行于车刀刀杆底面。

2）切削平面（P_s）：通过切削刃选定点，与主切削刃相切并垂直于基面的平面称为切削平面。

3）正交平面（P_o）：通过切削刃选定点，同时垂直于基面与切削平面的平面称为正交平面，又称为主剖面。

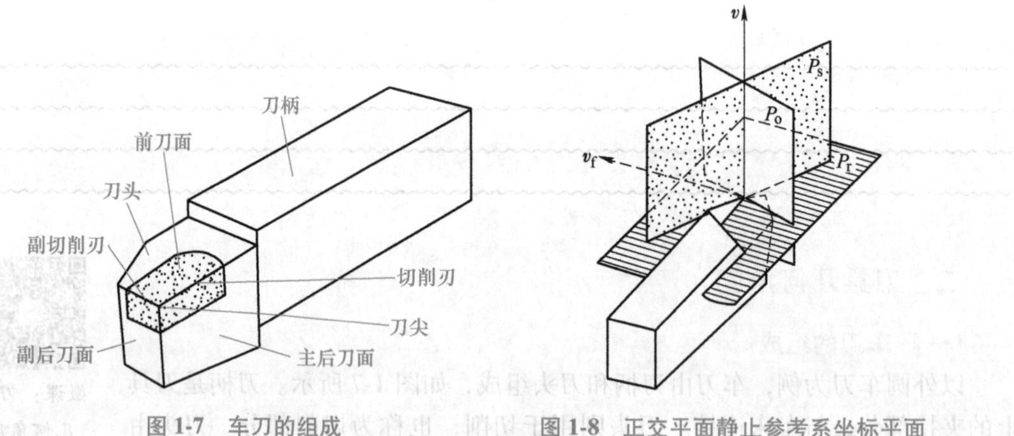

图1-7　车刀的组成　　图1-8　正交平面静止参考系坐标平面

2. 正交平面静止参考系中刀具角度的定义与标注（图1-9）

（1）基面中定义和标注的角度

1）主偏角（κ_r）：基面中测量的主切削刃与假定进给运动方向之间的夹角称为主偏角。

2）副偏角（κ_r'）：基面中测量的副切削刃与假定进给运动反方向之间的夹角称为副偏角。

（2）切削平面中定义和标注的角度　刃倾角（λ_s）：切削平面中测量的主切削刃与基面之间的夹角称为刃倾角。

(3) 正交平面中定义和标注的角度

1) 前角(γ_o):正交平面中测量的前刀面与基面之间的夹角称为前角。

2) 后角(α_o):正交平面中测量的后刀面与切削平面之间的夹角称为后角。

3) 楔角(β_o):正交平面中测量的前、后刀面之间的夹角称为楔角,即

$$\beta_o = 90° - (\gamma_o - \alpha_o) \quad (1\text{-}7)$$

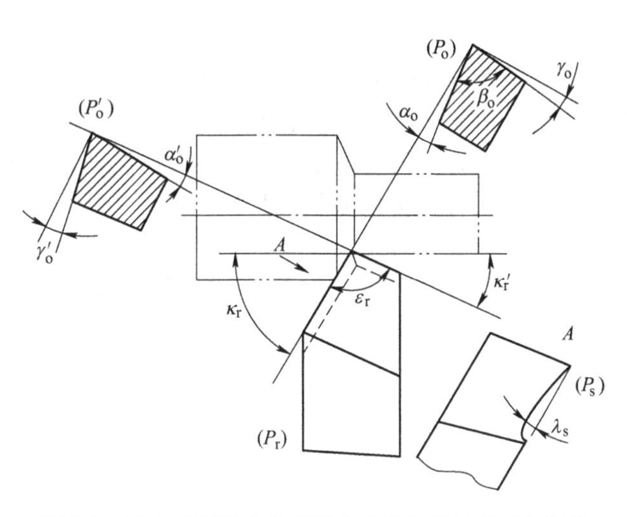

图 1-9　正交平面静止参考系中刀具角度的定义与标注

4) 刀尖角(ε_r):基面中测量的主、副切削刃之间的夹角称为刀尖角,即

$$\varepsilon_r = 180° - \kappa_r - \kappa_r' \quad (1\text{-}8)$$

(4) 前角、后角、刃倾角正负的规定　如图 1-10 所示,在正交平面中,若前刀面在基面之上时前角为负,前刀面在基面之下时前角为正,前刀面与基面相重合时前角为零。后角也有正负之分,但切削加工中后角只有正值,不能为零或负值。

如图 1-11 所示,刀尖处于切削刃最高点时刃倾角为正,刀尖处于切削刃最低点时刃倾角为负,切削刃与基面相重合时刃倾角为零。

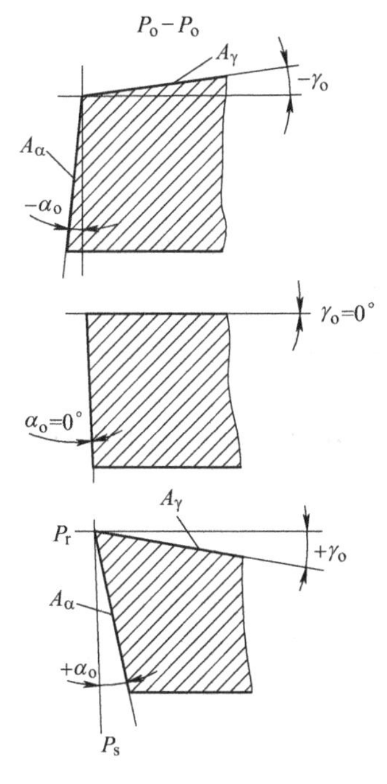

图 1-10　前、后角正负的规定

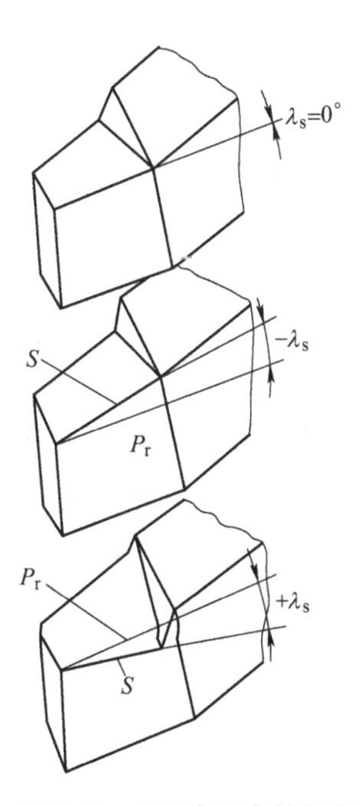

图 1-11　刃倾角正负的规定

（三）刀具角度的合理选择

微课：刀具角度的合理选择

刀具是直接进行切削加工的工具，其结构与刀具角度的合理程度对切削加工质量和生产率起着非常重要的作用。刀具角度选择合理，就能充分发挥其切削性能。合理的刀具角度是指在保证加工质量的前提下，能够满足生产率高、加工成本低的刀具角度。

1. 刀具前角及前刀面的选择

（1）前角的功用　增大前角能减小切削变形和摩擦，降低切削力、切削温度，减小刀具磨损，改善加工质量，抑制积屑瘤等。但前角过大会削弱刀头强度和散热能力，容易造成崩刃。因此前角不能太小，也不能太大，应有一个合理数值，如图 1-12 和图 1-13 所示。

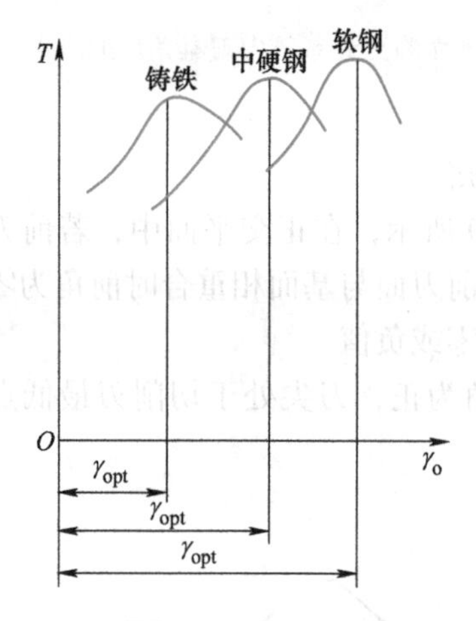

图 1-12　刀具材料不同时前角的合理数值

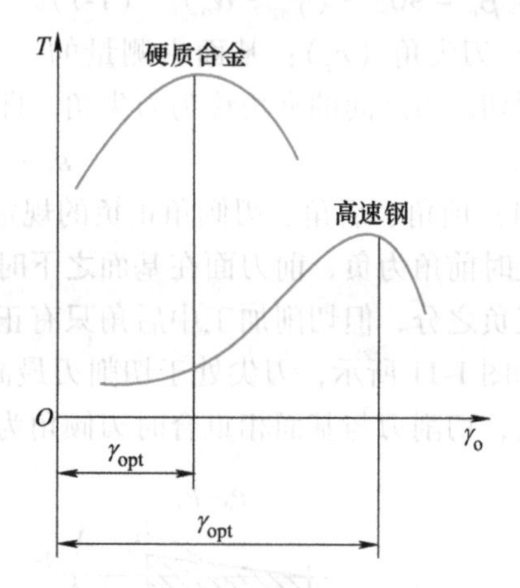

图 1-13　工件材料不同时前角的合理数值

（2）前角的选择原则

1）根据工件材料的性质选择前角。工件材料的塑性越大，前角的数值应选得越大。加工脆性材料时，切削变形很小，前角越大，切削刃强度越差，为避免刀具崩刃，应选择较小的前角。工件材料的强度、硬度越高时，为使切削刃具有足够的强度和散热面积，前角应小一些。

2）根据刀具材料的性质选择前角。使用强度和韧性较好的刀具材料（如高速钢），可采用较大的前角；使用强度低和韧性差的刀具材料（如硬质合金），应采用较小的前角。

3）根据加工性质选择前角。粗加工时，选择的背吃刀量和进给量比较大，且存在毛坯不规则和表皮很硬等情况，为增强切削刃的强度，应选择较小的前角；精加工时，选择的背吃刀量和进给量较小，切削力较小，为了使刃口锋利，保证加工质量，可选取较大的前角。

硬质合金车刀合理前角的参考值见表 1-1。

表 1-1 硬质合金车刀合理前角参考值

工件材料	合理前角		工件材料	合理前角	
	粗车	精车		粗车	精车
低碳钢	20°~25°	25°~30°	灰铸铁	10°~15°	5°~10°
中碳钢	10°~15°	15°~20°	铜及铜合金	10°~15°	5°~10°
合金钢	10°~15°	15°~20°	铝及铝合金	30°~35°	35°~40°
淬火钢	−15°~−5°		钛合金（R_m≤177GPa）	5°~10°	
不锈钢（奥氏体型）	15°~20°	20°~25°			

2. 刀具后角、副后角及后刀面的选择

（1）后角的功用　增大后角能减小刀具后刀面与工件上加工表面间的摩擦，减小刀具磨损，还可以减小切削刃钝圆半径，使切削刃锋利，可减小工件表面粗糙度值。但后角过大会减小切削刃强度和散热能力。

（2）后角的选择原则　后角主要根据切削厚度选择。粗加工，进给量较大、切削厚度较大，后角应取小值；精加工时，进给量较小、切削厚度较小，后角应取大值。工件材料强度、硬度较高时，为提高刃口强度，后角应取小值。工艺系统刚性差，容易产生振动时，应适当减小后角。定尺寸刀具（如圆孔拉刀、铰刀等）应选较小的后角，以增加重磨次数，延长刀具寿命。硬质合金车刀合理后角的参考值见表 1-2。

表 1-2 硬质合金车刀合理后角参考值

工件材料	合理后角		工件材料	合理后角	
	粗车	精车		粗车	精车
低碳钢	8°~10°	10°~12°	灰铸铁	4°~6°	6°~8°
中碳钢	5°~7°	6°~8°	铜及铜合金	6°~8°	6°~8°
合金钢	5°~7°	6°~8°	铝及铝合金	8°~10°	10°~12°
淬火钢	8°~10°		钛合金（R_m≤177GPa）	10°~15°	
不锈钢（奥氏体型）	6°~8°	8°~10°			

3. 主、副偏角的选择

（1）主、副偏角的功用　主偏角影响切削分力的大小，增大主偏角，会使进给力增加，背向力减小；主偏角影响加工表面的表面粗糙度值的大小，增大主偏角，加工表面的表面粗糙度值增大；主偏角影响刀具寿命，增大主偏角，刀具寿命下降；主偏角也影响工件表面形状，车削阶梯轴时，选用 $\kappa_r=90°$，车削细长轴时，选用 $\kappa_r=75°\sim90°$；为增加通用性，车外圆、端面和倒角时，可选用 $\kappa_r=45°$。

减小副偏角，会增加副切削刃与已加工表面的接触长度，能减小表面粗糙度值，并能提高刀具寿命。但过小的副偏角会引起振动。

（2）主、副偏角的选择原则　主偏角的选择原则是在工艺系统刚度允许的情况下，选择较小的主偏角，这样有利于提高刀具寿命。在生产中，主要按工艺系统刚性选取主偏角，见表 1-3。

表 1-3　主偏角的参考值

工 作 条 件	主偏角 κ_r
系统刚性大、背吃刀量较小、进给量较大、工件材料硬度高	10°~30°
系统刚性大$\left(\frac{1}{d}<6\right)$，加工盘类零件	30°~45°
系统刚性较小$\left(\frac{1}{d}=6\sim12\right)$、背吃刀量较大或有冲击时	60°~75°
系统刚性小$\left(\frac{1}{d}>12\right)$、车台阶轴、车槽及切断	90°~95°

副偏角主要根据加工性质选取，一般情况下选取 $\kappa_r'=10°\sim15°$，精加工时取小值。特殊情况，如切断刀，为了保证刀头强度，可选 $\kappa_r'=1°\sim2°$。

4. 刃倾角的选择

（1）刃倾角的功用

1）控制切屑的流向。如图 1-14 所示，当 $\lambda_s=0°$时，切屑垂直于切削刃流出；λ_s 为负值时，切屑流向已加工表面；λ_s 为正值时，切屑流向待加工表面。

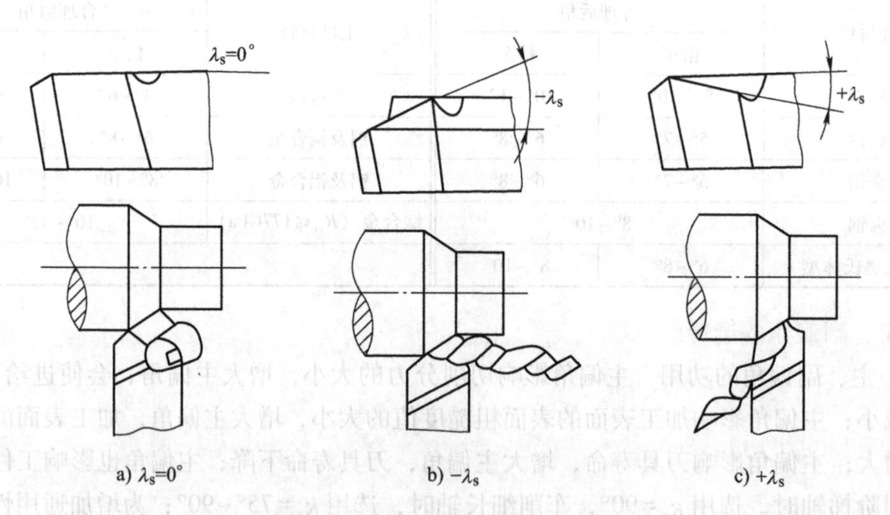

图 1-14　刃倾角对切屑流向的影响

2）控制切削刃切入时首先与工件接触的位置。如图 1-15 所示，在切削有断续表面的工件时，若刃倾角为负值，刀尖为切削刃上最低点，首先与工件接触的是切削刃上的点，而不是刀尖，这样切削刃承受着冲击负荷，起到保护刀尖的作用；若刃倾角为正值，则首先与工件接触的是刀尖，可能引起崩刃或打刀。

3）控制切削刃在切入与切出时的平稳性。如图 1-15 所示，断续切削时，当刃倾角为 0°

时，切削刃与工件同时接触、同时切离，会引起振动；若刃倾角不等于0°，则切削刃上各点逐渐切入工件和逐渐切离工件，故切削过程平稳。

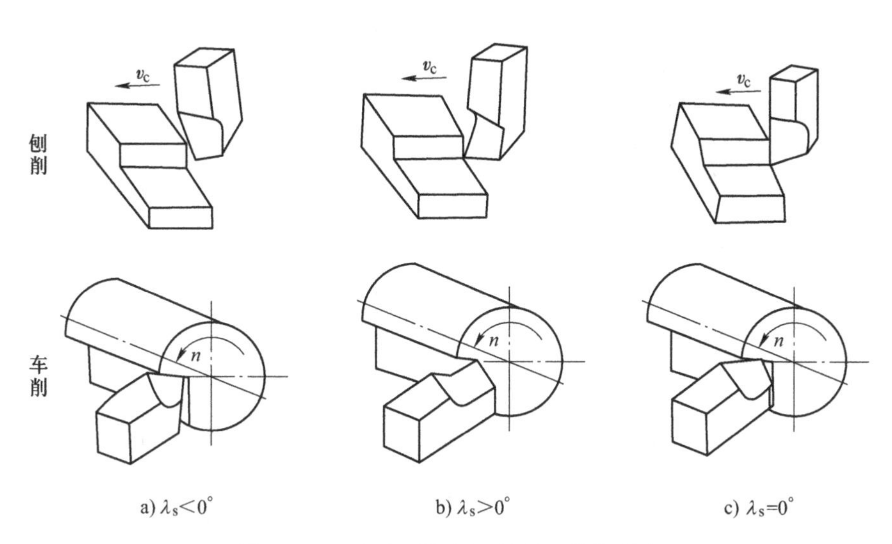

图 1-15　刃倾角对切削刃接触工件的影响

4）控制背向力与进给力的比值。刃倾角为正值，背向力减小，进给力增大；刃倾角为负值，背向力增大，进给力减小。

（2）刃倾角的选择原则　选择刃倾角时，应按照刀具的具体工作条件进行具体分析，一般情况可按加工性质选取：精车 $\lambda_s=0°\sim5°$；粗车 $\lambda_s=-5°\sim0°$；断续车削 $\lambda_s=-45°\sim-30°$；大刃倾角精刨刀 $\lambda_s=75°\sim80°$。

学习小结

三、车刀材料选用

（一）刀具材料应具备的性能

刀具材料应具备的性能有：高的硬度和耐磨性、强度和韧性、耐热性、良好的工艺性。

（二）常用刀具材料与选用

刀具切削部分材料的种类很多，主要金属材料有碳素工具钢、高速钢、合金工具钢和硬质合金等，非金属材料有陶瓷、人造金刚石、立方氮化硼。它们的主要物理力学性能见表1-4。

表 1-4 常用刀具材料性能表

材料种类		硬度	抗弯强度/GPa	冲击韧度/(kJ/m²)	热导率/[W/(m·K)]	耐热温度/℃
碳素工具钢		60~65 HRC/81.2~83.9HRA	2.45~2.74	—	67.2	200~250
高速钢		63~70HRC/83~86.6HRA	1.96~5.88	98~588	1.67~25	600~700
合金工具钢		63~66HRC	2.4	—	41.8	300~400
硬质合金	YG6	89.5HRA	1.45	30	79.6	900
	YT14	90.5HRA	1.2	7	33.5	900
陶瓷	Al_2O_3 AM	>91HRA	0.45~0.55	5	19.2	1200
	Al_2O_3+TiC T8	93~94HRA	0.55~0.65	—	—	—
	Si_3N_4 SM	91~93HRA	0.75~0.85	4	38.2	1300
金刚石	天然金刚石	10000HV	0.21~0.49	—	146.5	700~800
	聚晶金刚石复合刀片	6500~8000HV	2.8	—	100~108.7	700~800
立方氮化硼	烧结体	6000~8000HV	1.0	—	41.8	1000~1200
	立方氮化硼复合刀片 FD	≥5000HV	1.5	—	—	>1000

(三) 常用硬质合金车刀

常用的硬质合金车刀材料主要有钨钴类硬质合金(YG),钨钛钴类硬质合金(YT),钨钽(铌)钴类硬质合金(YA),钨钛钽(铌)钴类硬质合金(YW)。

不同国家硬质合金牌号对照及其用途对照表见表 1-5。

表 1-5 不同国家硬质合金牌号及用途对照表

牌号						用途
中国	美国		日本		瑞典	
	统一牌号	ADamas	住友电工	三菱金属矿业	Sandvik Caromant	
YG3	C4 AAA	—	H3 Hti03	TH3	HIP H05	铸铁、有色金属及其合金的精加工、半精加工,要求无冲击

（续）

牌号						用途
中国	美国		日本		瑞典	
	统一牌号	ADamas	住友电工	三菱金属矿业	Sandvik Caromant	
YG6X	C3 ACM	CA310	H1 G1	G2F	GC015 GC315	铸铁、冷硬铸铁及其高温合金的精加工、半精加工
YG6	C2 A	CA310	G2 G2K	G2	GC015 H20	铸铁、有色金属及其合金的半精加工与粗加工
YG8	B C1	CAS	G3 G3K	G3	H20 HX	铸铁、有色金属及其合金的粗加工，也可用于断续加工
YT30	C-8 490	T8 CA100	ST05E FT1	ST：03	F02 SIP	碳钢、合金钢的精加工
YT15	C-7 495	548 CA606	ST10E ST1	ST：03	GC015 GC105	碳钢、合金钢连续切削时粗加工、半精加工、精加工，也可用于断续切削时的精加工
YT14	C-6 495	548 CA606	ST20E CS30	S12	GC015 GC135	
YT5	C-5 435	499 CA610	ST3 ST30E	S23	GC015 S4	碳钢、合金钢的粗加工，也可用于断续切削
YW1	C7 548	CAS10	u10E u1	uTi10	—	不锈钢、高强度钢与铸铁的半精加工与精加工
YW2	C6 548	CAS10	u2 uTi20	Tu20	—	不锈钢、高强度钢与铸铁的粗加工与半精加工
YN05	C-8	T8	ST05E	—	—	低碳钢、中碳钢、合金钢的高速精车
YN10	490	CA100	FT1	STi03	F02 SIP	碳钢、合金钢、工具钢、淬硬钢连续表面的精加工
YA6	C3 ACM	CA310	H1 G1	G2F	GC015 GC315	冷硬铸铁、有色金属及其合金的半精加工及合金钢的半精加工

学习小结

【自学自测】

<table>
<tr><td>学习领域</td><td colspan="3">金属切削加工</td></tr>
<tr><td>学习情境一</td><td>轴类零件车削加工</td><td>任务 1</td><td>阶梯轴车削加工</td></tr>
<tr><td>作业方式</td><td colspan="3">个人解答、小组分析，现场批阅</td></tr>
<tr><td>1</td><td colspan="3">车削用量三要素是什么？加工中应该如何选择？</td></tr>
<tr><td colspan="4">解答：</td></tr>
<tr><td>2</td><td colspan="3">切削用量选择的基本原则有哪些？</td></tr>
<tr><td colspan="4">解答：</td></tr>
<tr><td>3</td><td colspan="3">车刀几何角度如何绘制（已知 $\gamma_o = 15°$、$\alpha_o = 5°$、$\kappa_r = 45°$、$\kappa_r' = 15°$、$\lambda_s = 10°$）？</td></tr>
<tr><td colspan="4">解答：</td></tr>
<tr><td>4</td><td colspan="3">刀具几何角度应如何选择？</td></tr>
<tr><td colspan="4">解答：</td></tr>
<tr><td>5</td><td colspan="3">刀具材料应具备的性能有哪些？</td></tr>
<tr><td colspan="4">解答：</td></tr>
<tr><td colspan="4">评价：</td></tr>
</table>

班级		组别		组长签字	
学号		姓名		教师签字	
教师评分		日期			

【任务实施】

本任务如图 1-1 所示，要求独立完成定位阶梯轴加工操作，只需按照加工要求完成外圆面的车削加工（锥面、螺纹等加工详见任务 2 和任务 3），并填写任务评价表单。

一、零件图与分析

图 1-1 所示零件是定位阶梯轴零件，主要由圆柱面、圆锥面、螺纹等组成。根据工作性能与条件，该定位阶梯轴图样规定了外表面有较高的尺寸精度、位置精度和较小的表面粗糙度值。这些技术要求必须在加工中给予保证。

二、确定毛坯

该轴因属于一般阶梯轴，故选 45 钢即可满足要求。

本任务中的零件属于中、小轴类零件，并且各外圆直径尺寸相差不大，故选择 ϕ50mm 的热轧圆钢做毛坯。

三、确定主要表面的加工方法

该定位阶梯轴的圆柱面、圆锥面、螺纹等在本学习情境中采用车削方法加工，圆柱表面的精加工在学习情境三中的任务 1 外圆磨削加工中采用磨削方法加工。

定位阶梯轴为回转表面，主要采用车削与磨削成形。由于该定位阶梯轴的外圆公差等级较高，表面粗糙度 Ra 值（Ra=1.6μm）较小，需要采用车削、磨削的方式来达到加工精度要求，故可确定加工方法为：粗车→半精车→精车或磨削加工。本任务为外圆面的车削加工，磨削加工部分在学习情境三中的任务 1 外圆磨削加工中完成。

四、划分加工阶段

对精度要求较高的零件，其粗、精加工应分开进行，以保证零件的质量。

该定位阶梯轴加工划分为四个阶段：粗车（粗车外圆、钻中心孔等），半精车（半精车各处外圆、修研中心孔及次要表面等），精车（精车圆锥面），磨削（磨削圆柱面）。各阶段划分大致以热处理为界。

五、热处理工序安排

轴的热处理要根据其材料和使用要求确定。对于阶梯轴，正火、调质和表面淬火用得较多。该轴要求调质处理，并安排在粗车各外圆之后，半精车各外圆之前进行。

六、选择机床、刀具及附件

根据轴类零件加工的特点，本任务应选用车床、外圆车刀、切断刀以及卡盘、顶尖、游标卡尺、千分表、量具等装备完成定位阶梯轴外圆表面的车削加工。

七、加工工艺路线

综合上述分析，定位阶梯轴的工艺路线如下：

下料→车两端面，钻中心孔→粗车各外圆→调质→修研中心孔→半精车各外圆→倒角、车螺纹→清角去锐边→检验→修研中心孔→精车圆锥面→检验→磨 $\phi 38$mm、$\phi 36$mm 外圆→检验。

本任务为定位阶梯轴各外圆的粗车、半精车加工。

八、加工尺寸和切削用量选择

阶梯轴半精车余量可选用 1.5mm，加工尺寸可由此而定。车削用量的选择，单件、小批量生产时，可根据加工情况由工人确定。一般可由《机械加工工艺手册》或《切削用量手册》中选取。

九、定位阶梯轴检测及评分标准

选用游标卡尺、千分尺等检测加工后零件的精度及表面质量。定位阶梯轴检测及评分标准见表 1-6。

表 1-6 定位阶梯轴检测及评分标准

序号	质检内容	配分	评分标准
1	外圆公差 3 处	10×3	超 0.01mm 扣 2 分，超 0.02mm 不得分
2	外圆 $Ra6.3\mu m$ 6 处	3×6	降一级扣 2 分
3	长度公差 6 处	2×6	超差不得分
4	倒角 5 处	2×5	不合格不得分
5	清角去锐边 10 处	10	不合格不得分
6	平端面 2 处	2×2	不合格不得分
7	工件外观	6	不完整扣分
8	安全文明操作	10	违章扣分

【车工安全操作规范】

本规范适用范围为操作车床及附属设备的人员。本岗位事故类别及危险有害因素：机械伤害（绞伤、挤压、碰撞、冲击等）、物体打击、起重伤害、触电、灼烫、火灾、其他伤害。作业要求除遵守机械类安全技术操作《通则》外，必须遵守本规范。

一、工作前

1. 熟悉和掌握操作设备的构造、性能、操作方法及工艺要求。设备操作前，确认防护装置是否完好。

2. 检查机床空运转，润滑各部位。

3. 检查各种工、夹、量、辅具，熟悉技术文件，使用砂轮、起重机要遵守安全操作规范。不准站在与卡盘同一条线上，在卡盘同一条线上或钢屑飞出方向应设置安全网。

4. 正确穿戴好劳保用品。防护服上衣领口、袖口、下摆应扣扎好。设备运转时，操作者不准戴手套，过肩长发必须罩在工作帽内。不准穿拖鞋、凉鞋、高跟鞋或其他不符合安全要求的服装。上岗前严禁喝酒。

二、工作中

1. 卡盘扳手在夹紧工件后应立即取下，以免开机时伤人。

2. 车削时的切削速度、切削深度、进给量都应选择适当，不得任意加大。变速、测量、换刀和装夹工件时必须停机。

3. 车床卡盘必须用保险螺钉紧固，必须紧固两个以上。

4. 切削时不要将头部靠近工件及刀具。人站立位置应偏离切屑飞出方向。切屑应用钩子清除，不得用手拉出。

5. 机床主轴箱、溜板箱、导轨上不得堆放任何东西，自定心卡盘的三个卡爪不要松开太大，以免卡爪和平面螺纹脱开。

6. 转动刀架时要将溜板箱或中托板移到安全位置，防止刀具和卡盘、工件、尾座相碰。

7. 加工偏心工件，应加配重铁平衡，并低速切削。

8. 加工细长工件要用顶尖、跟刀架。主轴箱前面伸出部分不得超过工件直径的20~24倍。主轴箱后面伸出超过300mm时，必须加托架。必要时装设防护栏杆。

9. 高速切削大型工件时，不准紧急制动和突然变换旋转方向。如需换向，需先停机。

10. 打磨或抛光工件时，刀架要退到安全位置，防止衣袖触及工件或胳膊碰到卡盘。用锉刀光工件时，应右手在前，左手在后，身体离开卡盘。禁止用砂布裹在工件上砂光，应比照用锉刀的方法，成直条状压在工件上。

11. 装卸工件要牢固，夹紧时可用接长套筒，禁止用锤子敲打。滑丝的卡爪不准使用。

12. 车内孔时不准用锉刀倒角，用砂布光内孔时，不准将手指或手臂伸进去打磨。

13. 攻螺纹或套螺纹必须用工具，不准一手扶车螺纹刀架（或板牙架），一手操作机床。

14. 切大料时，应留有足够余量，卸下砸断，以免切断时料掉下伤人。小料切断时，不准用手接。

15. 卸卡盘，应在主轴孔内穿进铁棍做保护。

16. 禁止测量正在旋转的工件，卡盘转动时，不得变速与擦拭机床。

三、工作后

1. 工作结束时，开关、手柄放在空挡位置上，切断电源。

2. 擦净机床、放好工具、清扫场地，做好作业现场的清洁工作。

3. 重、长、大的工件未加工完成时，要在工件下垫支撑。

四、应急措施

1. 发生伤害事故时，立即按下急停开关或关闭电源，采用正确方式抢救伤员，并及时如实报告单位领导，保护现场。

2. 发生火灾时，立即采取有效方式抢救伤员，及时报警（电话119）和报告单位领导。尽可能切断电源。

3. 发生触电事故时，立即拉闸断电或用绝缘物件挑开触电者身上的电线、电器，并采取措施防止触电者再受伤。呼叫救护车（呼叫电话120）的同时，按照触电急救措施进行正确的现场救护，并及时如实报告单位领导，保护事故现场。

4. 发现设备故障时，立即停止作业、关闭电源。在问题排除后，方可进行操作。

5. 作业人员应时刻注意工作现场及周围情况，发现有危及生命的异常情况时，立即撤离危险区域。

【阶梯轴车削加工工作单】

计划单

学习情境一	轴类零件车削加工	任务1	阶梯轴车削加工
工作方式	组内讨论、团结协作共同制订计划：小组成员进行工作讨论，确定工作步骤	计划学时	1学时
完成人	1.　　　　2.　　　　3. 4.　　　　5.　　　　6.		
计划依据：1. 定位阶梯轴零件图；2. 外圆车削加工要求			
序号	计划步骤	具体工作内容描述	
1	准备工作（准备图样、材料、机床、工具、量具，谁去做?）		
2	组织分工（成立组织，人员具体都完成什么?）		
3	制订加工工艺方案（先粗加工什么，再半精加工什么，最后精加工什么?）		
4	零件加工过程（加工准备什么，安装车刀、装夹零件、零件粗加工和精加工、零件检测?）		
5	整理资料（谁负责？整理什么?）		
制订计划说明	（写出制订计划中人员为完成任务的主要建议或可以借鉴的建议、需要解释的某一方面）		

决策单

<table>
<tr><td>学习情境一</td><td colspan="2">轴类零件车削加工</td><td>任务 1</td><td colspan="2">阶梯轴车削加工</td></tr>
<tr><td colspan="3">决策学时</td><td colspan="3">0.5 学时</td></tr>
<tr><td colspan="6">决策目的：阶梯轴车削加工方案对比分析，比较加工质量、加工时间、加工成本等</td></tr>
<tr><td rowspan="13">工艺方案对比</td><td>小组成员</td><td>方案的可行性
（加工质量）</td><td>加工的合理性
（加工时间）</td><td>加工的经济性
（加工成本）</td><td>综合评价</td></tr>
<tr><td>1</td><td></td><td></td><td></td><td></td></tr>
<tr><td>2</td><td></td><td></td><td></td><td></td></tr>
<tr><td>3</td><td></td><td></td><td></td><td></td></tr>
<tr><td>4</td><td></td><td></td><td></td><td></td></tr>
<tr><td>5</td><td></td><td></td><td></td><td></td></tr>
<tr><td>6</td><td></td><td></td><td></td><td></td></tr>
<tr><td></td><td></td><td></td><td></td><td></td></tr>
<tr><td></td><td></td><td></td><td></td><td></td></tr>
<tr><td></td><td></td><td></td><td></td><td></td></tr>
<tr><td></td><td></td><td></td><td></td><td></td></tr>
<tr><td></td><td></td><td></td><td></td><td></td></tr>
<tr><td></td><td></td><td></td><td></td><td></td></tr>
<tr><td>决策评价</td><td colspan="5">结果：（根据组内成员加工方案对比分析，对自己的工艺方案进行修改并说明修改原因，最后确定一个最佳方案）</td></tr>
</table>

检查单

学习情境一		轴类零件车削加工	任务 1			阶梯轴车削加工	
		评价学时	课内 0.5 学时			第　　组	
检查目的及方式		教师全过程监控小组的工作情况，如检查等级为不合格，小组需要整改，并拿出整改说明					
序号	检查项目	检查标准	检查结果分级 （在检查相应的分级框内划“√”）				
			优秀	良好	中等	合格	不合格
1	准备工作	查找资源、材料准备完整					
2	分工情况	安排合理、全面，分工明确					
3	工作态度	小组成员工作积极主动、全员参与					
4	纪律出勤	按时完成负责的工作内容、遵守工作纪律					
5	团队合作	相互协作、互相帮助、成员听从指挥					
6	创新意识	任务完成不照搬照抄，看问题具有独到见解，创新思维					
7	完成效率	工作单记录完整，并按照计划完成任务					
8	完成质量	工作单填写准确，评价单结果达标					
检查评语						教师签字：	

任务评价

小组产品加工评价单

<table>
<tr><td>学习情境一</td><td colspan="5">轴类零件车削加工</td></tr>
<tr><td>任务 1</td><td colspan="5">阶梯轴车削加工</td></tr>
<tr><td>评价类别</td><td>评价项目</td><td>子项目</td><td>个人评价</td><td>组内互评</td><td>教师评价</td></tr>
<tr><td rowspan="16">专业知识与技能</td><td rowspan="3">加工准备（15%）</td><td>零件图分析（5%）</td><td></td><td></td><td></td></tr>
<tr><td>设备及刀具准备（5%）</td><td></td><td></td><td></td></tr>
<tr><td>加工方法的选择以及切削用量的确定（5%）</td><td></td><td></td><td></td></tr>
<tr><td rowspan="5">任务实施（30%）</td><td>工作步骤执行（5%）</td><td></td><td></td><td></td></tr>
<tr><td>功能实现（5%）</td><td></td><td></td><td></td></tr>
<tr><td>质量管理（5%）</td><td></td><td></td><td></td></tr>
<tr><td>安全保护（10%）</td><td></td><td></td><td></td></tr>
<tr><td>环境保护（5%）</td><td></td><td></td><td></td></tr>
<tr><td rowspan="3">工件检测（30%）</td><td>产品尺寸精度（15%）</td><td></td><td></td><td></td></tr>
<tr><td>产品表面质量（10%）</td><td></td><td></td><td></td></tr>
<tr><td>工件外观（5%）</td><td></td><td></td><td></td></tr>
<tr><td rowspan="3">工作过程（15%）</td><td>使用工具规范性（5%）</td><td></td><td></td><td></td></tr>
<tr><td>操作过程规范性（5%）</td><td></td><td></td><td></td></tr>
<tr><td>工艺路线正确性（5%）</td><td></td><td></td><td></td></tr>
<tr><td>工作效率（5%）</td><td>能够在要求的时间内完成（5%）</td><td></td><td></td><td></td></tr>
<tr><td>作业（5%）</td><td>作业质量（5%）</td><td></td><td></td><td></td></tr>
<tr><td>评价评语</td><td colspan="5"></td></tr>
</table>

<table>
<tr><td>班级</td><td></td><td>组别</td><td></td><td>学号</td><td></td><td>总评</td><td></td></tr>
<tr><td>教师签字</td><td colspan="2"></td><td>组长签字</td><td></td><td>日期</td><td colspan="2"></td></tr>
</table>

小组成员素质评价单

<table>
<tr><td colspan="2">学习情境一</td><td colspan="2">轴类零件车削加工</td><td colspan="2">任务 1</td><td colspan="2">阶梯轴车削加工</td></tr>
<tr><td>班级</td><td></td><td colspan="2">第　组</td><td colspan="2">成员姓名</td><td colspan="2"></td></tr>
<tr><td colspan="2">评分说明</td><td colspan="6">每个小组成员评价分为自评和小组其他成员评价两部分，取平均值计算，作为该小组成员的任务评价个人分数。评价项目共设计 5 个，依据评分标准给予合理量化打分。小组成员自评分后，要找小组其他成员以不记名方式打分</td></tr>
<tr><td>评分项目</td><td>评分标准</td><td>自评分</td><td>成员 1 评分</td><td>成员 2 评分</td><td>成员 3 评分</td><td>成员 4 评分</td><td>成员 5 评分</td></tr>
<tr><td>核心价值观（20 分）</td><td>是否体现社会主义核心价值观的思想及行动</td><td></td><td></td><td></td><td></td><td></td><td></td></tr>
<tr><td>工作态度（20 分）</td><td>是否按时完成负责的工作内容、遵守纪律，是否积极主动参与小组工作，是否全过程参与，是否吃苦耐劳，是否具有工匠精神</td><td></td><td></td><td></td><td></td><td></td><td></td></tr>
<tr><td>交流沟通（20 分）</td><td>是否能清晰地表达自己的观点，是否能倾听他人的观点</td><td></td><td></td><td></td><td></td><td></td><td></td></tr>
<tr><td>团队合作（20 分）</td><td>是否与小组成员合作完成任务，做到相互协作、互相帮助、听从指挥</td><td></td><td></td><td></td><td></td><td></td><td></td></tr>
<tr><td>创新意识（20 分）</td><td>看问题是否能独立思考，提出独到见解，是否能够以创新思维解决遇到的问题</td><td></td><td></td><td></td><td></td><td></td><td></td></tr>
<tr><td>最终小组成员得分</td><td colspan="7"></td></tr>
</table>

课后反思

<table>
<tr><td colspan="2">学习情境一</td><td>轴类零件车削加工</td><td>任务 1</td><td>阶梯轴车削加工</td></tr>
<tr><td>班级</td><td></td><td>第　组</td><td>成员姓名</td><td></td></tr>
<tr><td colspan="2">情感反思</td><td colspan="3">通过对本任务的学习和实训，你认为自己在社会主义核心价值观、职业素养、学习和工作态度等方面有哪些需要提高的部分？</td></tr>
<tr><td colspan="2">知识反思</td><td colspan="3">通过对本任务的学习，你掌握了哪些知识点？请画出思维导图。</td></tr>
<tr><td colspan="2">技能反思</td><td colspan="3">在完成本任务的学习和实训过程中，你主要掌握了哪些技能？</td></tr>
<tr><td colspan="2">方法反思</td><td colspan="3">在完成本任务的学习和实训过程中，你主要掌握了哪些分析和解决问题的方法？</td></tr>
</table>

【课后作业】

轴类零件是机械加工中常见的典型零件之一。按照轴类零件结构型式不同，一般可分为光轴、阶梯轴和异形轴三类；或分为实心轴、空心轴等。它们在机器中用来支承齿轮、带轮等传动零件，以传递转矩或运动。台阶轴的加工工艺较为典型，反映了轴类零件加工的大部分内容与基本加工的共性规律。

根据图 1-16 所示说明阶梯轴的加工过程，完成此零件圆柱面的车削部分加工。车削加工时要保证外圆的尺寸精度和几何精度等要求。

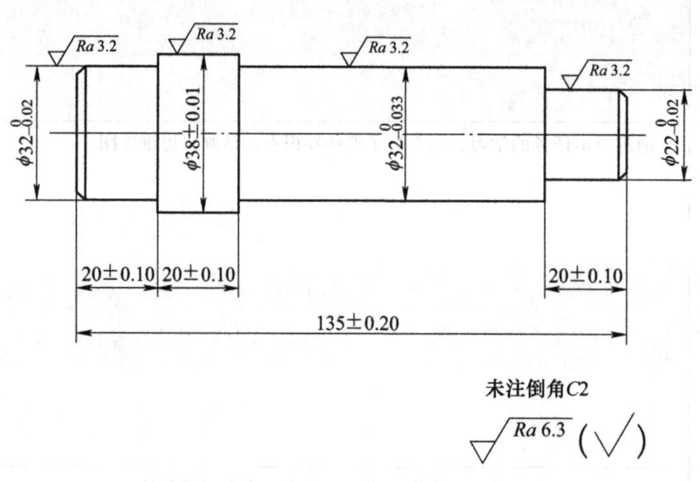

图 1-16　阶梯轴简图

任务2　锥面车削加工

【学习导图】

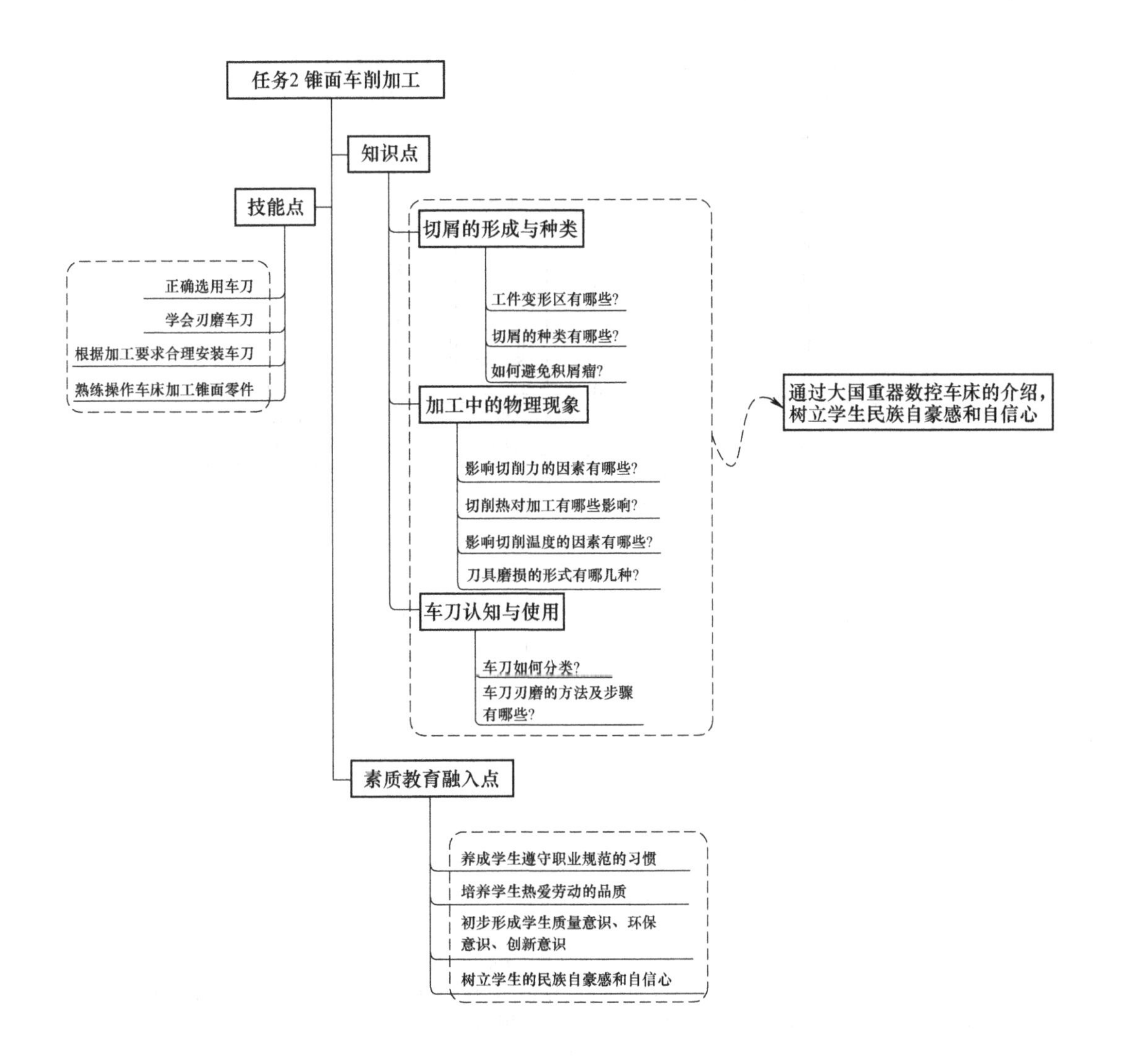

【任务工单】

学习情境一	轴类零件车削加工		工作任务 2		锥面车削加工	
任务学时			4 学时（课外 4 学时）			
布置任务						
工作目标	1. 根据锥面加工的特点，合理选择加工机床及附件。 2. 能够合理选择刀具并能进行刃磨。 3. 根据加工要求，选择正确的加工方法。 4. 根据加工要求，制订合理加工路线并完成锥面加工。					
任务描述	锥面是轴类零件的重要组成部分，要求独立完成图 1-17 所示的定位阶梯轴中圆锥面的车削加工操作。分析由毛坯到成品的切削加工路线，制订合理的圆锥加工工艺，能进行简单机床斜表面加工操作，实现横向、纵向托板手动熟练配合。知道切削加工中切削力与切削热的控制办法，力、热对加工过程的影响。对车刀能进行刃磨，分组进行加工。对零件进行简单工艺分析和独立完成锥面车削加工，从而达到本任务的学习目标。 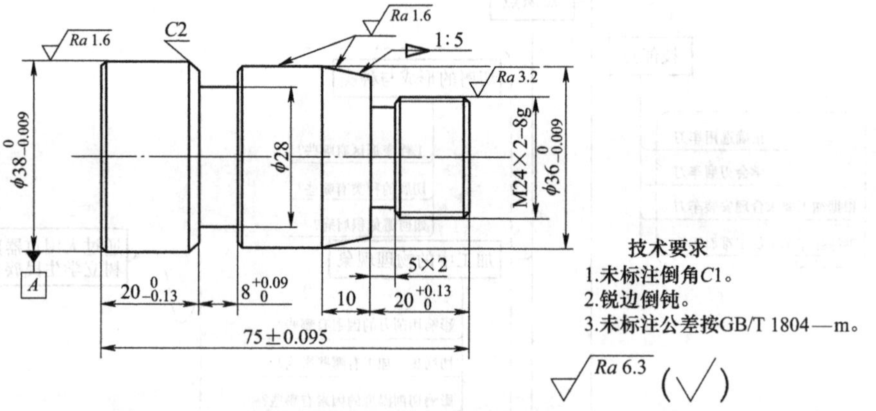 技术要求 1.未标注倒角C1。 2.锐边倒钝。 3.未标注公差按GB/T 1804—m。 图 1-17　定位阶梯轴零件图					
学时安排	资讯 1 学时	计划 0.5 学时	决策 0.5 学时	实施 1 学时	检查 0.5 学时	评价 0.5 学时
提供资源	1. 零件图样。 2. 课程标准、多媒体课件、教学演示视频及其他共享数字资源。 3. 机床及附件。 4. 游标卡尺等工具和量具。					
对学生学习及成果的要求	1. 对零件图能够正确识读和表述。 2. 合理选择加工机床及附件。 3. 合理选择刀具并能进行刃磨。 4. 加工出表面质量和精度合格的锥面。 5. 学生均能按照学习导图自主学习，并完成自学自测和课后作业。 6. 严格遵守课堂纪律，学习态度认真、端正，能够正确评价自己和同学在本任务中的素质表现。 7. 学生必须积极参与小组工作，承担零件图识读、零件切削加工设备选用、加工工艺路线制订等工作，做到积极主动不推诿，能够与小组成员合作完成工作任务。 8. 学生均需独立或在小组同学的帮助下完成任务工作单、加工工艺文件、加工视频及动画等，并提请检查、签认，对提出的建议或错误之处务必及时修改。 9. 每组必须完成任务工单，并提请教师进行小组评价，小组成员分享小组评价分数或等级。 10. 学生均完成任务反思，以小组为单位提交。					

【课前自学】

动画：切屑的形成

一、切屑的形成与种类

工件受到刀具推挤后产生弹性和塑性变形，使切削层与母体金属分离，最终形成切屑。如图 1-18 所示。

（一）工件变形区

1. 第一变形区（Ⅰ区）

从 *OA* 线（称始剪切线）开始发生剪切变形，到 *OM* 线（称终剪切线）结束，切削力与切削热主要来自该区域。

2. 第二变形区（Ⅱ区）

该区域是切屑与前刀面的摩擦变形区，切屑沿前刀面流出，底层金属再一次产生塑性变形，对积屑瘤与前刀面磨损有直接影响。

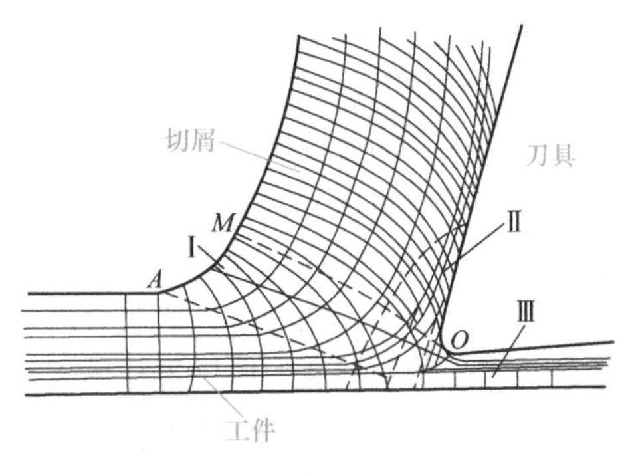

图 1-18 工件变形

3. 第三变形区（Ⅲ区）

该区域已加工表面受到刀具钝圆半径挤压与摩擦，产生变形与回弹，造成纤维化与加工硬化，该区域对已加工件表面质量及刀具后面磨损有很大影响。

（二）切屑种类

1. 带状切屑

切屑连续成较长的带状，底面光滑，背面无明显裂纹，呈微小锯齿形，如图 1-19a 所示。一般加工塑性金属，如加工低碳钢、铜、铝等材料时形成此类切屑，必要时需采取断屑措施。

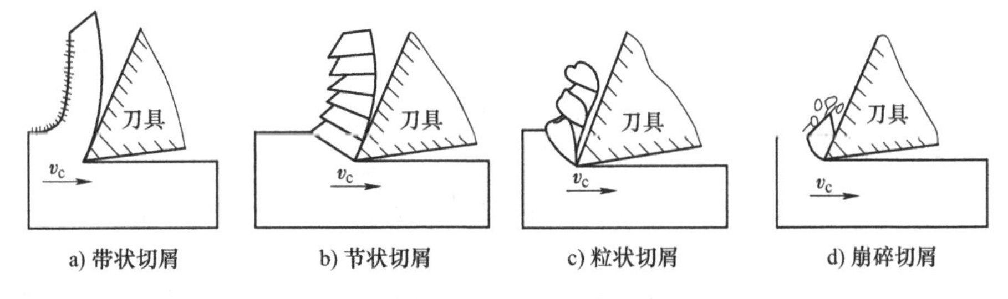

图 1-19 切屑种类

2. 节状切屑

切屑背面有较深的裂纹，呈较大的锯齿形，如图 1-19b 所示。这是由于剪切面上的局部剪切应力达到材料强度极限的结果。

3. 粒状切屑（单元切屑）

切削塑性材料时，若整个剪切面上的切应力超过了材料断裂强度，所产生的裂纹贯穿切屑断面时，挤裂呈粒状切屑，如图 1-19c 所示。

4. 崩碎切屑

切削铸铁、青铜等脆性材料时，切削层通常在弹性变形后未经塑性变形，突然崩碎而成为碎粒状切屑，如图 1-19d 所示。

（三）积屑瘤

1. 积屑瘤的概念

在一定切削速度范围内，加工钢材、有色金属等塑性材料时，在切削刃附近的刀具前面上会出现一块高硬度的金属，它包围着切削刃，且覆盖着部分刀具前面，可代替切削刃对工件进行切削加工，这块硬度很高（为工件材料硬度 2~3 倍）的金属称为积屑瘤。

2. 积屑瘤的产生与成长

关于积屑瘤的形成有许多解释，通常认为是由于切屑在刀具前面上黏结造成的。在一定的加工条件下，随着切屑与刀具前面间温度和压力的增加，摩擦力也增大，使靠近刀具前面处切屑中变形层流速减慢，产生“滞流”现象。越接近刀具前面处的金属层流动速度越低。当温度和压力增加到一定程度，滞流层中底层与刀具前面产生了黏结，当切屑底层中切应力超过金属的剪切屈服强度时，底层金属流动速度为零而被剪断，并黏结在刀具前面上。该黏结层经过剧烈的塑性变形使硬度提高，在继续切削时，硬的黏结层又剪断软的金属层，这样层层堆积，高度逐渐增加，从而形成了积屑瘤，如图 1-20 所示。由此可见，形成黏结和加工硬化是积屑瘤成长的必要条件。

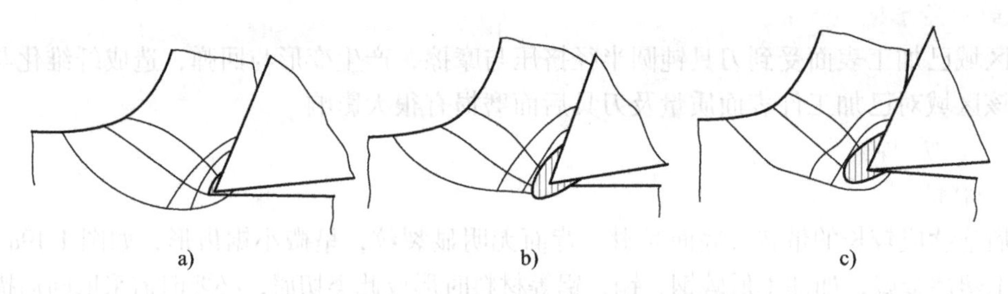

图 1-20　积屑瘤的产生与成长

3. 积屑瘤的脱落与消失

长大了的积屑瘤受外力或振动的作用，可能发生局部断裂或脱落。当温度和压力适合时，积屑瘤又开始形成和长大。积屑瘤的产生、长大和脱落是周期性的动态过程。

形成积屑瘤的决定性因素是切削温度。在切削温度很低和很高时，均不易产生积屑瘤。在中温区，例如切削中碳钢的切削温度在 300~380℃时，黏结严重，产生的积屑瘤达到很大高度。此外，刀具前面与切屑接触面间的压力、刀具前面表面粗糙度、黏结强度等因素都与形成积屑瘤的大小有关。

4. 积屑瘤的作用

积屑瘤对切削加工的好处是，由于积屑瘤覆盖了部分刀具前面和切削刃，并代替切削工作，故能起到保护切削刃刃口的作用，也能增大刀具实际工作前角。坏处是，由于积屑瘤增大了刀具的尺寸而造成过切；积屑瘤脱落时可能带走刀具前面上的金属颗粒，从而加剧刀具前面的磨损；积屑瘤的形成过程会造成切削力波动，影响加工精度和表面粗糙度。据此可以认为，积屑瘤对粗加工是有利的，对于精加工是不利的。

5. 减小或避免积屑瘤的措施

1）避免采用产生积屑瘤的速度进行切削，即宜采用低速或高速切削，但低速加工效率低，故多用高速切削。

2）采用大前角刀具切削，以减小刀具前面与切屑间的接触压力。

3）降低工件材料的塑性，提高工件的硬度，减小加工硬化倾向。

4）其他措施，如减小进给量、减小刀具前面的表面粗糙度值、合理使用切削液等。

学 习 小 结

二、加工中的物理现象

（一）切削力

切削力主要来源于两个方面：一是克服切屑形成过程中金属产生弹、塑性变形的变形抗力所需要的力；二是克服切屑与刀具前面、工件表面与刀具后面之间的摩擦阻力所需要的力。切削力的分解如图 1-21 所示。

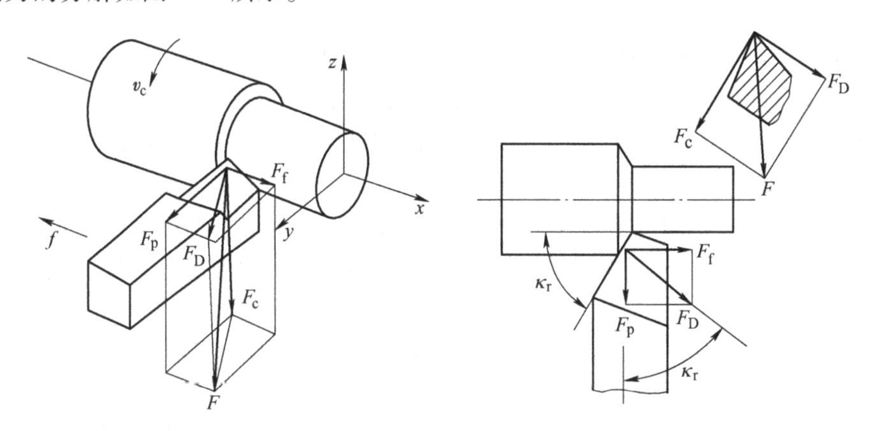

图 1-21 切削力的分解

（二）影响切削力的因素

1）工件材料的强度、硬度越高，F 越大。

2）切削用量的影响：a_p 越大，F 越大（成比例增长）。

$$F_f\uparrow —— F\uparrow \text{（增大 70\%~80\%）。}$$

3）刀具角度：γ_o 增大，F 减小。主偏角对三个分力 F_c、F_p、F_f 都有影响，对 F_p 与 F_f 影响较大。刃倾角 λ_s 变化时，对 F_c 没什么影响，但 λ_s 增大时，F_f 增大，F_p 减少。

4）合理使用切削液，可以减小切削力。

（三）切削热对加工的影响

切削热与切削温度是金属切削过程中又一重要的物理现象。切削热的产生和传导，以及它对工件和刀具的影响，都具有重要的实用意义。

动画：切削热

单位时间内产生的切削热为

$$Q = F_c v_c \tag{1-9}$$

式中 Q——单位时间的切削热（J/s）；

F_c——切削力（N）；

v_c——切削速度（m/s）。

切削过程中，切削热分别由切屑、工件、刀具和周围介质传导出去，所占百分比大致为：干车削时，切削热约有50%~86%由切屑带走，10%~40%传入工件，3%~9%传入刀具，1%传入周围介质；钻削时，约有28%的切削热由切屑带走，15%传入钻头，52%传入工件，5%传入周围介质。切削热的传导和扩散如图1-22所示。

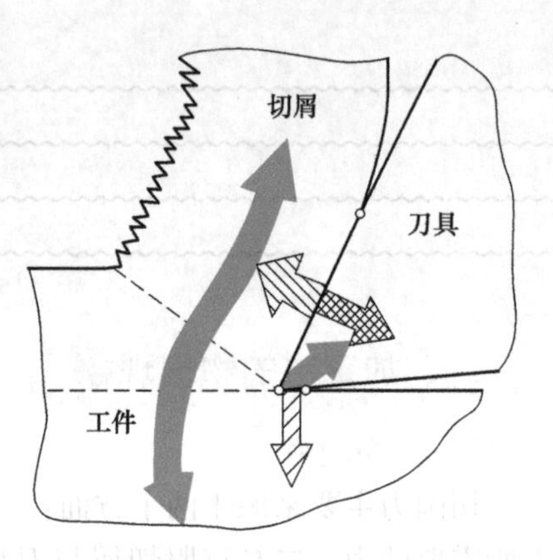

图1-22 切削热的传导和扩散

（四）影响切削温度的因素

1）工件材料的强度与硬度高，切削时产生的切削力大，切削热多，切削温度就高。工件材料的塑性大，切削时切削变形大，产生的切削热多，切削温度就高。工件材料的热导性好，其本身吸热、散热快，热量不易积聚，切削温度就低。

2）切削用量是影响切削温度的主要因素，其规律是：切削用量v_c、f、a_p增大，切削温度增高，其中v_c对切削温度的影响最大，f的影响次之，a_p的影响最小。因此，在相同的金属切除率条件下，为了减少切削温度的影响、防止刀具的迅速磨损、延长刀具寿命，增大背吃刀量a_p或进给量f比增大切削速度v_c更有利。

3）前角γ_o增大，切削变形减小，产生的切削热少，使切削温度下降。但是，如果γ_o过分增大，楔角β_o减小，刀具散热体积减小，反而会提高切削温度。一般情况下，前角γ_o不大于15°。

在背吃刀量a_p相同的条件下，增大主偏角κ_r，主切削刃与切削层的接触长度减短，刀尖角ε_r减小，使散热条件变差，因此会提高切削温度。

4）冷却是切削液的一个重要功能。合理选用切削液，可以减少切削热的产生，降低切削温度，提高工件的加工质量，延长刀具寿命和提高生产率。水溶液、乳化液、煤油等都有很好的冷却效果，在目前生产中已被广泛地应用。

（五）刀具磨损的形式

（1）前刀面磨损　前刀面磨损量的大小，是用月牙洼的宽度KB和深度KT表示的。

动画：刀具磨损的过程和主要形式

（2）后刀面磨损　磨损量用VN表示；只有在切削刃中间（B区）磨损较均匀，此处的磨损量用VB表示，其最大磨损量用VB_{max}表示。

（3）前、后刀面同时磨损　当切削塑性金属时，如果切削厚度适中，则经常会发生前刀面与后刀面同时磨损的磨损形式。刀具磨损如图1-23所示。

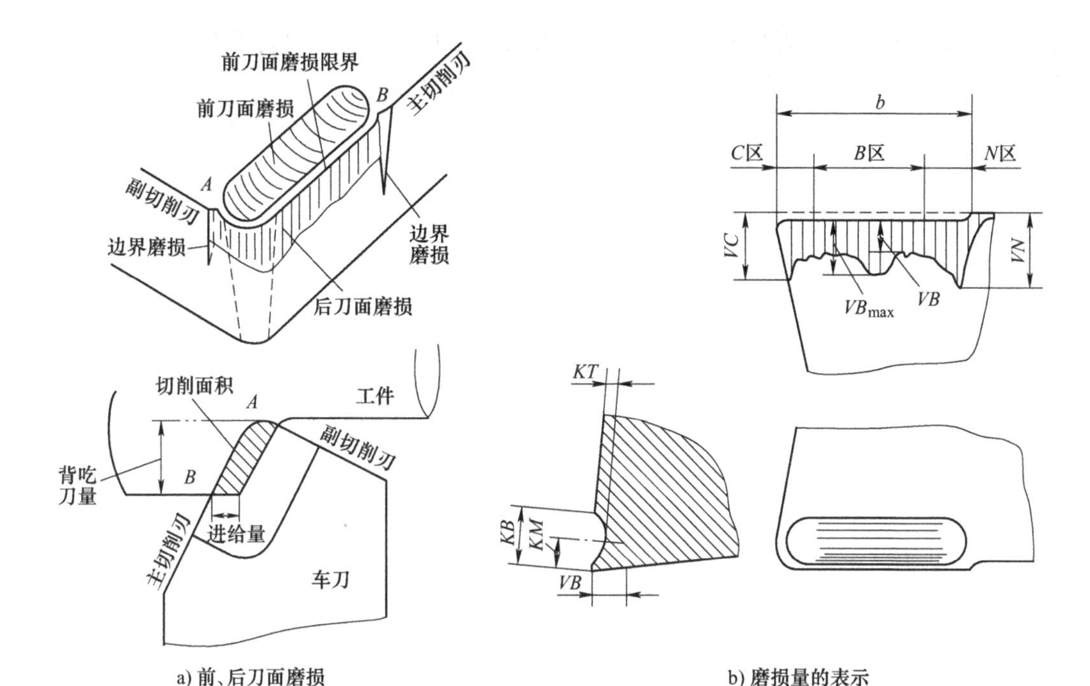

图 1-23　刀具磨损

学 习 小 结

三、车刀的分类

微课：车刀的结构及分类

车刀是指在车床上使用的刀具，是金属切削加工中应用最为广泛的刀具，也是研究其他刀具的基础。车刀结构简单，可加工外圆、内孔、端面、螺纹以及其他成形回转表面，也可用于切槽或切断。

按照功能车刀可分为外圆车刀、端面车刀、内孔车刀、螺纹车刀、切断刀等，如图 1-24 所示。

按照结构车刀可分为整体车刀、焊接车刀、机夹车刀和可转位车刀，如图 1-25 所示。

1. 焊接车刀

将刀片镶焊在刀体上的车刀称为焊接车刀。一般刀片选用硬质合金材料，刀柄选用 45 钢。焊接车刀结构简单、紧凑，刀具刚性好，抗振性强，加之制造方便，使用灵活，特别是可根据加工条件和要求刃磨其几何参数，所以仍然普遍应用。

2. 机夹车刀

使用机械方式将刀片定位、夹紧在刀体上的车刀称为机夹车刀。机夹车刀的优点在于避免了焊接所引起的缺陷，刀柄能多次使用，刀片刃口磨损后可卸下进行重磨。如果采用集中刃磨，则对提高刀具质量、方便管理、降低费用等将大有益处。

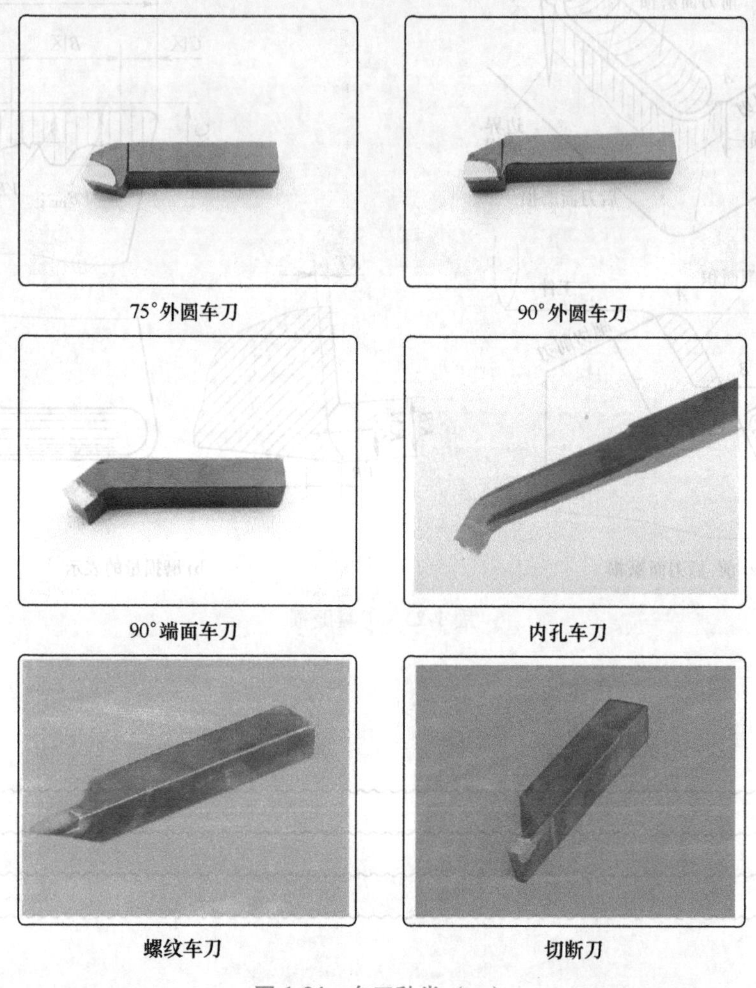

图 1-24　车刀种类（一）

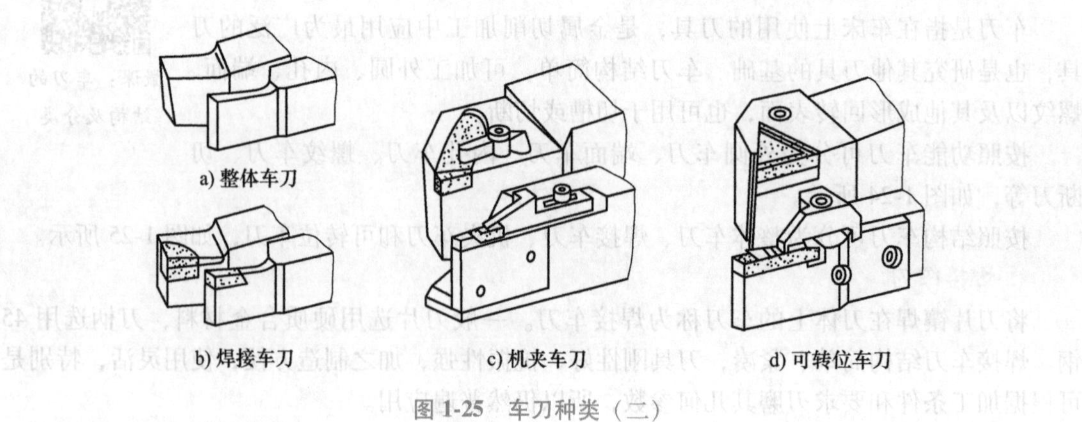

图 1-25　车刀种类（二）

3. 可转位车刀

可转位车刀是指使用可转位刀片的机夹车刀。它一般由刀片、刀垫、刀柄、杠杆和螺钉等组成，这种刀片上压制有断屑槽，周边经过精磨，刃口磨钝后可方便转位，不需重磨。

学 习 小 结

四、车刀的刃磨与安装

车刀（指整体车刀与焊接车刀）用钝后重新刃磨是在砂轮机上进行的。磨高速钢车刀用氧化铝砂轮（白色），磨硬质合金刀头用碳化硅砂轮（绿色）。车刀的刃磨如图 1-26 所示。

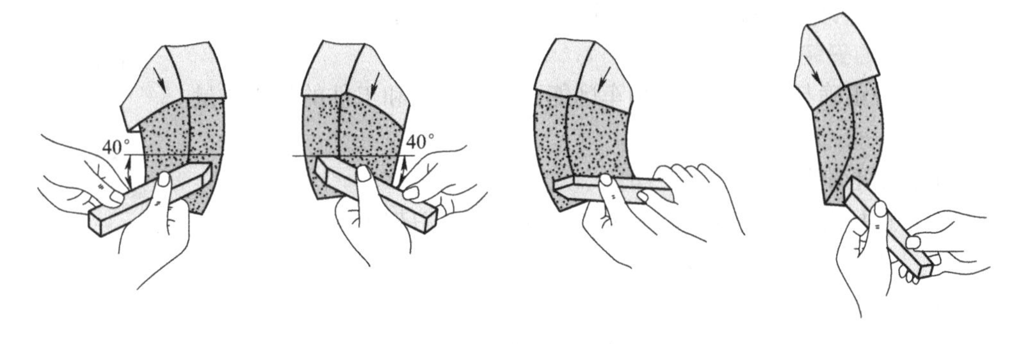

图 1-26 车刀的刃磨

（一）砂轮的选择

砂轮的特性由磨料、粒度、硬度、结合剂和组织 5 个因素决定。刃磨时，应根据刀具材料正确选用砂轮。刃磨高速钢车刀时，应选用粒度为 46 号到 60 号的软或中软的氧化铝砂轮。刃磨硬质合金车刀时，应选用粒度为 60~80 号的软或中软的碳化硅砂轮，两者不能搞错。图 1-27 所示为白刚玉砂轮。

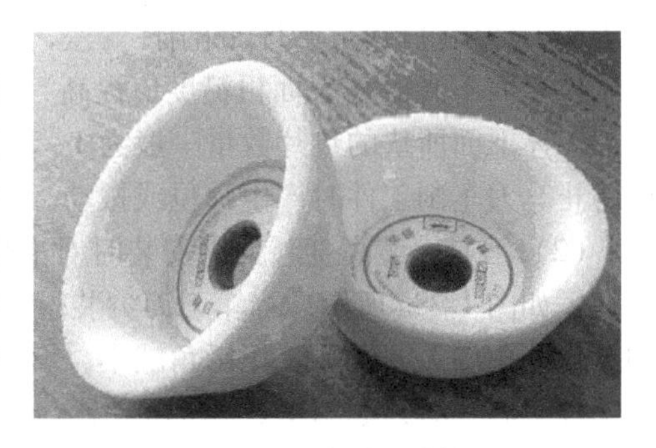

图 1-27 白刚玉砂轮

（二）车刀刃磨的步骤

1）磨主后刀面，同时磨出主偏角及主后角。

2）磨副后刀面，同时磨出副偏角及副后角。

3）磨前面，同时磨出前角。

4）修磨各刀面及刀尖。

（三）刃磨车刀的姿势及方法

1）人站立在砂轮机的侧面，以防砂轮碎裂时，碎片飞出伤人。

2）两手握刀的距离放开，两肘夹紧腰部，以减小磨刀时的抖动。

3）磨刀时，车刀要放在砂轮的水平中心，刀尖略向上翘约3°~8°，车刀接触砂轮后应做左右方向水平移动。当车刀离开砂轮时，车刀需向上抬起，以防磨好的切削刃被砂轮碰伤。

4）磨后刀面时，刀杆尾部向左偏过一个主偏角的角度；磨副后刀面时，刀杆尾部向右偏过一个副偏角的角度。

5）修磨刀尖圆弧时，通常以左手握车刀前端为支点，用右手转动车刀的尾部。

（四）磨刀安全知识

1）刃磨刀具前，应首先检查砂轮有无裂纹，砂轮轴螺母是否拧紧，并经试转后使用，以免砂轮碎裂或飞出伤人。

2）刃磨刀具不能用力过大，否则会使手打滑而触及砂轮面，造成工伤事故。

3）磨刀时应戴防护眼镜，以免砂砾和铁屑飞入眼中。

4）磨刀时不要正对砂轮的旋转方向站立，以防意外发生。

5）磨小刀头时，必须把小刀头装入刀杆上。

6）砂轮支架与砂轮的间隙不得大于3mm，若发现过大，应调整适当。

（五）车刀的安装

车刀安装得正确与否，直接影响车削能否顺利进行和工件的加工质量。

微课：车刀安装

1. 车刀的安装步骤

第一步：用毛刷将刀架清理干净。

第二步：选择合适的垫片，将车刀和垫片放置在刀架上。

第三步：调整刀具伸出长度。

第四步：用螺钉夹紧刀具。

2. 车刀安装注意事项

（1）刀具安装伸出长度　车刀的刀头部分不能伸出刀架过长，应尽可能伸出得短一些。因为车刀伸出过长时，刀杆的刚性变差，切削时在切削力的作用下，容易产生振动，使车出的工件表面不光滑（表面粗糙度值提高）。一般车刀伸出的长度不超过刀杆厚度的1~2倍。车刀刀体下面所垫的垫片数量一般为1~2片为宜，与刀架边缘对齐，并要用两个螺钉压紧，以防止车刀车削工件时产生移位或振动。

（2）刀具安装高度与刀尖安装时对准位置　在车外圆柱面时，车刀刀尖应对准工件中心线，如图1-28a所示。当车刀刀尖装得高于工件中心线时，如图1-28b所示，就会使车刀的工作前角增大，实际工作后角减小，增加车刀后面与工件表面的摩擦；当车刀刀尖装得低于工件中心线时，如图1-28c所示，就会使车刀的工作前角减小，实际工作后角增大，切削阻力增大而使切削不顺。车刀刀尖装得过高时，车削后工件端面中心会留下凸头，如图1-28d所示，容易造成刀尖崩碎；装得过低时，使用硬质合金车刀车到将近工件端面中心处时也容易使刀尖崩碎，如图1-28e所示。

如何使刀尖快速准确地对准工件中心呢？有以下三种经常采用的方法：

第一种方法是根据机床型号确定主轴中心。用钢尺测量装刀位置，保证刀尖与工件中心等高。

第二种方法是利用尾座顶尖中心确定刀尖的高度。

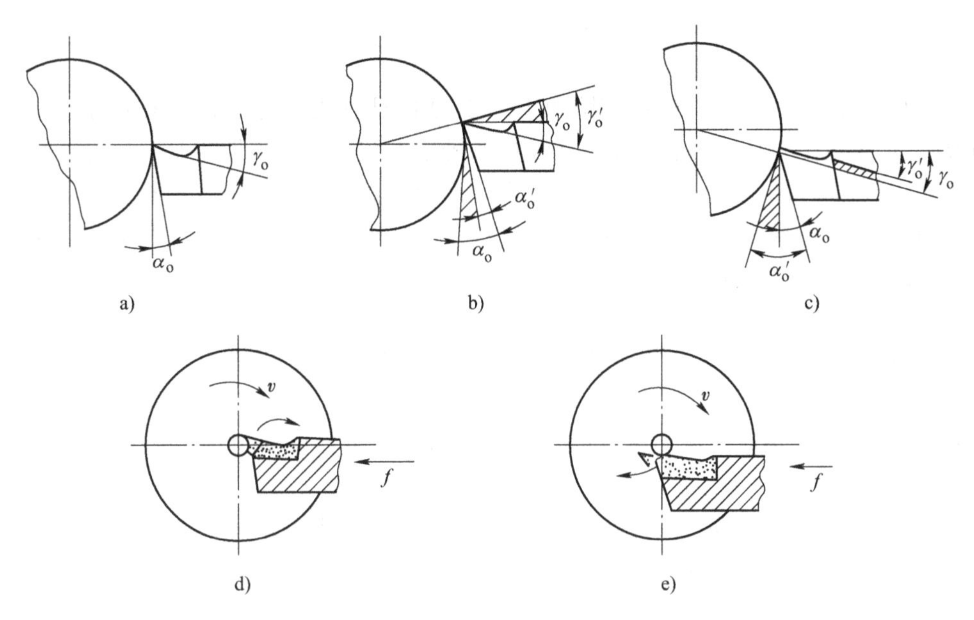

图 1-28 刀尖安装高度示意图

第三种方法是用机床卡盘装夹工件，将刀尖慢慢靠近工件端面，用目测法装刀并加紧，试车端面，根据所车端面中心再调整刀尖高度（即端面对刀）。

根据实际操作经验，粗车外圆柱面时，可将车刀装夹得比工件中心稍低些，这要根据工件直径的大小决定。无论装高或装低，一般不能超过工件直径的1%。注意装夹车刀时不能使用套管，以防用力过大使刀架上的压刀螺钉拧断而损坏刀架。用扳手转动压刀螺钉，压紧车刀即可。

学习小结

五、车床

微课：车床

（一）车床概念与分类

1. 车床概念

主要用车刀在工件上加工旋转表面的机床称为车床。在一般制造厂的机械加工车间，车床的应用最为普遍，约占金属切削机床总数的20%~35%。

2. 车床分类

常用的车床有卧式车床、立式车床、转塔车床和自动车床，此外还有数控车床和加工中心等。

（二）CA6140 型卧式车床的用途及结构

1. CA6140 型卧式车床的用途

CA6140 型卧式车床是目前最常用的车床，其结构具有典型的普通车床布局。它的通用程度较高，加工范围较广，适合于中、小型的各种轴类和盘套类零件的加工。其加工内容包括车削内外圆柱面、圆锥面、各种环槽、成形表面及端面；能车削常用的米制、寸制、模数制及径节制等四种标准螺纹，车削加大螺距螺纹、非标准螺距及较精确的螺纹；还可以进行钻孔、扩孔、滚花、压光等。

2. CA6140 型卧式车床的结构

CA6140 型卧式车床的主要组成部件有主轴箱、刀架部件、进给箱、溜板箱、尾座、床身，如图 1-29 所示。

（1）主轴箱　主轴箱固定在床身的左上部，用于支承并传动主轴，使主轴带动工件做旋转主运动。

（2）刀架部件　刀架部件装在床身的刀架导轨上，通过机动或手动使夹持在刀架上的刀具做纵向、横向或斜向进给。

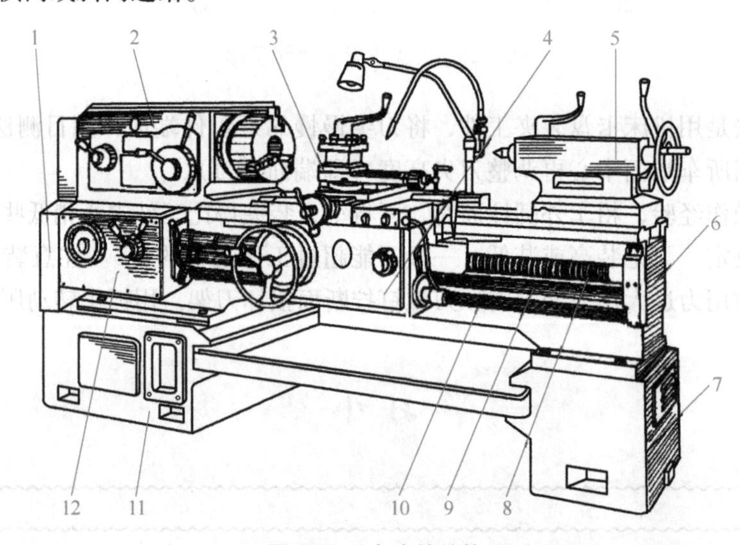

图 1-29　车床的结构

1—交换齿轮箱　2—主轴箱　3—刀架部件　4—溜板箱　5—尾座　6—床身
7—后床脚　8—丝杠　9—光杠　10—操纵杆　11—前床脚　12—进给箱

（3）进给箱　进给箱固定在床身的左前面，其中装有进给运动的变换机构，用于改变机动进给的进给量或改变被加工螺纹的导程。

（4）溜板箱　溜板箱固定在刀架的底部，用于将进给箱传来的运动传递给刀架，使刀架实现纵向进给、横向进给、快速移动或车螺纹。

（5）尾座　尾座安装在床身的尾座导轨上。尾座的后顶尖可支承较长工件，还可安装钻头等孔加工刀具进行孔加工；尾座可沿床身尾座导轨调整位置，并锁定在床身上，以适应不同长度工件的加工。

（6）床身　床身通过螺栓固定在左、右床腿上，它是车床的基本支承件，用以支承其他部件，并使它们保持准确的相对位置或运动轨迹。

（三）其他车床简介

1. 立式车床

立式车床如图 1-30 所示，它的主轴垂直布置，且有一个直径较大的圆形工作台。工作台面处于水平位置，便于装夹大而笨重的工件。由于工件及工作台的重量由床身导轨承受，大大减轻了主轴及其轴承的载荷，故能长期保持其工作精度。

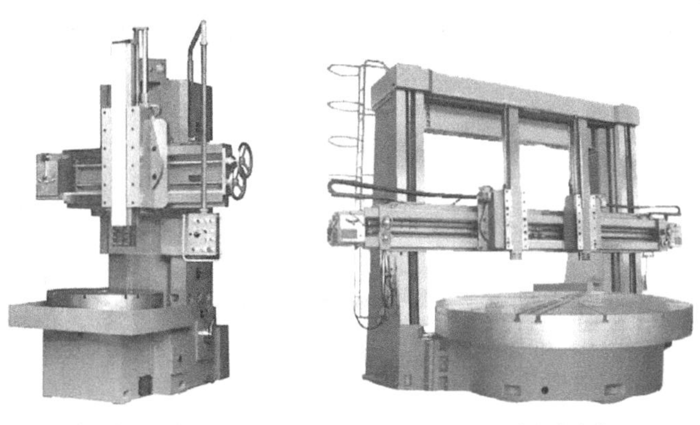

a) 单柱式立式车床　　b) 双柱式立式车床

图 1-30　立式车床

立式车床分为单柱式和双柱式两类。一般加工工件直径不太大的工件用单柱式立式车床，加工直径较大的工件用双柱式立式车床。

2. 转塔车床

转塔车床如图 1-31 所示，由主轴箱、前刀架、转塔刀架、床身、溜板箱和进给箱组成。

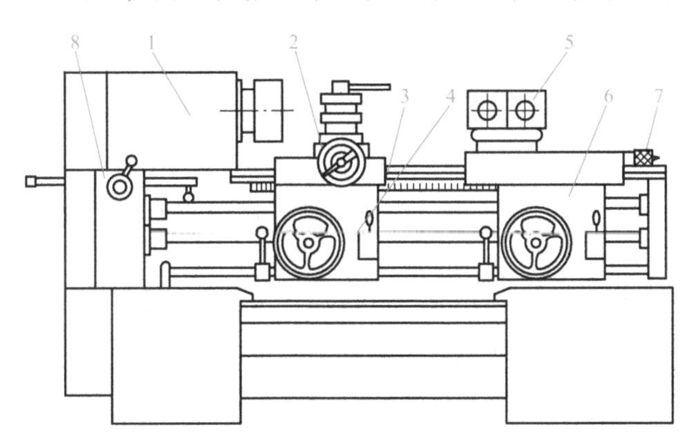

图 1-31　转塔车床

1—主轴箱　2—前刀架　3—床身　4—前刀架溜板箱　5—转塔刀架　6—转塔刀架溜板箱　7—限位装置　8—进给箱

转塔车床用转塔刀架取代了卧式车床的尾座，转塔刀架上有六个装刀位置，可沿床身导轨做纵向进给运动。根据加工需要，转塔刀架每个刀位上可装一把刀具，当一个刀位完成加工后，转塔刀架快速退回原位，转动 60°，到下一个刀位再进行加工。前刀架可纵向进给，也可横向进给，主要用于车削外圆、端面或沟槽等。

3. 数控车床

数控车床是数字控制车床（Computer numerical control machine tools）的简称，如图 1-32

所示，是一种装有程序控制系统的自动化车床。该控制系统能够逻辑地处理具有控制编码或其他符号指令规定的程序，并将其译码，用代码化的数字表示，通过信息载体输入数控装置。经运算处理由数控装置发出各种控制信号，控制车床的动作，按图样要求的形状和尺寸，自动地将零件加工出来。

数控车床较好地解决了复杂、精密、小批量、多品种的零件加工问题，是一种柔性的、高效能的自动化车床，代表了现代机床控制技术的发展方向，是一种典型的机电一体化产品。

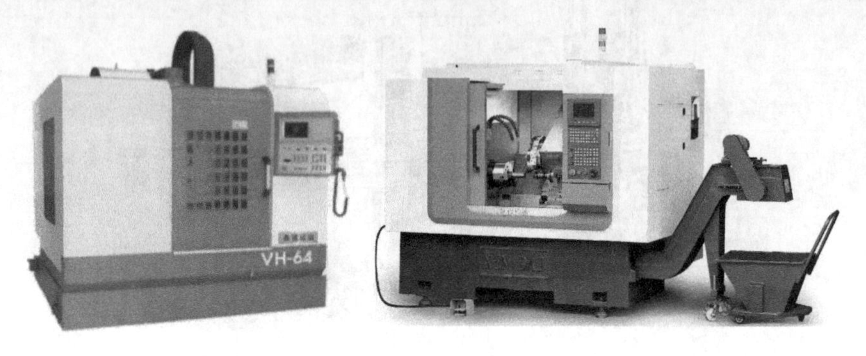

图 1-32　数控车床

学 习 小 结

______

______

______

______

六、锥面的车削加工

在机床、工具、管螺纹中，圆锥配合应用得非常广泛，使用的例子随处可见。圆锥配合被广泛应用主要有以下几点原因。

1）当锥度较小时，它具有自锁功能，可以传送很大的扭力。

2）圆锥面配合拆装方便，同时具有很高的同心度。

3）圆锥形的管螺纹还具有自密封功能。

圆锥工件的加工除了尺寸精度、几何精度和表面质量以外，还要注意角度公差与锥度的精度要求。车床上加工圆锥的方法大致有以下几种。

1. 宽刃刀车法

这个方法就用一把比较大的成型车刀，直接加工的一种方法。它是在车刀安装后，使主切削刃与主轴轴线的夹角等于工件的圆锥半角。采用横向进给的方法加工出圆锥面。此方法操作简单方便，但只适合少量并且基本没有精度要求的工件上使用，如图 1-33 所示。

2. 转动小拖板角度加工法

当加工锥面不长的工件时，可用转动小拖板角度加工法车削。车削时，将小拖板下面的转盘上螺母松开，把转盘转至所需要的圆锥半角 $\alpha/2$ 的刻线上，与基准零线对齐，然后固定转盘上的螺母。如果锥角不是整数，可在锥角附近估计一个值，试车后逐步找正。

这个加工方法操作简单，调整角度范围大，适合车制较短的工件。此方法开始时找正锥度较慢，找正后加工就快了，并且能够保证一定的精度。此方法只能手动进给，工作强度大，并且表面质量难以很好地控制，另外小拖板本身的精度与车刀装夹的高度对于最后的成品影响也较大，如图 1-34 所示。

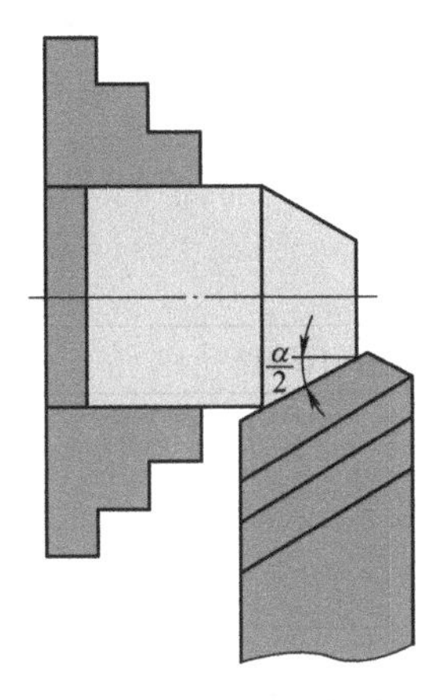

图 1-33 宽刃刀车法

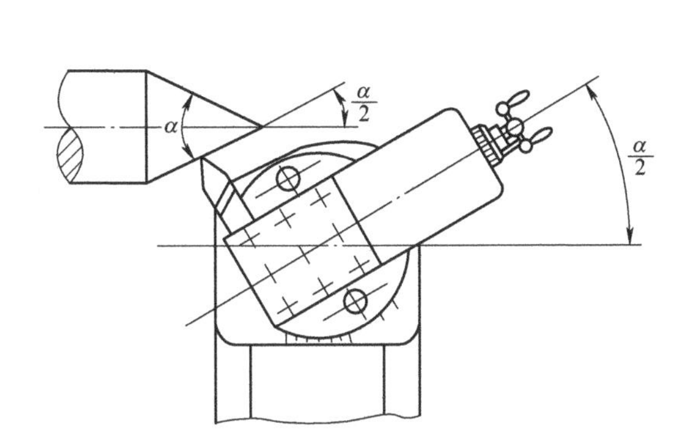

图 1-34 转动小拖板角度加工法

3. 尾座偏移法

这是利用车床尾座横向微调功能的一种车削方法，就是把工件用顶尖顶住两头，大拖板自动进刀，这样就可以保证工件表面的加工质量，并且可以加工很长的工件。

但是它也有很大的缺点，就是两个顶尖由于不在同一中心点上，顶尖跟中心孔磨损很大，只适合于一次加工成形的工件，另外这个方法受尾座的偏移量影响，不能加工角度很大的工件，同时也无法加工内锥孔，如图 1-35 所示。

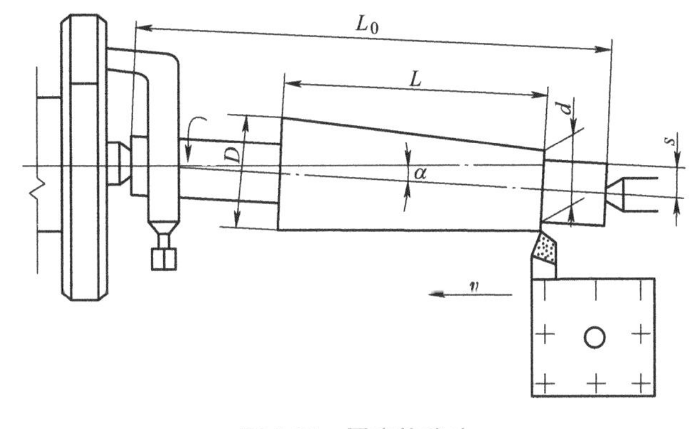

图 1-35 尾座偏移法

L_0—工件全长 L—圆锥长度 D—锥体大端直径
d—锥体小端直径 α—圆锥角 s—尾座偏移量

4. 模具仿形法

模具仿形法也称靠模法，即采用靠模装置车圆锥面，简单地说就是利用已有的锥度模板进行加工的一种方法。此法适用于车削精度要求较高而且批量较大又比较长的圆锥体或圆锥孔工件。

学习小结

【自学自测】

学习领域	金属切削加工		
学习情境一	轴类零件车削加工	任务2	锥面车削加工
作业方式	小组分析、个人解答，现场批阅，集体评判		
1	切屑种类有哪些？有何特点？是如何形成的？		
解答：			
2	切削力是如何产生的？如何分配？改变刀具角度对力的分配有何影响？		
解答：			
3	积屑瘤的作用以及避免措施有哪些？		
解答：			
4	车刀分类及刃磨步骤有哪些？		
解答：			
5	车床的分类有哪些？		
解答：			
6	锥面车削加工的方法与步骤有哪些？		
解答：			
评价：			

班级		组别		组长签字	
学号		姓名		教师签字	
教师评分		日期			

【任务实施】

本任务如图1-17所示，要求独立完成定位阶梯轴加工操作，只需按照加工要求完成圆锥面的车削加工（外圆面、螺纹等加工详见任务1和任务3），并填写任务评价表单。

一、零件图与分析

图1-17所示零件是定位阶梯轴零件，主要由圆柱面、圆锥面、螺纹等组成。根据工作性能与条件，该定位阶梯轴图样规定了外表面有较高的尺寸精度、位置精度和较小的表面粗糙度值。这些技术要求必须在加工中给予保证。

二、确定毛坯

该轴因其属于一般阶梯轴，故选45钢即可满足其要求。

本任务中的零件属于中、小轴类零件，并且各外圆直径尺寸相差不大，故选择ϕ50mm的热轧圆钢做毛坯。

三、确定主要表面的加工方法

该定位阶梯轴的圆柱面、圆锥面、螺纹等在本学习情境中采用车削方法加工，圆柱表面的精加工在学习情境三中的任务1外圆磨削加工中采用磨削方法加工。

定位阶梯轴为回转表面，主要采用车削与磨削成形。由于该定位阶梯轴的外圆公差等级较高，表面粗糙度Ra值（$Ra=1.6\mu m$）较小，需要采用车削、磨削的方式来达到加工精度要求，故可确定加工方法为：粗车→半精车→精车或磨削加工。本任务为圆锥面的车削加工。

四、划分加工阶段

对精度要求较高的零件，其粗、精加工应分开，以保证零件的质量。

该定位阶梯轴加工划分为四个阶段：粗车（粗车外圆、钻中心孔等），半精车（半精车各处外圆、修研中心孔及次要表面等），精车（精车圆锥面），磨削（磨削圆柱面）。各阶段划分大致以热处理为界。

五、热处理工序安排

轴的热处理要根据其材料和使用要求确定。对于阶梯轴，正火、调质和表面淬火用得较多。该轴要求调质处理，并安排在粗车各外圆之后，半精车各外圆之前进行。

六、选择机床、刀具及附件

根据轴类零件加工的特点，该任务应选用车床、外圆车刀、切断刀以及卡盘、顶尖、游标卡尺、千分表、量具等装备完成定位阶梯轴圆锥面的车削加工。

七、加工工艺路线

综合上述分析，定位阶梯轴的工艺路线如下：

下料→车两端面，钻中心孔→粗车各外圆→调质→修研中心孔→半精车各外圆→倒角、车螺纹→清角去锐边→检验→修研中心孔→精车圆锥面→检验→磨 $\phi38$mm、$\phi36$mm 外圆→检验。

本任务为定位阶梯轴圆锥面的粗车、半精车加工。

八、加工尺寸和切削用量选择

阶梯轴半精车余量可选用 1.5mm，加工尺寸可由此而定。车削用量的选择，单件、小批量生产时，可根据加工情况由工人确定。一般可由《机械加工工艺手册》或《切削用量手册》中选取。

九、定位阶梯轴检测及评分标准

选用游标卡尺、千分尺等检测加工后零件的精度及表面质量。定位阶梯轴检测及评分标准见表 1-7。

表 1-7　定位阶梯轴检测及评分标准

序号	质检内容	配分	评分标准
1	圆锥面最大直径公差	10	超差不得分
2	圆锥面长度 10mm	20	超差不得分
3	圆锥面锥度 1∶5	20	不合格不得分
4	圆锥面 $Ra1.6\mu m$	20	降一级扣 5 分
5	圆锥面外观	10	不工整扣分
6	安全文明操作	20	违章扣分

【大国重器】

党的二十大报告中指出，建设现代化产业体系，加快建设制造强国。我国新型工业化步伐显著加快，产业体系更加健全，产业链更加完整，产业整体实力显著提升，迎来从制造大国向制造强国的历史性跨越，一批国产大型高档数控装备正在助推工业化发展。

我国成功打造出世界最大规格的超重型数控卧式车床。该车床身长 50 多 m，床重 1450t，最大回转直径达 5m，总切削力 350kN，主电动机功率 284kW，堪称当今全球最大规格的超重型数控车床，且具有完全自主知识产权。使用该车床曾制造过重 106.3t、直径 9.1m 的世界最大螺旋桨。这台超重型车床的加工精度为 0.008mm，约为头发丝的 1/10。能达到如此精度的产品，即使国外企业也不多。该装备的制造成功，对提升中国能源发电、远洋船舶的制造水平将产生巨大影响。

【锥面车削加工工作单】
计划单

<table>
<tr><td>学习情境一</td><td>轴类零件车削加工</td><td>任务 2</td><td colspan="2">锥面车削加工</td></tr>
<tr><td>工作方式</td><td colspan="2">组内讨论、团结协作共同制订计划：小组成员进行工作讨论，确定工作步骤</td><td>计划学时</td><td>0.5 学时</td></tr>
<tr><td>完成人</td><td colspan="4">1. 2. 3.
4. 5. 6.</td></tr>
<tr><td colspan="5">计划依据：1. 定位阶梯轴零件图；2. 圆锥面车削加工要求</td></tr>
<tr><td>序号</td><td>计划步骤</td><td colspan="3">具体工作内容描述</td></tr>
<tr><td>1</td><td>准备工作（准备图样、材料、机床、工具、量具，谁去做?）</td><td colspan="3"></td></tr>
<tr><td>2</td><td>组织分工（成立组织，人员具体都完成什么?）</td><td colspan="3"></td></tr>
<tr><td>3</td><td>制订加工工艺方案（先粗加工什么，再半精加工什么，最后精加工什么?）</td><td colspan="3"></td></tr>
<tr><td>4</td><td>零件加工过程（加工准备什么，安装车刀、装夹零件、零件粗加工和精加工、零件检测?）</td><td colspan="3"></td></tr>
<tr><td>5</td><td>整理资料（谁负责？整理什么?）</td><td colspan="3"></td></tr>
<tr><td>制订计划说明</td><td colspan="4">（写出制订计划中人员为完成任务的主要建议或可以借鉴的建议、需要解释的某一方面）</td></tr>
</table>

决策单

<table>
<tr><td>学习情境一</td><td colspan="2">轴类零件车削加工</td><td>任务2</td><td colspan="2">锥面车削加工</td></tr>
<tr><td colspan="3">决策学时</td><td colspan="3">0.5学时</td></tr>
<tr><td colspan="6">决策目的：锥面车削加工方案对比分析，比较加工质量、加工时间、加工成本等</td></tr>
<tr><td rowspan="13">工艺方案对比</td><td>小组成员</td><td>方案的可行性
（加工质量）</td><td>加工的合理性
（加工时间）</td><td>加工的经济性
（加工成本）</td><td>综合评价</td></tr>
<tr><td>1</td><td></td><td></td><td></td><td></td></tr>
<tr><td>2</td><td></td><td></td><td></td><td></td></tr>
<tr><td>3</td><td></td><td></td><td></td><td></td></tr>
<tr><td>4</td><td></td><td></td><td></td><td></td></tr>
<tr><td>5</td><td></td><td></td><td></td><td></td></tr>
<tr><td>6</td><td></td><td></td><td></td><td></td></tr>
<tr><td></td><td></td><td></td><td></td><td></td></tr>
<tr><td></td><td></td><td></td><td></td><td></td></tr>
<tr><td></td><td></td><td></td><td></td><td></td></tr>
<tr><td></td><td></td><td></td><td></td><td></td></tr>
<tr><td></td><td></td><td></td><td></td><td></td></tr>
<tr><td></td><td></td><td></td><td></td><td></td></tr>
<tr><td>决策评价</td><td colspan="5">结果：（根据组内成员加工方案对比分析，对自己的工艺方案进行修改并说明修改原因，最后确定一个最佳方案）</td></tr>
</table>

检查单

<table>
<tr><td colspan="2">学习情境一</td><td>轴类零件车削加工</td><td colspan="2">任务 2</td><td colspan="3">锥面车削加工</td></tr>
<tr><td colspan="3">评价学时</td><td colspan="2">课内
0.5 学时</td><td colspan="3">第　　组</td></tr>
<tr><td colspan="2">检查目的及方式</td><td colspan="6">教师全过程监控小组的工作情况，如检查等级为不合格，小组需要整改，并拿出整改说明</td></tr>
<tr><td rowspan="2">序号</td><td rowspan="2">检查项目</td><td rowspan="2">检查标准</td><td colspan="5">检查结果分级
（在检查相应的分级框内划“√”）</td></tr>
<tr><td>优秀</td><td>良好</td><td>中等</td><td>合格</td><td>不合格</td></tr>
<tr><td>1</td><td>准备工作</td><td>查找资源、材料准备完整</td><td></td><td></td><td></td><td></td><td></td></tr>
<tr><td>2</td><td>分工情况</td><td>安排合理、全面，分工明确</td><td></td><td></td><td></td><td></td><td></td></tr>
<tr><td>3</td><td>工作态度</td><td>小组成员工作积极主动、全员参与</td><td></td><td></td><td></td><td></td><td></td></tr>
<tr><td>4</td><td>纪律出勤</td><td>按时完成负责的工作内容、遵守工作纪律</td><td></td><td></td><td></td><td></td><td></td></tr>
<tr><td>5</td><td>团队合作</td><td>相互协作、互相帮助、成员听从指挥</td><td></td><td></td><td></td><td></td><td></td></tr>
<tr><td>6</td><td>创新意识</td><td>任务完成不照搬照抄，看问题具有独到见解，创新思维</td><td></td><td></td><td></td><td></td><td></td></tr>
<tr><td>7</td><td>完成效率</td><td>工作单记录完整，并按照计划完成任务</td><td></td><td></td><td></td><td></td><td></td></tr>
<tr><td>8</td><td>完成质量</td><td>工作单填写准确，评价单结果达标</td><td></td><td></td><td></td><td></td><td></td></tr>
<tr><td>检查
评语</td><td colspan="5"></td><td colspan="2">教师签字：</td></tr>
</table>

任务评价

小组产品加工评价单

学习情境一	轴类零件车削加工
任务 2	锥面车削加工

评价类别	评价项目	子项目	个人评价	组内互评	教师评价
专业知识与技能	加工准备（15%）	零件图分析（5%）			
		设备及刀具准备（5%）			
		加工方法的选择以及切削用量的确定（5%）			
	任务实施（30%）	工作步骤执行（5%）			
		功能实现（5%）			
		质量管理（5%）			
		安全保护（10%）			
		环境保护（5%）			
	工件检测（30%）	产品尺寸精度（15%）			
		产品表面质量（10%）			
		工件外观（5%）			
	工作过程（15%）	使用工具规范性（5%）			
		操作过程规范性（5%）			
		工艺路线正确性（5%）			
	工作效率（5%）	能够在要求的时间内完成（5%）			
	作业（5%）	作业质量（5%）			
评价评语					

班级		组别		学号		总评	
教师签字		组长签字		日期			

小组成员素质评价单

学习情境一	轴类零件车削加工	任务 2		锥面车削加工			
班级	第　组	成员姓名					
评分说明	每个小组成员评价分为自评和小组其他成员评价两部分，取平均值计算，作为该小组成员的任务评价个人分数。评价项目共设计 5 个，依据评分标准给予合理量化打分。小组成员自评分后，要找小组其他成员以不记名方式打分						
评分项目	评分标准	自评分	成员 1 评分	成员 2 评分	成员 3 评分	成员 4 评分	成员 5 评分
核心价值观（20 分）	是否体现社会主义核心价值观的思想及行动						
工作态度（20 分）	是否按时完成负责的工作内容、遵守纪律，是否积极主动参与小组工作，是否全过程参与，是否吃苦耐劳，是否具有工匠精神						
交流沟通（20 分）	是否能清晰地表达自己的观点，是否能倾听他人的观点						
团队合作（20 分）	是否与小组成员合作完成任务，做到相互协作、互相帮助、听从指挥						
创新意识（20 分）	看问题是否能独立思考，提出独到见解，是否能够以创新思维解决遇到的问题						
最终小组成员得分							

课后反思

<table>
<tr><td>学习情境一</td><td colspan="2">轴类零件车削加工</td><td>任务 2</td><td>锥面车削加工</td></tr>
<tr><td>班级</td><td></td><td>第　组</td><td>成员姓名</td><td></td></tr>
<tr><td colspan="2">情感反思</td><td colspan="3">通过对本任务的学习和实训，你认为自己在社会主义核心价值观、职业素养、学习和工作态度等方面有哪些需要提高的部分？</td></tr>
<tr><td colspan="2">知识反思</td><td colspan="3">通过对本任务的学习，你掌握了哪些知识点？请画出思维导图。</td></tr>
<tr><td colspan="2">技能反思</td><td colspan="3">在完成本任务的学习和实训过程中，你主要掌握了哪些技能？</td></tr>
<tr><td colspan="2">方法反思</td><td colspan="3">在完成本任务的学习和实训过程中，你主要掌握了哪些分析和解决问题的方法？</td></tr>
</table>

【课后作业】

轴是机械加工中常见的典型零件之一，阶梯轴应用较广，其加工工艺能较全面地反映轴类零件的加工规律和共性。

根据图 1-36 所示说明阶梯轴的加工过程，完成此零件圆锥面的车削部分加工。车削加工时要保证圆锥圆的尺寸精度和几何精度等要求。

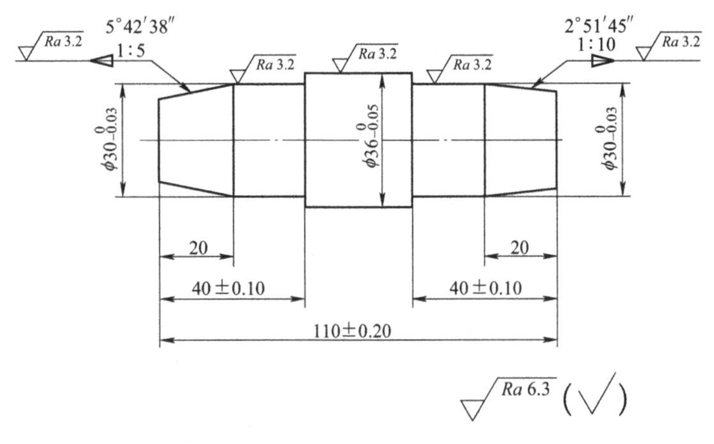

图 1-36 阶梯轴简图

任务 3 螺纹车削加工

【学习导图】

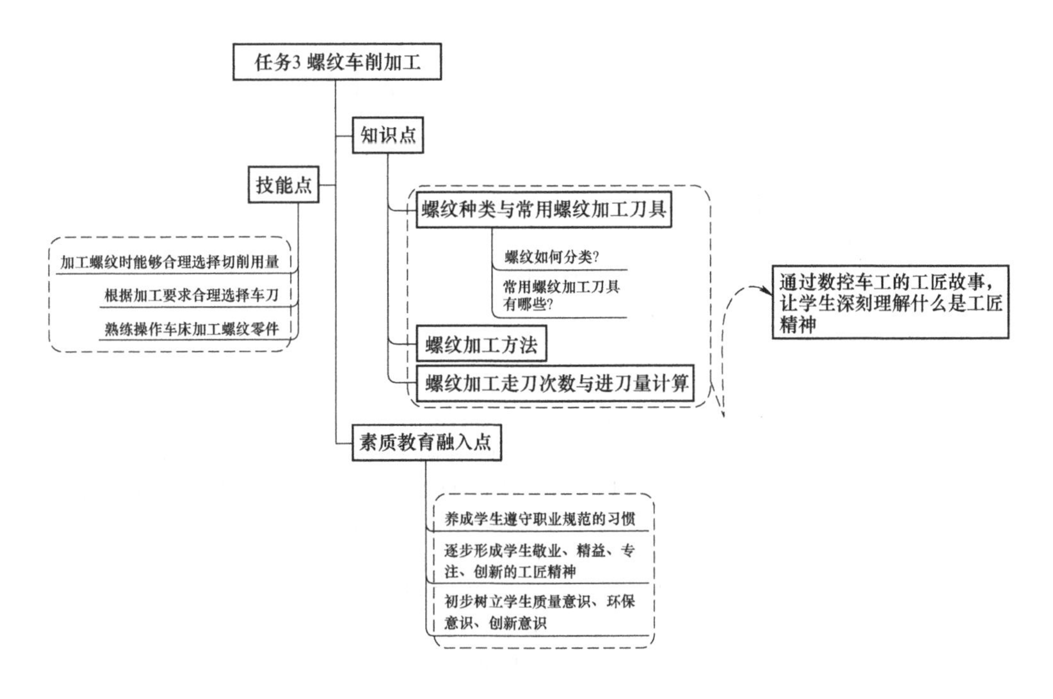

【任务工单】

<table>
<tr><td>学习情境一</td><td>轴类零件车削加工</td><td colspan="2">工作任务 3</td><td colspan="3">螺纹车削加工</td></tr>
<tr><td colspan="3">任务学时</td><td colspan="4">4 学时（课外 4 学时）</td></tr>
<tr><td colspan="7">布置任务</td></tr>
<tr><td>工作目标</td><td colspan="6">1. 根据螺纹零件结构特点，合理选择加工机床及附件。
2. 根据螺纹参数要求，合理选择刀具并能进行刃磨。
3. 根据加工要求，选择正确的加工方法。
4. 根据加工要求，制订合理加工路线并完成螺纹车削加工。</td></tr>
<tr><td>任务描述</td><td colspan="6">阶梯轴是轴类零件的核心零件，要求独立完成图 1-37 所示的定位阶梯轴加工操作。企业加工中要分析毛坯材料，了解加工中所涉及的加工表面，对零件进行简单工艺分析、制订合理的加工工艺路线，并进行车削加工。本任务为定位阶梯轴螺纹表面的车削加工，制订合理的螺纹加工工艺，能进行简单螺纹表面加工操作，能进行螺纹测量，从而达到本任务的学习目标。 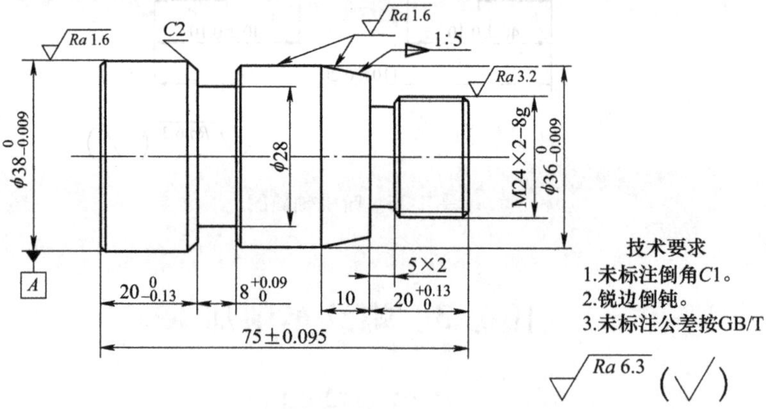
技术要求
1.未标注倒角C1。
2.锐边倒钝。
3.未标注公差按GB/T 1804—m。
图 1-37　定位阶梯轴零件图</td></tr>
<tr><td rowspan="2">学时安排</td><td>资讯</td><td>计划</td><td>决策</td><td>实施</td><td>检查</td><td>评价</td></tr>
<tr><td>1 学时</td><td>0.5 学时</td><td>0.5 学时</td><td>1 学时</td><td>0.5 学时</td><td>0.5 学时</td></tr>
<tr><td>提供资源</td><td colspan="6">1. 定位阶梯轴零件图样。
2. 课程标准、多媒体课件、教学演示视频及其他共享数字资源。
3. 机床及附件。
4. 游标卡尺等工具和量具。</td></tr>
<tr><td>对学生学习及成果的要求</td><td colspan="6">1. 对轴类零件图能够正确识读和表述。
2. 合理选择加工机床及附件。
3. 合理选择刀具并能进行刃磨。
4. 加工出表面质量和精度合格的阶梯轴。
5. 学生均能按照学习导图自主学习，并完成自学自测和课后作业。
6. 严格遵守课堂纪律，学习态度认真、端正，能够正确评价自己和同学在本任务中的素质表现。
7. 学生必须积极参与小组工作，承担零件图识读、零件切削加工设备选用、加工工艺路线制订等工作，做到积极主动不推诿，能够与小组成员合作完成工作任务。
8. 学生均需独立或在小组同学的帮助下完成任务工作单、加工工艺文件、加工视频及动画等，并提请检查、签认，对提出的建议或错误之处务必及时修改。
9. 每组必须完成任务工单，并提请教师进行小组评价，小组成员分享小组评价分数或等级。
10. 学生均完成任务反思，以小组为单位提交。</td></tr>
</table>

【课前自学】

微课：螺纹车削加工方法

一、螺纹种类与常用螺纹加工刀具

（一）螺纹种类

1. 按螺旋线形成的表面分

外螺纹：在圆柱或圆锥外表面上所形成的螺纹。

内螺纹：在圆柱或圆锥内表面上所形成的螺纹。

2. 按螺纹的旋向分

右旋螺纹：顺时针方向旋入的螺纹。

左旋螺纹：逆时针方向旋入的螺纹。

3. 按螺旋线的线数分

单线螺纹：沿一条螺旋线所形成的螺纹。

多线螺纹：沿两条或两条以上、在轴向等距分布的螺旋线所形成的螺纹。

4. 按螺纹牙型分

三角形螺纹（普通螺纹）：广泛用于各种紧固连接，如图 1-38 所示。

梯形螺纹：广泛用于机床设备的螺旋传动中，如图 1-39 所示。

锯齿形螺纹：用于单向螺旋传动中，多用于起重机械或压力机械，如图 1-40 所示。

矩形螺纹：用于螺旋传动，如图 1-41 所示。

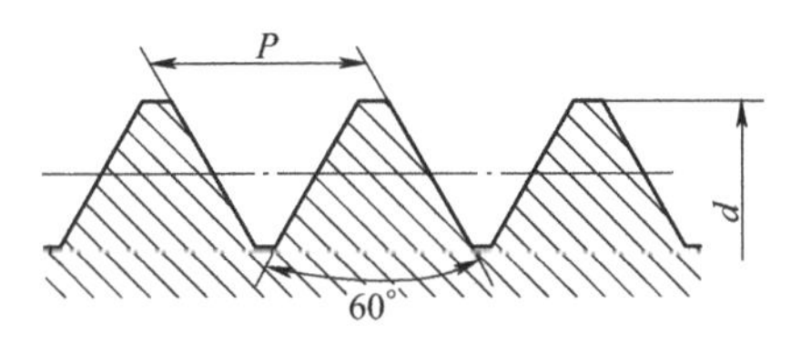

图 1-38　三角形螺纹

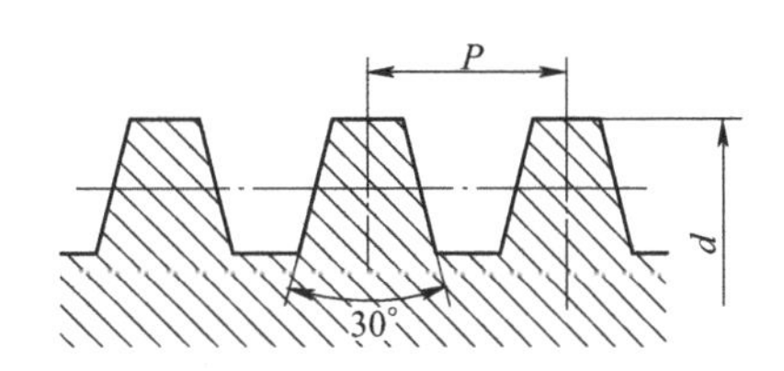

图 1-39　梯形螺纹

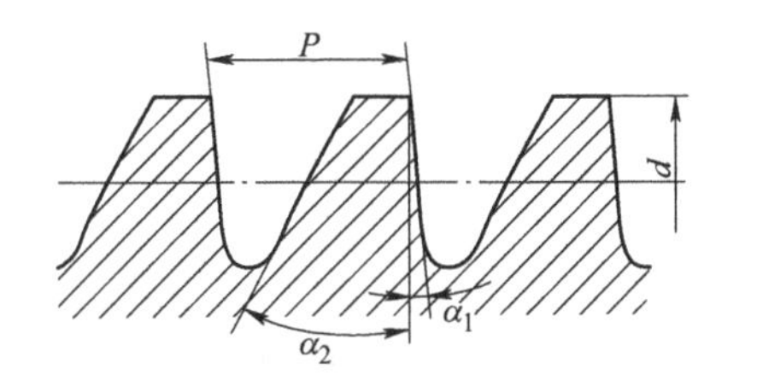

图 1-40　锯齿形螺纹

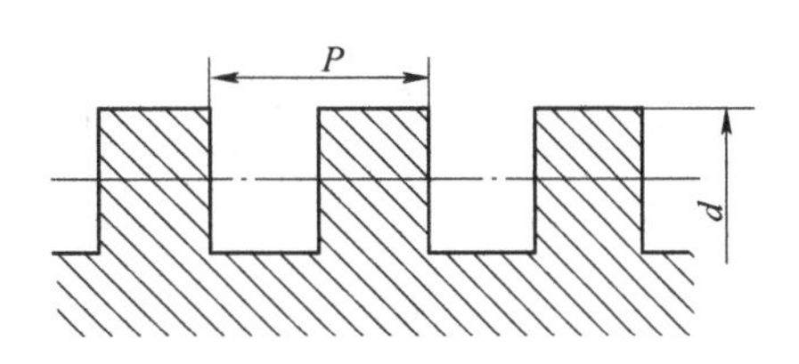

图 1-41　矩形螺纹

（二）常用螺纹加工刀具

螺纹加工刀具主要有螺纹车刀、螺纹梳刀、丝锥、板牙、螺纹铣刀等，如图 1-42 所示。

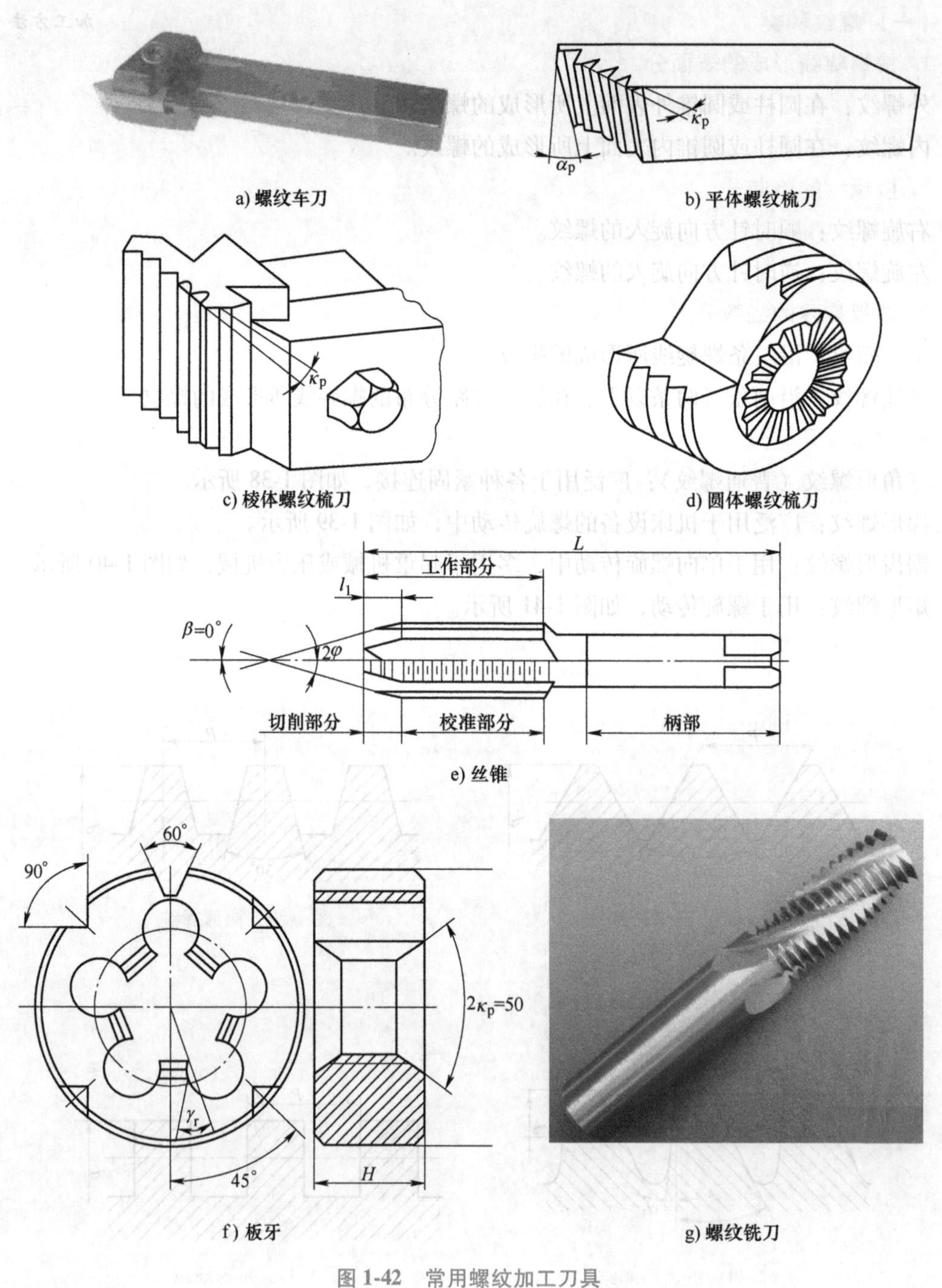

图 1-42　常用螺纹加工刀具

学习小结

二、螺纹加工方法

1. 径向进刀

刀具径向直接进刀是最常用的切削方式，车刀左右两侧刃同时切削，所受轴向切削分力有所抵消，部分地克服了因轴向切削分力导致车刀偏歪的现象。两侧面均匀磨损，能保证螺纹牙形清晰，但存在排屑不畅、散热不好、集中受力等问题。径向进刀适用于切削 1.5mm 以下螺距的螺纹。

2. 单侧面进刀

刀具以和径向成 45°角的方向进刀切削。切屑从切削刃上卷开，形成条状屑，散热较好。缺点是另一刃因不切削而发生摩擦，导致产生积屑瘤、增大表面粗糙度值和使工件硬化。

3. 左右侧面交替进刀

左右侧面交替进刀切削即每次径向进给时，横向向左或向右移动一定距离，使车刀只有一侧参加切削。此方法一般用于通用车床和螺距在 3mm 以上的螺纹加工，在数控车床上编程较复杂。螺纹加工走刀方法如图 1-43 所示。

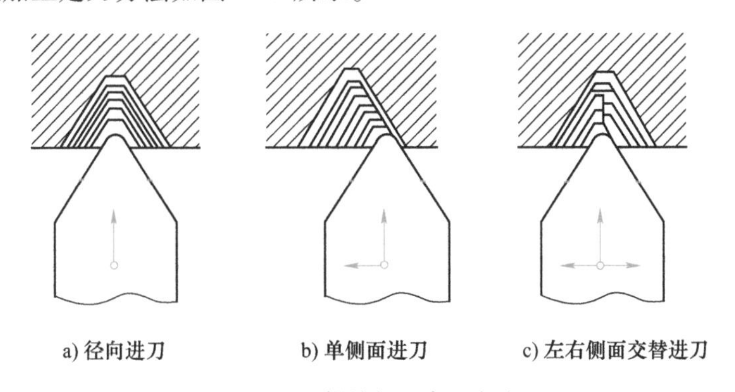

图 1-43 螺纹加工走刀方法

学习小结

三、螺纹加工走刀次数与进刀量计算

螺纹加工要经过多次重复加工才能完成，分粗、精加工工序。为保证螺纹精度，螺纹加工中的走刀次数和进刀量会直接影响螺纹的加工质量，每次切削量的分配应依次递减。一般精加工余量为 0.05~0.1mm。

螺纹加工时走刀次数与背吃刀量见表 1-8 所示。

表 1-8　螺纹加工走刀次数与背吃刀量（米制螺纹）　　（单位：mm）

螺距		1.0	1.5	2.0	2.5	3.0	3.5	4.0
压深（半径值）		0.649	0.974	1.299	1.624	1.949	2.273	2.598
背吃刀量（直径值）及切削次数	1 次	0.7	0.8	0.9	1.0	1.2	1.5	1.5
	2 次	0.4	0.6	0.6	0.7	0.7	0.7	0.8
	3 次	0.2	0.4	0.6	0.6	0.6	0.6	0.6
	4 次	—	0.16	0.4	0.4	0.4	0.6	0.6
	5 次	—	—	0.1	0.4	0.4	0.4	0.4
	6 次	—	—	—	0.15	0.4	0.4	0.4
	7 次	—	—	—	—	0.2	0.2	0.4
	8 次	—	—	—	—	—	0.15	0.3
	9 次	—	—	—	—	—	—	0.2

学习小结

【自学自测】

<table>
<tr><td>学习领域</td><td colspan="5">金属切削加工</td></tr>
<tr><td>学习情境一</td><td colspan="2">轴类零件车削加工</td><td>任务 3</td><td colspan="2">螺纹车削加工</td></tr>
<tr><td>作业方式</td><td colspan="5">个人解答、小组分析，现场批阅</td></tr>
<tr><td>1</td><td colspan="5">螺纹种类有哪些？分别适用何种场合？</td></tr>
<tr><td colspan="6">解答：</td></tr>
<tr><td>2</td><td colspan="5">常用螺纹刀具有哪些？</td></tr>
<tr><td colspan="6">解答：</td></tr>
<tr><td>3</td><td colspan="5">螺纹加工方法有哪些？螺纹代号如何规定？</td></tr>
<tr><td colspan="6">解答：</td></tr>
<tr><td>4</td><td colspan="5">螺纹加工中走刀次数如何计算？</td></tr>
<tr><td colspan="6">解答：</td></tr>
<tr><td colspan="6">评价：</td></tr>
<tr><td>班级</td><td></td><td>组别</td><td></td><td>组长签字</td><td></td></tr>
<tr><td>学号</td><td></td><td>姓名</td><td></td><td>教师签字</td><td></td></tr>
<tr><td>教师评分</td><td></td><td>日期</td><td colspan="3"></td></tr>
</table>

【任务实施】

本任务如图 1-37 所示，要求独立完成定位阶梯轴加工操作，只需按照加工要求完成螺纹的车削加工（外圆面、锥面等加工详见任务 1 和任务 2）并填写任务评价表单。

一、零件图与分析

图 1-37 所示零件是定位阶梯轴零件，主要由圆柱面、圆锥面、螺纹等组成。根据工作性能与条件，该定位阶梯轴图样规定了外表面有较高的尺寸精度、位置精度和较小的表面粗糙度值。这些技术要求必须在加工中给予保证。

二、确定毛坯

该轴因其属于一般阶梯轴，故选 45 钢即可满足其要求。

本任务中的零件属于中、小轴类零件，并且各外圆直径尺寸相差不大，故选择 ϕ50mm 的热轧圆钢做毛坯。

三、确定主要表面的加工方法

该定位阶梯轴的圆柱面、圆锥面、螺纹等在本学习情境中采用车削方法加工，圆柱表面的精加工在学习情境三中的任务 1 外圆磨削加工中采用磨削方法加工。

定位阶梯轴为回转表面，主要采用车削与磨削成形。由于该定位阶梯轴的外圆公差等级较高，表面粗糙度 Ra 值（Ra = 1.6μm）较小，需要采用车削、磨削的方式来达到加工精度要求，故可确定加工方法为：粗车→半精车→精车或磨削加工。本任务为螺纹表面的车削加工。

四、划分加工阶段

对精度要求较高的零件、其粗、精加工应分开，以保证零件的质量。

该定位阶梯轴加工划分为四个阶段：粗车（粗车外圆、钻中心孔等），半精车（半精车各处外圆、修研中心孔及次要表面等），精车（精车圆锥面），磨削（磨削圆柱面）。各阶段划分大致以热处理为界。

五、热处理工序安排

轴的热处理要根据其材料和使用要求确定。对于阶梯轴，正火、调质和表面淬火用得较多。该轴要求调质处理，并安排在粗车各外圆之后，半精车各外圆之前进行。

六、选择机床、刀具及附件

根据轴类零件加工的特点，该任务应选用车床、外圆车刀、切断刀以及卡盘、顶尖、游标卡尺、千分表、量具等装备完成定位阶梯轴螺纹表面的车削加工。

七、加工工艺路线

综合上述分析，定位阶梯轴的工艺路线如下：

下料→车两端面，钻中心孔→粗车各外圆→调质→修研中心孔→半精车各外圆→倒角、车螺纹→清角去锐边→检验→修研中心孔→精车圆锥面→检验→磨 $\phi38$mm、$\phi36$mm 外圆→检验。

本任务为定位阶梯轴螺纹表面的车削加工。

八、加工尺寸和切削用量选择

螺纹车削用量的选择，单件、小批量生产时，可根据加工情况由工人确定。一般可由《机械加工工艺手册》或《切削用量手册》中选取。

九、定位阶梯轴检测及评分标准

选用游标卡尺、千分尺等检测加工后零件的精度及表面质量。定位阶梯轴检测及评分标准见表 1-9。

表 1-9　定位阶梯轴检测及评分标准

序号	质检内容	配分	评分标准
1	螺纹参数 M24	20	超差不得分
2	螺纹参数、螺距 2mm	20	超差不得分
3	螺纹精度 8g	20	超差不得分
4	螺纹长度	10	超差不得分
5	螺纹外观	10	不合格不得分
6	清角去锐边	10	不工整不得分
7	安全文明操作	10	违章扣分

【工匠故事】

党的二十大报告首次将大国工匠和高技能人才纳入国家战略人才行列。随着制造业的发展，技能人才特别是高素质技能人才供不应求，这些技能人才是推动我们学习的榜样与力量。

裴永斌是哈电集团哈尔滨电机厂有限责任公司的首席技师，是龙江技术工匠的杰出代表，曾获全国劳动模范、国务院国资委优秀共产党员、全国技术能手、全国首届十大质量工匠、全国机械行业有突出贡献技师等荣誉称号，被授予省政府特殊津贴，2016年录制中央电视台《大国工匠》大道无疆叫响行业。

弹性油箱是水轮发电机组的关键部件，承载着数千吨的重量，与此同时，弹性油箱还要保证机组运行体态的稳定性，中心恒久处于同一轴线上。一旦发生偏移，机组就会失去平衡，整座水电站都会彻底崩塌。弹性油箱内、外圈的每一处壁厚，都要控制在7mm，并且槽的形态又窄又深，表面粗糙度值要求控制在不大于*Ra*1.6μm。检验成品质量是否合格，要靠反光镜测量内孔槽深处的表面粗糙度值。而裴永斌靠双手摸就能“测量”油箱壁厚，其测量精度和效率甚至超过一些专用仪器。弹性油箱一道就是百分之一毫米，而人类手指表皮厚度就已经超过一毫米。通过“摸”，检验的结果跟用千分尺测量的结果一样。这凭借的都是长年累月的经验累积。他也是全厂唯一靠双手就能“检测”油箱壁厚的工匠，因此成为行业里公认的“金手指”。

迄今为止，裴永斌已经带领团队加工了超过4000件弹性油箱，没有出过一件废品。由于质量和诚信俱佳，他的机台被授予公司首批“免检机台”，他加工的工件无须检查就可以直接转往下道工序。他结合国外先进经验，在公司首次提出技术技能单点培训的概念，率先将多年积累的实际加工经验与技巧编制成《OPL标准作业单点培训教材》，实现了加工技术标准化、规范化、实用化。

从裴永斌转业来到哈电机接触到机械加工，到如今凭借精湛的技艺誉满全国，这三十年的日日夜夜里都饱含着他的专注、坚持和精益求精。裴永斌的事迹给了人们这样的启示：简单的事情重复做，重复的事情用心做。

【螺纹车削加工工作单】
计划单

<table>
<tr><td>学习情境一</td><td>轴类零件车削加工</td><td>任务 3</td><td colspan="2">螺纹车削加工</td></tr>
<tr><td>工作方式</td><td colspan="2">组内讨论、团结协作共同制订计划：小组成员进行工作讨论，确定工作步骤</td><td>计划学时</td><td>0.5 学时</td></tr>
<tr><td>完成人</td><td colspan="4">1. 2. 3.
4. 5. 6.</td></tr>
<tr><td colspan="5">计划依据：1. 定位阶梯轴零件图；2. 螺纹加工要求</td></tr>
<tr><td>序号</td><td>计划步骤</td><td colspan="3">具体工作内容描述</td></tr>
<tr><td>1</td><td>准备工作（准备图样、材料、机床、工具、量具，谁去做?）</td><td colspan="3"></td></tr>
<tr><td>2</td><td>组织分工（成立组织，人员具体都完成什么?）</td><td colspan="3"></td></tr>
<tr><td>3</td><td>制订加工工艺方案（先粗加工什么，再半精加工什么，最后精加工什么?）</td><td colspan="3"></td></tr>
<tr><td>4</td><td>零件加工过程（加工准备什么，安装车刀、装夹零件、零件粗加工和精加工、零件检测?）</td><td colspan="3"></td></tr>
<tr><td>5</td><td>整理资料（谁负责？整理什么?）</td><td colspan="3"></td></tr>
<tr><td>制订计划说明</td><td colspan="4">（写出制订计划中人员为完成任务的主要建议或可以借鉴的建议、需要解释的某一方面）</td></tr>
</table>

决策单

<table>
<tr><td>学习情境一</td><td colspan="2">轴类零件车削加工</td><td>任务 3</td><td colspan="2">螺纹车削加工</td></tr>
<tr><td colspan="3">决策学时</td><td colspan="3">0.5 学时</td></tr>
<tr><td colspan="6">决策目的：螺纹车削加工方案对比分析，比较加工质量、加工时间、加工成本等</td></tr>
<tr><td rowspan="13">工艺方案对比</td><td>小组成员</td><td>方案的可行性
（加工质量）</td><td>加工的合理性
（加工时间）</td><td>加工的经济性
（加工成本）</td><td>综合评价</td></tr>
<tr><td>1</td><td></td><td></td><td></td><td rowspan="12"></td></tr>
<tr><td>2</td><td></td><td></td><td></td></tr>
<tr><td>3</td><td></td><td></td><td></td></tr>
<tr><td>4</td><td></td><td></td><td></td></tr>
<tr><td>5</td><td></td><td></td><td></td></tr>
<tr><td>6</td><td></td><td></td><td></td></tr>
<tr><td></td><td></td><td></td><td></td></tr>
<tr><td></td><td></td><td></td><td></td></tr>
<tr><td></td><td></td><td></td><td></td></tr>
<tr><td></td><td></td><td></td><td></td></tr>
<tr><td></td><td></td><td></td><td></td></tr>
<tr><td></td><td></td><td></td><td></td></tr>
<tr><td>决策评价</td><td colspan="5">结果：（根据组内成员加工方案对比分析，对自己的工艺方案进行修改并说明修改原因，最后确定一个最佳方案）</td></tr>
</table>

检查单

<table>
<tr><td colspan="2">学习情境一</td><td>轴类零件车削加工</td><td colspan="2">任务 3</td><td colspan="3">螺纹车削加工</td></tr>
<tr><td colspan="3">评价学时</td><td colspan="2">课内
0.5 学时</td><td colspan="3">第　　　组</td></tr>
<tr><td colspan="2">检查目的及方式</td><td colspan="6">教师全过程监控小组的工作情况，如检查等级为不合格，小组需要整改，并拿出整改说明</td></tr>
<tr><td rowspan="2">序号</td><td rowspan="2">检查项目</td><td rowspan="2">检查标准</td><td colspan="5">检查结果分级
（在检查相应的分级框内划“√”）</td></tr>
<tr><td>优秀</td><td>良好</td><td>中等</td><td>合格</td><td>不合格</td></tr>
<tr><td>1</td><td>准备工作</td><td>查找资源、材料准备完整</td><td></td><td></td><td></td><td></td><td></td></tr>
<tr><td>2</td><td>分工情况</td><td>安排合理、全面，分工明确</td><td></td><td></td><td></td><td></td><td></td></tr>
<tr><td>3</td><td>工作态度</td><td>小组成员工作积极主动、全员参与</td><td></td><td></td><td></td><td></td><td></td></tr>
<tr><td>4</td><td>纪律出勤</td><td>按时完成负责的工作内容、遵守工作纪律</td><td></td><td></td><td></td><td></td><td></td></tr>
<tr><td>5</td><td>团队合作</td><td>相互协作、互相帮助、成员听从指挥</td><td></td><td></td><td></td><td></td><td></td></tr>
<tr><td>6</td><td>创新意识</td><td>任务完成不照搬照抄，看问题具有独到见解，创新思维</td><td></td><td></td><td></td><td></td><td></td></tr>
<tr><td>7</td><td>完成效率</td><td>工作单记录完整，并按照计划完成任务</td><td></td><td></td><td></td><td></td><td></td></tr>
<tr><td>8</td><td>完成质量</td><td>工作单填写准确，评价单结果达标</td><td></td><td></td><td></td><td></td><td></td></tr>
<tr><td>检查评语</td><td colspan="5"></td><td colspan="2">教师签字：</td></tr>
</table>

任务评价

小组产品加工评价单

学习情境一	轴类零件车削加工
任务3	螺纹车削加工

评价类别	评价项目	子项目	个人评价	组内互评	教师评价
专业知识与技能	加工准备（15%）	零件图分析（5%）			
		设备及刀具准备（5%）			
		加工方法的选择以及切削用量的确定（5%）			
	任务实施（30%）	工作步骤执行（5%）			
		功能实现（5%）			
		质量管理（5%）			
		安全保护（10%）			
		环境保护（5%）			
	工件检测（30%）	产品尺寸精度（15%）			
		产品表面质量（10%）			
		工件外观（5%）			
	工作过程（15%）	使用工具规范性（5%）			
		操作过程规范性（5%）			
		工艺路线正确性（5%）			
	工作效率（5%）	能够在要求的时间内完成（5%）			
	作业（5%）	作业质量（5%）			
评价评语					

班级		组别		学号		总评	
教师签字		组长签字		日期			

小组成员素质评价单

<table>
<tr><td colspan="2">学习情境一</td><td colspan="2">轴类零件车削加工</td><td colspan="2">任务 3</td><td colspan="3">螺纹车削加工</td></tr>
<tr><td>班级</td><td></td><td colspan="2">第　组</td><td colspan="2">成员姓名</td><td colspan="3"></td></tr>
<tr><td colspan="2">评分说明</td><td colspan="7">每个小组成员评价分为自评和小组其他成员评价两部分，取平均值计算，作为该小组成员的任务评价个人分数。评价项目共设计 5 个，依据评分标准给予合理量化打分。小组成员自评分后，要找小组其他成员以不记名方式打分</td></tr>
<tr><td colspan="2">评分项目</td><td>评分标准</td><td>自评分</td><td>成员 1 评分</td><td>成员 2 评分</td><td>成员 3 评分</td><td>成员 4 评分</td><td>成员 5 评分</td></tr>
<tr><td colspan="2">核心价值观（20 分）</td><td>是否体现社会主义核心价值观的思想及行动</td><td></td><td></td><td></td><td></td><td></td><td></td></tr>
<tr><td colspan="2">工作态度（20 分）</td><td>是否按时完成负责的工作内容、遵守纪律，是否积极主动参与小组工作，是否全过程参与，是否吃苦耐劳，是否具有工匠精神</td><td></td><td></td><td></td><td></td><td></td><td></td></tr>
<tr><td colspan="2">交流沟通（20 分）</td><td>是否能清晰地表达自己的观点，是否能倾听他人的观点</td><td></td><td></td><td></td><td></td><td></td><td></td></tr>
<tr><td colspan="2">团队合作（20 分）</td><td>是否与小组成员合作完成任务，做到相互协作、互相帮助、听从指挥</td><td></td><td></td><td></td><td></td><td></td><td></td></tr>
<tr><td colspan="2">创新意识（20 分）</td><td>看问题是否能独立思考，提出独到见解，是否能够以创新思维解决遇到的问题</td><td></td><td></td><td></td><td></td><td></td><td></td></tr>
<tr><td colspan="2">最终小组成员得分</td><td colspan="7"></td></tr>
</table>

课后反思

<table>
<tr><td>学习情境一</td><td colspan="2">轴类零件车削加工</td><td>任务 3</td><td>螺纹车削加工</td></tr>
<tr><td>班级</td><td></td><td>第　组</td><td>成员姓名</td><td></td></tr>
<tr><td>情感反思</td><td colspan="4">通过对本任务的学习和实训，你认为自己在社会主义核心价值观、职业素养、学习和工作态度等方面有哪些需要提高的部分？</td></tr>
<tr><td>知识反思</td><td colspan="4">通过对本任务的学习，你掌握了哪些知识点？请画出思维导图。</td></tr>
<tr><td>技能反思</td><td colspan="4">在完成本任务的学习和实训过程中，你主要掌握了哪些技能？</td></tr>
<tr><td>方法反思</td><td colspan="4">在完成本任务的学习和实训过程中，你主要掌握了哪些分析和解决问题的方法？</td></tr>
</table>

【课后作业】

轴是机械加工中常见的典型零件之一，阶梯轴应用较广，其加工工艺能较全面地反映轴类零件的加工规律和共性。

根据图 1-44 所示说明阶梯轴的加工过程，完成此零件螺纹表面的车削部分加工。车削加工时要保证螺纹的加工精度要求。

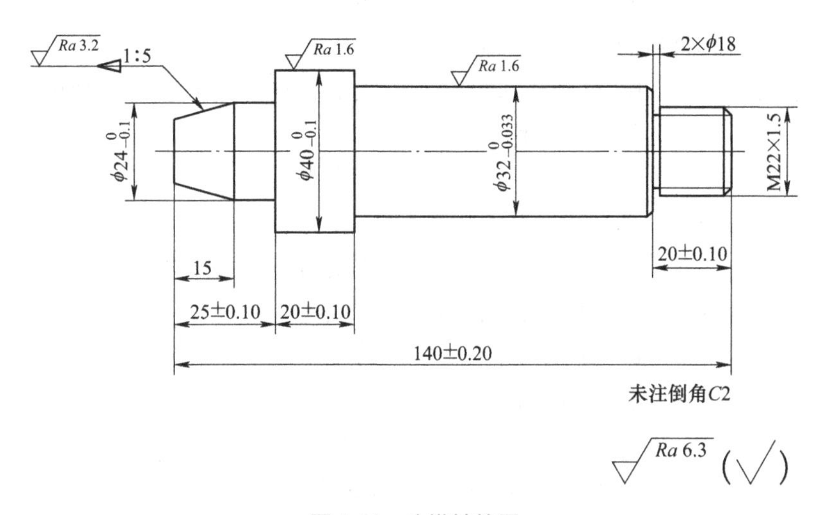

图 1-44 阶梯轴简图

【课后思考与练习】

一、单选题（只有一个正确答案）

1. 能够反映刀具前面倾斜程度的刀具角度为（　　）。

A. 主偏角　　B. 副偏角　　C. 前角　　D. 刃倾角

2. 如果外圆车削前后的工件直径分别为 100mm 和 90mm，均分成两次进刀切完加工余量，那么背吃刀量应为（　　）。

A. 10mm　　B. 5mm　　C. 2. 5mm　　D. 2mm

3. 与工件已加工表面相对的刀具表面是（　　）。

A. 刀具前面　　B. 刀面　　C. 基面　　D. 刀具副后面

4. 既能车削外圆，又能车削端面，还能倒角的车刀是（　　）。

A. 90°偏刀　　B. 尖头车刀　　C. 45°弯头车刀　　D. 75°度偏刀

5. 使被切削层与工件母体分离的剪切滑移变形主要发生在（　　）。

A. 第Ⅰ变形区　　B. 第Ⅱ变形区　　C. 第Ⅲ变形区　　D. 刀-屑接触区

6. 切断刀在从工件外表面向工件旋转中心逐渐切断时，其工作后角会（　　）。

A. 逐渐增大　　B. 逐渐减小　　C. 基本不变　　D. 变化不定

7. 用一把车刀车削外圆、端面和倒角，主偏角应选用（　　）。

A. 45°　　B. 60°　　C. 75°　　D. 90°

8. 在一般情况下，前角增大则切削力会（　　）。
   A. 随之增大　B. 随之减小　C. 基本不变　D. 变化不定
9. 在下列因素中，对刀具寿命影响最大的因素是（　　）。
   A. 切削速度　B. 切削厚度　C. 背吃刀量　D. 进给量
10. 外圆车削时，如果刀具安装得使刀尖高于工件旋转中心，则刀具的工作角度与标注前角相比会（　　）。
   A. 增大　B. 减小　C. 不变　D. 不定
11. 下列哪种刀具材料的常温硬度最高（　　）。
   A. 氧化铝基陶瓷　B. 氮化硅基陶瓷　C. 人造金刚石　D. 立方氮化硼
12. 外圆车削时的径向切削力又称为（　　）。
   A. 总切削力　B. 切削力　C. 背向力　D. 进给力
13. 在切削过程中，消耗功率最多的切削力是（　　）。
   A. 切削力　B. 背向力　C. 进给力　D. 径向力
14. 在下面的因素中，对切削力影响最大的因素是（　　）。
   A. 切削速度　B. 切削厚度　C. 背吃刀量　D. 进给量
15. 在车削过程中，吸收切削热最多的通常是（　　）。
   A. 切屑　B. 刀具　C. 工件　D. 介质
16. 在下列因素中，对切削温度影响最大的因素是（　　）。
   A. 切削速度　B. 切削厚度　C. 背吃刀量　D. 进给量

二、填空题

1. 在普通车削中，切削用量有三个要素：（　　）、（　　）、（　　）。
2. 在外圆车削时，如果刀尖低于工件旋转中心，那么其工作前角会（　　）。
3. 主偏角是指（　　）的夹角。
4. 切削速度提高时，刀具寿命会随之（　　）。
5. 正交平面参考系包含三个相互垂直的参考平面是（　　）、（　　）和（　　）。
6. 主偏角是指在基面投影上主切削刃与（　　）的夹角。
7. 前角的选择原则是：在切削刃强度足够的前提下，尽量选用（　　）的前角。
8. 外圆车刀用于车削工件的圆柱和（　　）外表面。
9. 立方氮化硼的硬度比硬质合金（　　）。
10. 积屑瘤的存在使刀具的实际切削前角（　　）。
11. 切削速度越（　　），越容易形成带状切屑。
12. 切削液的主要作用是（　　）、（　　），同时起到（　　）、（　　）作用。

三、简答题

1. 试述切削用量的选择原则。
2. 切削力的分解与切削运动相联系，有何实用意义？
3. 试述后角的定义和功用。

4. 什么是积屑瘤？如何抑制积屑瘤？
5. 试述车刀切削部分的组成。
6. 试述车削加工的特点及应用范围。
7. 试述前角的定义和作用。
8. 试述切削液的分类。

学习情境二

平面、箱体类零件铣削加工

【学习指南】

【情境导入】

某机械加工制造厂的生产部门接到两项加工生产任务，其中一项为具有台阶面的平行块零件，用来装夹工件，主要结构由台阶面、平面组成，另一项为车床主轴箱箱体，主要结构由端面、斜面等组成。加工人员需要根据零件图样要求，研讨并选用加工所需的机床、刀具及附件等装备，并且能够运用正确的加工方法，依照加工方案，规范地完成含有台阶面、平面、端面、斜面等典型零件表面的加工，同时达到图样要求的尺寸精度、几何精度、表面质量等要求。

【学习目标】

知识目标：

1. 识别各种铣削加工范围、铣削加工方式。
2. 正确认识铣床结构和各种铣刀类型。
3. 准确描述简单表面铣削加工方法。
4. 完整陈述铣床安全操作规范。

能力目标：

1. 能够进行铣刀安装和调整。
2. 正确规范操作铣床。
3. 根据零件加工要求，选择合理的切削用量。
4. 熟练操作铣床对带有平面、台阶面、斜面等典型表面的零件进行加工。

素养目标：

1. 养成学生遵守职业规范的习惯。
2. 树立学生社会责任感和集体荣誉感。
3. 逐步养成学生敬业、精益、专注、创新的工匠精神。
4. 锻炼学生的团队合作意识。

【工作任务】

任务 1　台阶面铣削加工，参考学时：课内 6 学时（课外 6 学时）。

任务 2　箱体类零件铣削加工，参考学时：课内 4 学时（课外 8 学时）。

任务 1　台阶面铣削加工

【学习导图】

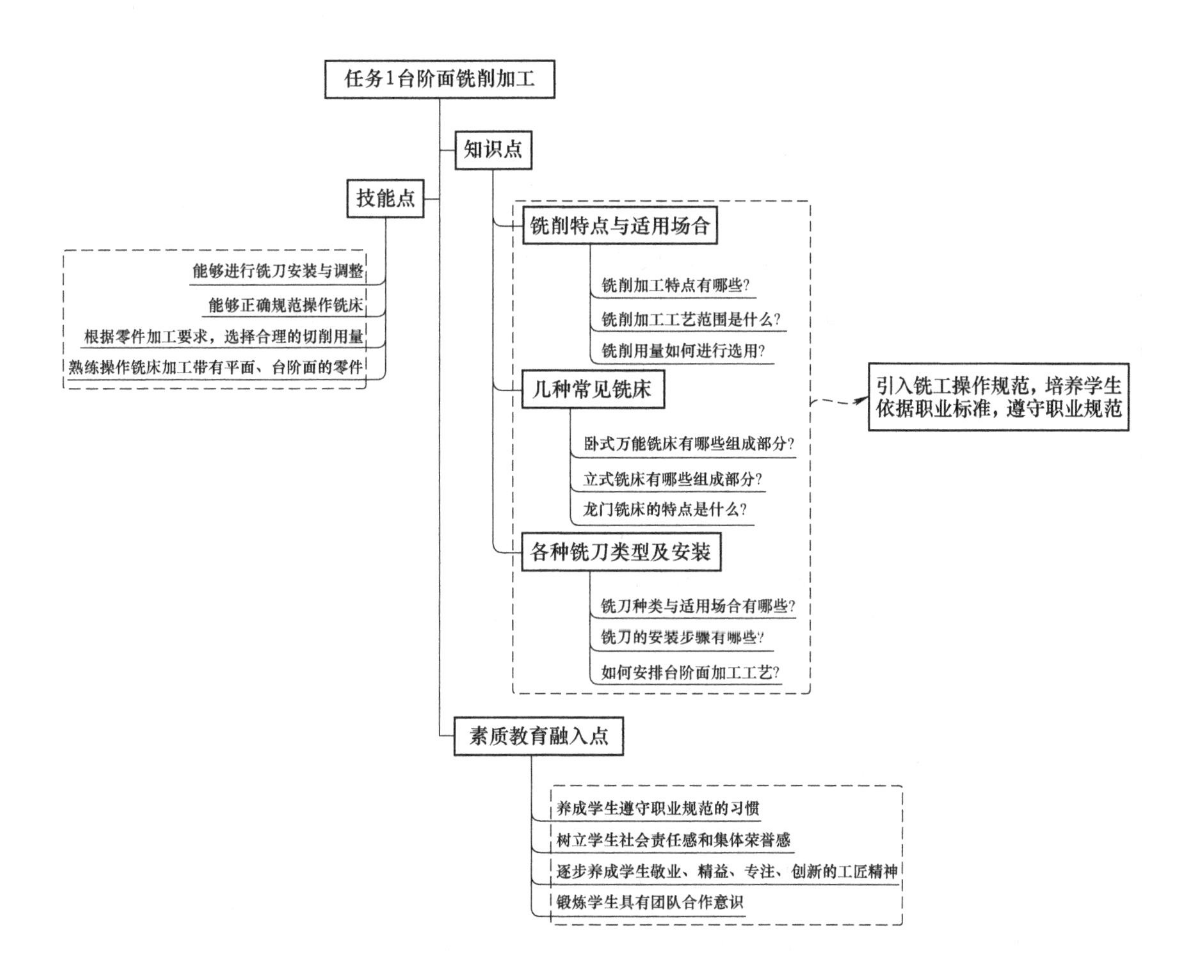

【任务工单】

<table>
<tr><td>学习情境二</td><td colspan="2">平面、箱体类零件铣削加工</td><td colspan="2">工作任务 1</td><td colspan="2">台阶面铣削加工</td></tr>
<tr><td></td><td colspan="3">任务学时</td><td colspan="3">6 学时（课外 6 学时）</td></tr>
<tr><td colspan="7">布置任务</td></tr>
<tr><td>工作目标</td><td colspan="6">1. 根据零件结构特点，合理选择加工机床及附件。
2. 根据零件结构特点，合理选择铣刀并能进行安装与调整。
3. 根据加工要求，选择正确的加工方法。
4. 根据加工要求，制订合理加工路线并完成台阶面铣削加工。</td></tr>
<tr><td>任务描述</td><td colspan="6">独立完成图 2-1 所示带有台阶面的平行块零件加工操作。工厂加工中要分析毛坯材料，了解加工中所涉及的加工表面，对零件进行简单工艺分析和加工。本任务为采用铣削加工方法完成此平行块零件阶梯面、平面的加工，学会铣刀的安装与调整，并能独立加工出带有合格台阶面的平行块零件产品，将社会主义核心价值观、精益求精的工匠精神融入实际加工过程中，从而达到本课程的学习目标。
图 2-1　带有台阶面的平行块零件图</td></tr>
<tr><td>学时安排</td><td>资讯
1 学时</td><td>计划
1 学时</td><td>决策
0.5 学时</td><td>实施
2.5 学时</td><td>检查
0.5 学时</td><td>评价
0.5 学时</td></tr>
<tr><td>提供资源</td><td colspan="6">1. 带有台阶面的平行块零件图样。
2. 课程标准、多媒体课件、教学演示视频及其他共享数字资源。
3. 机床及附件。
4. 游标卡尺等工具和量具。</td></tr>
<tr><td>对学生学习及成果的要求</td><td colspan="6">1. 对零件图能够正确识读和表述。
2. 合理选择加工机床及附件。
3. 合理选择铣刀并能进行安装与调整。
4. 加工出表面质量和精度合格的零件。
5. 学生均能按照学习导图自主学习，并完成自学自测和课后作业。
6. 严格遵守课堂纪律，学习态度认真、端正，能够正确评价自己和同学在本任务中的素质表现。
7. 学生必须积极参与小组工作，承担零件图识读、零件铣削加工设备选用、加工操作等工作，做到积极主动不推诿，能够与小组成员合作完成工作任务。
8. 学生均需独立或在小组同学的帮助下完成任务工作单、加工工艺文件、加工视频及动画等，并提请检查、签认，对提出的建议或错误之处务必及时修改。
9. 每组必须完成任务工单，并提请教师进行小组评价，小组成员分享小组评价分数或等级。
10. 学生均完成任务反思，以小组为单位提交。</td></tr>
</table>

【课前自学】

铣削是将毛坯固定，用高速旋转的铣刀在毛坯上切削，加工出需要的形状和特征。传统铣削较多地用于铣轮廓和槽等简单的外形；数控铣床可以进行复杂外形和特征的加工；铣镗加工中心可进行三轴或多轴铣镗加工，用于加工模具、检具、胎具、薄壁复杂曲面、人工假体、叶片等。

一、铣削特点与适用场合

（一）铣削加工的特点

1）生产率较高。

2）断续切削，铣削过程不平稳。

3）同一平面可以选择不同的铣削方式以及不同的铣床和铣刀。

4）铣削加工范围广。

（二）铣削加工工艺范围

铣削加工在金属切削加工中占有比较大的比重，在铣床上配上不同的机床附件以及各种各样的铣刀，就可以加工出形状各异、大小不同的各种表面，如平面、斜面、台阶面、垂直面、异形面、直槽、T 形槽、燕尾槽、V 形槽、键槽等，还可以利用分度装置加工花键、齿轮、螺旋槽等。铣削加工应用如图 2-2 所示。

微课：铣削的工艺范围

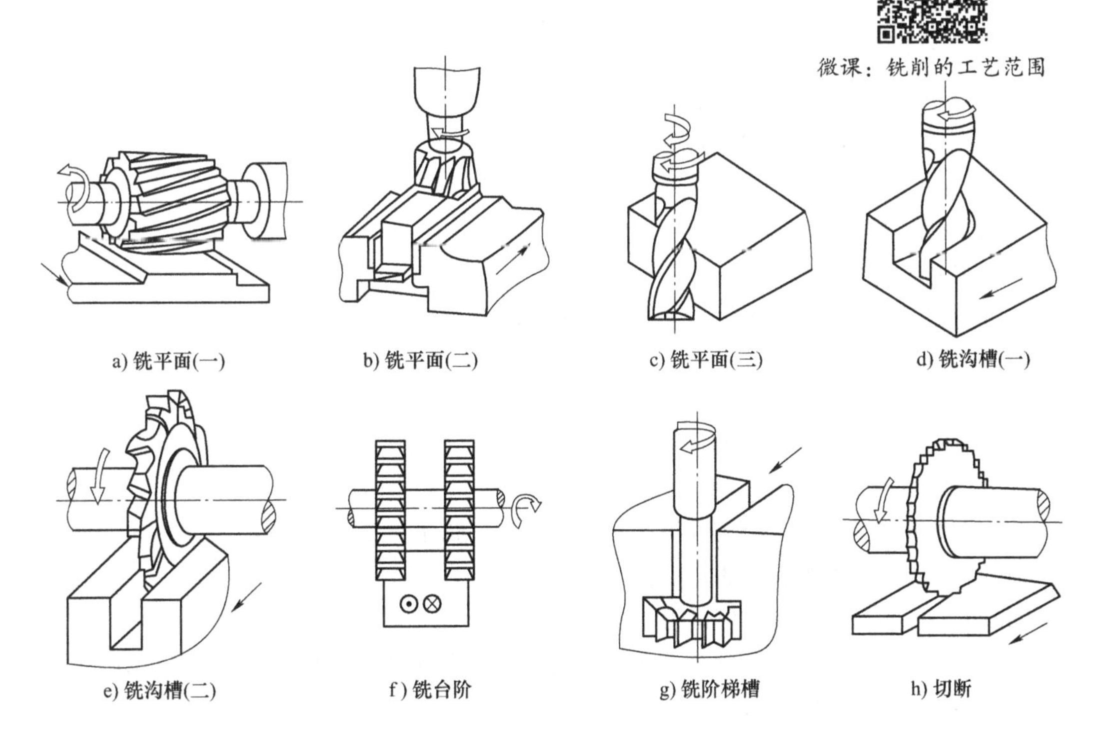

图 2-2 铣削加工应用

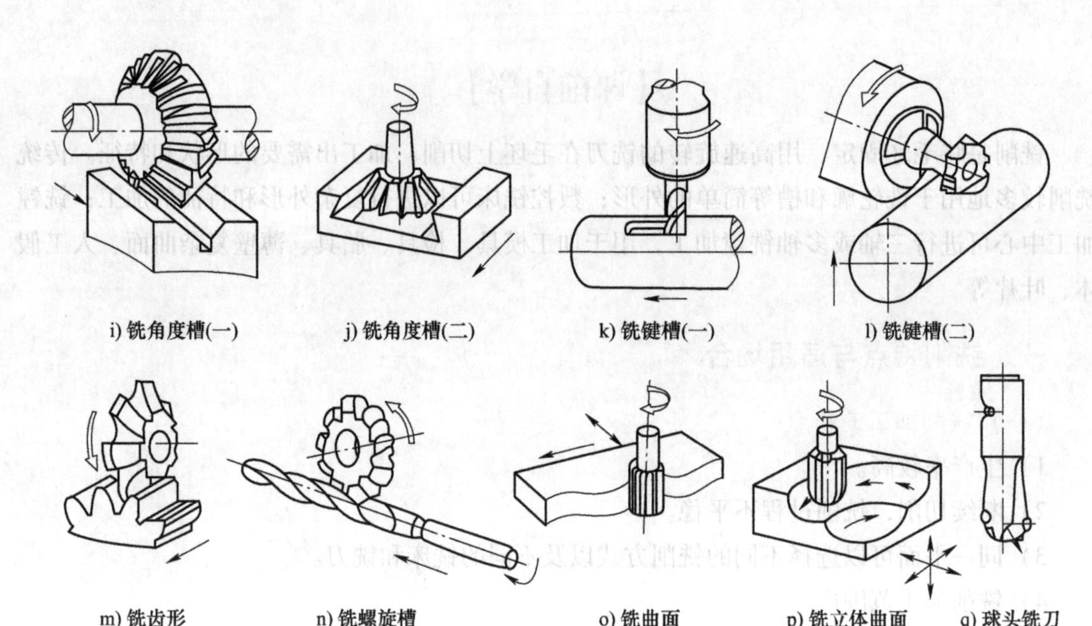

i) 铣角度槽(一)　j) 铣角度槽(二)　k) 铣键槽(一)　l) 铣键槽(二)

m) 铣齿形　n) 铣螺旋槽　o) 铣曲面　p) 铣立体曲面　q) 球头铣刀

图 2-2　铣削加工应用（续）

微课：铣削用量

(三) 铣削用量选用

1. 铣削速度v_c

铣削速度是指铣刀主运动的线速度。

$$v_c = \frac{\pi d n}{1000} \tag{2-1}$$

式中　v_c——铣削速度，单位为 m/min；

d——铣刀直径，单位为 mm；

n——铣刀转速，单位为 r/min。

2. 进给量f

1）每齿进给量f_z，单位为 mm/z。

2）每转进给量f，单位为 mm/r。

3）每分钟进给量v_f，又称进给速度，单位为 mm/min。

上述三者的关系为

$$v_f = nf = nzf_z \tag{2-2}$$

一般铣床铭牌上所指出的进给量为v_f值。

3. 铣削深度a_p和铣削宽度a_e（图 2-3）

（1）铣削深度（a_p）　铣削深度又称背吃刀量，指平行于铣刀轴线测量的切削层尺寸。

周铣时，a_p为被加工表面的宽度，单位为 mm。

端铣时，a_p为切削深度，单位为 mm。

（2）铣削宽度（a_e）　铣削宽度又称侧吃刀量，指垂直于铣刀轴线测量的切削层尺寸。

周铣时，a_e为切削层深度，单位为 mm。

端铣时，a_e为被加工表面宽度，单位为 mm。

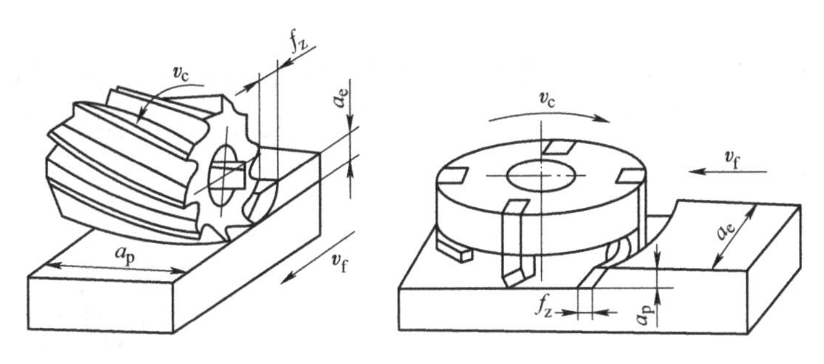

图 2-3　铣削深度和铣削宽度

学 习 小 结

二、认识铣床

微课：铣床的基本操作

1. 卧式万能铣床

卧式万能铣床如图 2-4 所示。万能铣床是一种通用的多用途高效率机床，它可以采用多种刀具对零件进行平面、斜面、沟槽、齿轮等加工，还可以加装万能铣头、分度头等机床附件来扩大加工范围。常用的万能铣床有卧式和立式两种。

加工工件时，铣刀装在主轴上，铣刀旋转为主运动，工件随工作台做纵向或横向进给运动，升降台沿床身导轨升降使工件做垂直方向运动。没有转台的铣床叫卧式铣床，可进行铣槽、铣平面、切断等加工。

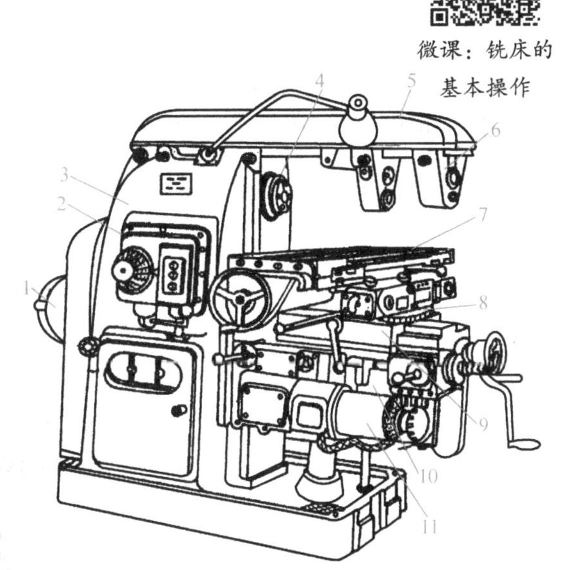

图 2-4　卧式万能铣床

1—电动机　2—变速机构　3—床身　4—主轴　5—横梁　6—吊架　7—纵向工作台　8—转台　9—横向工作台　10—升降台　11—操纵机构

2. 立式铣床

立式铣床如图 2-5 所示。立式铣床与卧式铣床相比较，主要区别是其主轴垂直布置，以及工作台可以上、下升降。立式铣床用的铣刀相对灵活一些，可使用立铣刀、机夹刀盘、钻头等，适用范围较广，主要用于加工各种零部件的平面、斜面、沟槽等，是机械制造、模具、仪器仪表、汽车、摩托车等行业的理想加工设备。

3. 万能工具铣床

万能工具铣床如图 2-6 所示。万能工具铣床能完成镗、铣、钻、插等切削加工，适用于加工各种刀具、夹具、冲模、压模等中小型模具及其他复杂零件，借助多种特殊附件能完成圆弧、齿条、齿轮、花键等类零件的加工。

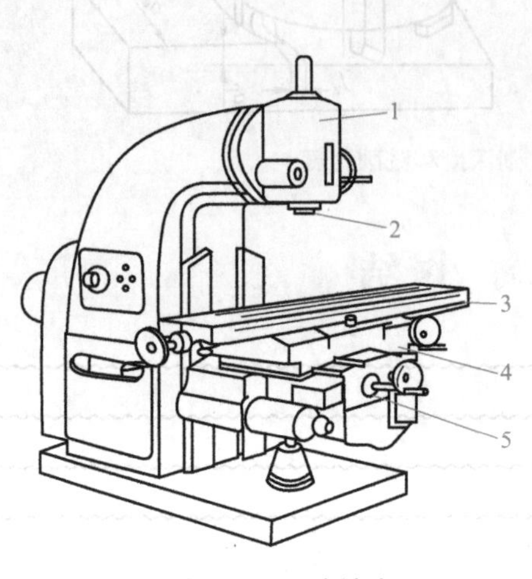

图 2-5　立式铣床

1—立铣头　2—主轴　3—工作台　4—床鞍　5—升降台

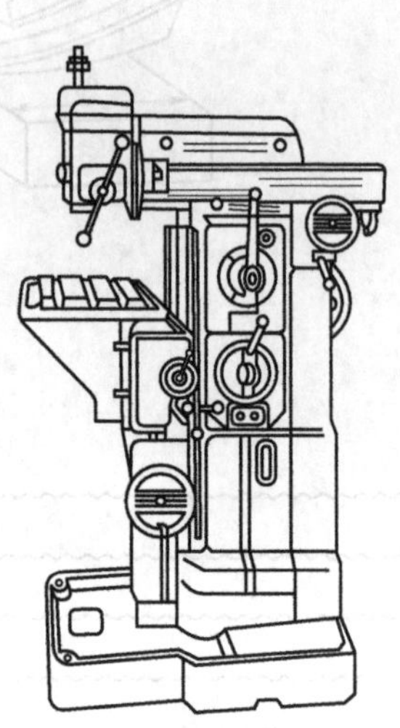

图 2-6　万能工具铣床

4. 龙门铣床

龙门铣床如图 2-7 所示。龙门铣床简称龙门铣，是具有门式框架和卧式长床身的铣床。龙门铣床上可以用多把铣刀同时加工表面，加工精度和生产率都比较高，适用于在成批和大量生产中加工大型工件的平面和斜面。

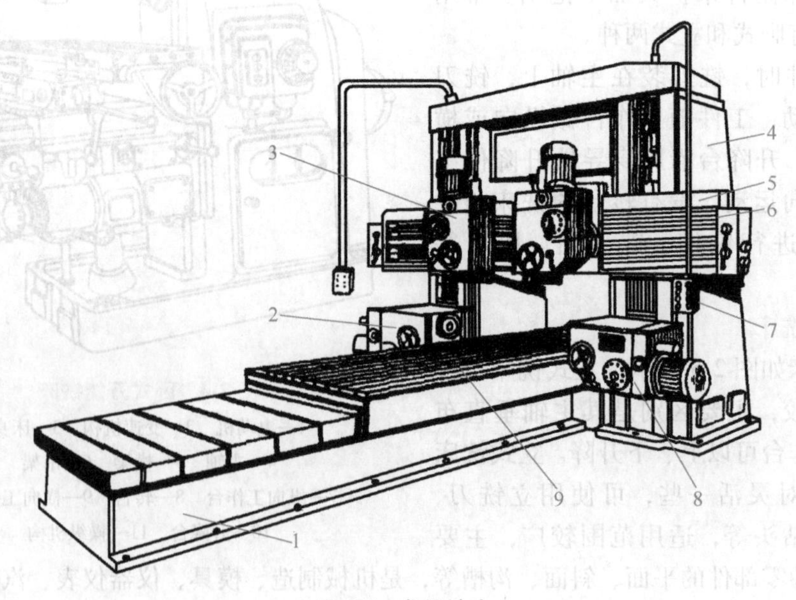

图 2-7　龙门铣床

1—床身　2、8—侧铣头　3、6—立铣头　4—立柱　5—横梁　7—操纵箱　9—工作台

学习小结

三、认识铣刀

1. 高速钢铣刀

这类铣刀切削部分的材料是高速钢，其结构有整体的，也有镶齿的。镶齿铣刀的刀齿为高速钢，刀体则为中碳钢或合金结构钢。

2. 圆柱铣刀

圆柱铣刀如图 2-8 所示，其螺旋形切削刃分布在圆柱表面，没有副切削刃，主要用于卧式铣床上铣平面。

3. 三面刃铣刀

三面刃铣刀如图 2-9 所示。三面刃铣刀简称三面刃，三个刃口均有后角，刃口锋利，切削轻快。其外圆和两个端面靠近外圆的部位都有切削刃（像宽锯齿状），所以叫三面刃。三面刃铣刀的主切削刃分布在铣刀的圆柱面上，副切削刃分布在两端面上。使用时将刀安装在卧铣的刀杆上，当然也可以安装在其他机床上，一般用于铣沟槽和台阶。

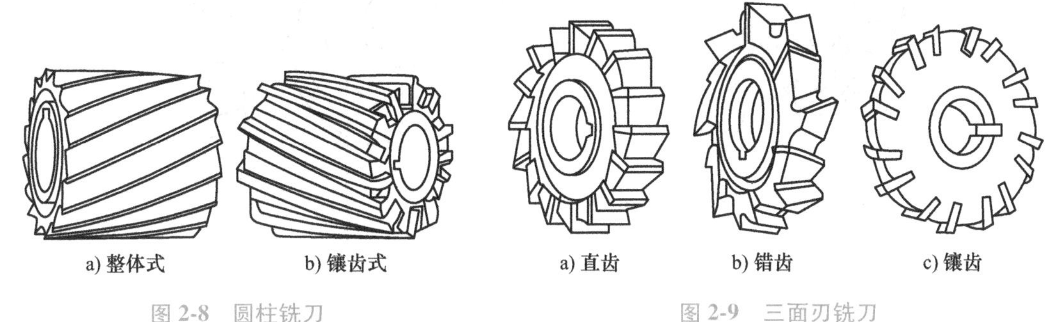

图 2-8 圆柱铣刀

图 2-9 三面刃铣刀

4. 锯片铣刀

锯片铣刀如图 2-10 所示。锯片铣刀既是锯片也是铣刀。锯片铣刀大多是由 W6Mo5Cr4V2 或同等性能的高速钢、硬质合金等材料制作，主要用于铁、铝、铜等中等硬度以下金属材料窄而深的槽加工或切断，也可用于塑料、木材等非金属的铣削加工。超硬材料锯片铣刀主要用于难切削材料（耐热钢，不锈钢等高强度钢）的铣削加工。

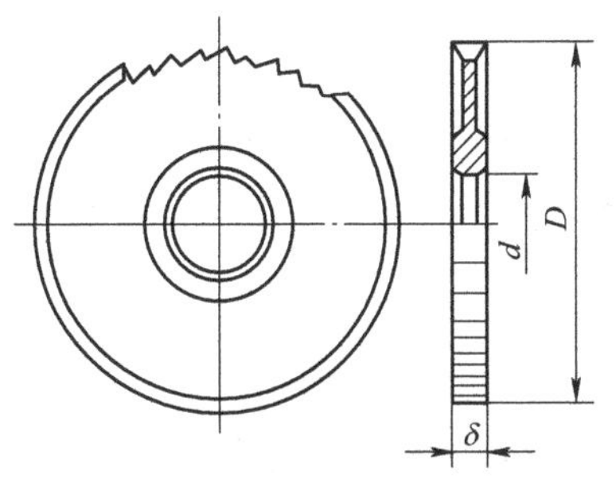

图 2-10 锯片铣刀

5. 立铣刀

立铣刀如图 2-11 所示。立铣刀是数控机床上用得最多的一种铣刀，其圆柱表面和端面上都有切削刃，它们可同时进行切削，也可单独进行切削，主要用于平面铣削、凹槽铣削、台阶面铣削和仿形铣削。

a) 细齿　　b) 粗齿

图 2-11　立铣刀

6. 角度铣刀

角度铣刀如图 2-12 所示。角度铣刀是用于铣出一定成形角度的平面，或加工相应角度的槽的铣刀。

7. 硬质合金面铣刀

硬质合金面铣刀如图 2-13 所示。硬质合金面铣刀主要用于数控加工中心和 CNC 雕刻机，也可以装到普通铣床上用于加工一些比较硬且形状不复杂的工件。硬质合金面铣刀可用于立式铣床、端面铣床或龙门铣床上加工平面，其端面和圆周上均有刀齿，有粗齿和细齿之分。

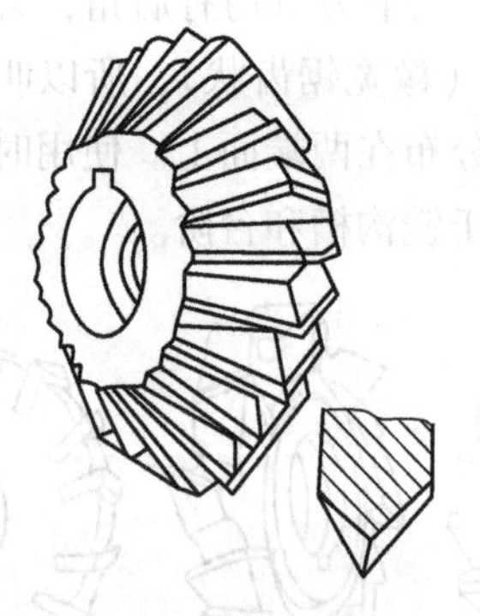
图 2-12　角度铣刀

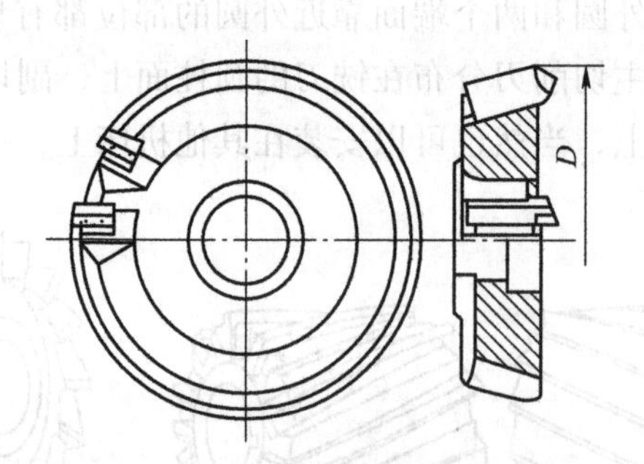

图 2-13　硬质合金面铣刀

学 习 小 结

四、铣刀的安装

1. 铣刀杆的安装

常用的铣刀杆有 22mm、27mm、32mm 三种，其中数字表示直柄铣刀杆的直径。铣刀杆的安装步骤如下：

1）根据铣刀孔的直径选择相应直径的铣刀杆。在满足安装铣刀不影响铣削正常进行的前提下，铣刀杆长度应选择短一些的，以增强铣刀的高度。

2）松开铣床横梁的紧固螺母，适当调整横梁的伸出长度，使其与铣刀杆的长度相适应，然后将横梁紧固。

3）擦净铣床主轴锥孔和铣刀杆的锥柄，以免因脏物影响铣刀杆的安装精度。

4）将铣床主轴转速调至最低或将主轴锁紧。

5）安装铣刀杆。右手将铣刀杆的锥柄装入主轴锥孔，安装时铣刀杆凸缘上的缺口（槽）应对准主轴端部的凸键，左手顺时针（由主轴后端观察）转动主轴锥孔中的拉紧螺杆，使拉紧螺杆前端的螺纹部分旋入铣刀杆的螺纹 6~7 圈，然后用扳手旋紧拉紧螺杆上的螺母，将铣刀杆拉紧至主轴锥孔内。

2. 带孔铣刀的安装

1）擦净铣刀杆、垫圈和铣刀。确定铣刀在铣刀杆上的轴向位置。

2）将垫圈和铣刀装入铣刀杆，使铣刀在预定的位置上，然后旋入锁紧螺母，将铣刀进行固定，注意铣刀杆的支承轴颈与挂架轴承孔应有足够的配合长度。

3）擦净挂架轴承孔和铣刀杆的支承轴颈，注入适量的润滑油。调整挂架轴承，将挂架装在横梁导轨上。适当调整挂架轴承孔与铣刀杆支承轴颈的间隙，使用小挂架时用双头扳手调整，使用大挂架时用开槽圆螺母扳手调整。然后紧固挂架。

4）旋紧铣刀杆锁紧螺母，通过垫圈将铣刀夹紧在铣刀杆上。

3. 带柄铣刀的安装

1）直柄铣刀常通过弹簧夹头来安装在铣床主轴锥孔内，安装时，收紧螺母，使弹簧套做径向收缩而将铣刀的刀柄夹紧。弹簧夹头锥体的安装方法和铣刀杆的安装方法相同。

2）锥柄铣刀的安装方法：当铣刀锥柄锥度和主轴孔锥度相同时，可直接装入锥孔，并用拉杆拉紧，否则要用过渡锥套进行安装。

4. 铣刀和铣刀杆的拆卸

1）将铣床主轴转速调至最低或将主轴锁紧。

2）反向旋转铣刀杆锁紧螺母，松开铣刀。

3）调松挂架轴承，然后松开并卸下挂架。

4）旋下铣刀杆锁紧螺母，取下垫圈和铣刀。

5）松开拉紧螺杆的螺母，然后用锤子轻击拉紧螺杆端部，使铣刀杆锥柄锥面与主轴锥孔脱开。

6）右手握住铣刀杆，左手旋紧拉紧螺杆，取下铣刀杆。

7）铣刀杆取下后，擦净、涂油，然后垂直放置在专用的支架上，不允许水平或杂乱放置，以免铣刀杆弯曲变形。

学 习 小 结

【自学自测】

学习领域	金属切削加工		
学习情境二	平面、箱体类零件铣削加工	任务1	台阶面铣削加工
作业方式	小组分析、个人解答，现场批阅，集体评判		
1	铣削加工特点有哪些？铣削加工工艺范围是什么？		
解答：			
2	如何选用铣削用量？		
解答：			
3	卧式万能铣床、立式铣床各有哪些组成部分？		
解答：			
4	铣刀种类有哪些？各适用于什么场合？		
解答：			
5	铣刀的安装步骤有哪些？台阶面加工工艺如何安排？		
解答：			
评价：			

班级		组别		组长签字	
学号		姓名		教师签字	
教师评分		日期			

【任务实施】

本任务如图 2-1 所示，要求独立完成带有台阶面的平行块零件的加工操作，只需按照加工要求完成台阶面、平面的铣削加工（上、下平面的磨削加工详见学习情境三之任务 2）并填写任务评价表单。

一、零件图与分析

图 2-1 所示带有台阶面的平行块零件，主要由台阶面、平面组成。根据工作性能与条件、该平行块图样规定了台阶面和上、下平面有较高的尺寸精度和较小的表面粗糙度值。这些技术要求必须在加工中给予保证。

二、确定毛坯

该平行块零件是用来装夹其他工件的，故选 Q235 钢即可满足其要求。

工件毛坯下料至 45mm×35mm×105mm 的长方体。

三、确定主要表面的加工方法

该平行块的平面、台阶面在本任务中采用铣削方法加工，上、下平面采用磨削方法加工。

工件上、下平面和台阶面是重要表面，可采用铣削加工方法成形。由于台阶面尺寸精度要求较高，上、下平面表面粗糙度 Ra 值（$Ra=3.2\mu m$）较小，需要进行磨削加工，故可确定加工方法为：粗铣→半精铣→精铣→磨削。本任务为平行块零件六个面、台阶面的铣削加工。

四、划分加工阶段

对精度要求较高的零件，其粗、精加工应分开，以保证零件的质量。

平行块零件六面加工划分为三个阶段：粗铣（粗铣平行块六个面、台阶面），半精铣（半精铣六个面）、精铣（粗、精铣台阶面），磨削（上、下平面）。其中，精铣和磨削属于精加工阶段。

五、选择机床、刀具及附件

根据零件加工的特点，该零件加工任务应选用立式铣床、端面铣刀、立铣刀（或采用卧式万能铣床、配三面刃铣刀加工台阶面）、平口钳、以及直角尺、游标卡尺、千分尺、极限量规、百分表、垫铁等装备完成各平面、台阶面的铣削加工。

六、加工工艺路线

综合上述分析，平行块加工的工艺路线如下：

装夹和找正工件→对刀、粗铣底面→粗铣相邻侧平面→粗铣其他各表面→去毛刺→预检→半精铣底面→半精铣相邻侧平面→半精铣其他表面→去毛刺→检验→粗铣右侧台阶面→精铣右侧台阶面→粗铣左侧台阶面→精铣左侧台阶面→去毛刺→检验→磨削底平面→磨削上平面→检验，各尺寸和精度达到图样要求。

本任务为台阶面、平面的铣削加工。

七、加工尺寸和切削用量选择

铣削用量的选择，单件、小批量生产时，可根据加工情况由工人确定。一般可由《机械加工工艺手册》或《切削用量手册》中选取。

八、操作注意事项

1. 平口钳的固定钳口应调整好。
2. 选择的垫铁应平行，铣削时工件与垫铁应清理干净。
3. 为避免工作台产生窜动现象，铣削时应紧固不使用的进给机构。
4. 铣削时，进给量和切削深度不能太大，铣削钢件时必须加入切削液。

九、平行块检测及评分标准

选用游标卡尺、极限量规等检测加工后零件的精度及表面质量。平行块检测及评分标准见表 2-1。

表 2-1　平行块检测及评分标准

序号	操作及质检内容	配分	评分标准
1	总长（100±0.3）mm	5	超 0.1mm 扣 2 分，超 0.2mm 不得分
2	总宽（40±0.3）mm	5	超 0.1mm 扣 2 分，超 0.2mm 不得分
3	总高（30±0.1）mm	5	超差不得分
4	台阶高度（16±0.1）mm	20	超差不得分
5	台阶宽度 $20_{-0.1}^{\ 0}$ mm	20	超差不得分
6	台阶侧面对称度 0.12mm	20	超差不得分
7	清角去锐边	5	不工整不得分
8	工件外观	10	不工整扣分
9	安全文明操作	10	违章扣分

【铣工安全操作规范】

本规范适用范围为操作铣床及附属设备的人员。本岗位事故类别及危险有害因素：机械伤害（绞伤、挤压、碰撞、冲击等）、物体打击、起重伤害、触电、灼烫、火灾、其他伤害。作业要求除遵守机械类安全技术操作《通则》外，必须遵守本规范。

一、工作前

1. 熟悉和掌握操作设备的构造、性能、操作方法及工艺要求。设备操作前，确认防护装置是否完好。
2. 检查机床空运转，润滑各部位。
3. 检查各种工、夹、量、辅具，熟悉技术文件，使用砂轮、起重机要遵守安全操作规范。
4. 正确穿戴好劳保用品。防护服上衣领口、袖口、下摆应扣扎好。设备运转时，操作者不准戴手套；过肩长发必须罩在工作帽内。不准穿拖鞋、凉鞋、高跟鞋或其他不符合安全要求的服装。上岗前严禁喝酒。

二、工作中

1. 装卸工件、刀具，变换转速和进给量，测量工件，搭配换齿轮，必须在停车状态下进行。

2. 安装刀杆、支架、垫圈、分度头、虎钳、刀具等时，接触面均应擦干净。

3. 工件要夹正，夹牢。工件安装、拆卸完毕，随手取下虎钳扳手。

4. 工件毛面不许直接压在工作台面或钳口上，必要时加垫。

5. 更换刀杆、刀盘、立铣头、铣刀时，均应停机。拉杆螺丝松脱后，注意避免砸手或损伤机床。

6. 装好工件和刀具后，需进行极限位置检查。

7. 两人或多人共同操作一台机床时，必须严格分工，分段操作，严禁同时操作一台机床。

8. 操作机床时，严禁离开岗位，不准做与操作内容无关的事情。

9. 工作台自动进给时，应脱开手动进给离合器，以防手柄随轴旋转伤人。

10. 不准两个进给方向同时起动自动进给。自动进给时，不准突然变换进给速度。自动进给完毕，应先停止进给，再停止机床主轴（刀具）旋转。

11. 禁止在切削进行中测量工件，禁止用手抚摸工件加工表面。

12. 机床工作过程中不能改变主轴转速。

13. 万能铣垂直进刀时，工件装夹要与工作台有一定的距离。

14. 在进行顺铣时，一定要清除丝杠与螺母之间的间隙，防止打坏铣刀。

15. 开快速时，必须使手轮与转轴脱开，防止手轮转动伤人。

16. 高速铣削时，要防止铁屑伤人，并不准急刹车，防止将轴切断。

17. 切削时要戴好防护眼镜、精力集中，不许离开机床。

18. 操作中出现异常现象时应立即停车检查，出现故障时应及时申报，请专业人员检修，未修复前不得使用。

19. 机床不使用时，各手柄应置于空挡位置，各方向进给紧固手柄应松开，工作台应置于各方向进给的中间位置，机床导轨面应适当涂润滑油。

三、工作后

1. 工、夹、量具，附件妥善放好，将工作台移到合适位置，擦净机床、清理场地、关闭电源。

2. 逐项填写设备使用卡。

3. 擦拭机床时要防止刀尖、切屑等物划伤手，并防止工作台、主轴等相碰撞。

四、应急措施

1. 发生伤害事故时，立即按下急停开关或关闭电源，采用正确方式抢救伤员，并及时如实报告单位领导，保护现场。

2. 发生火灾时，立即采取有效方式抢救伤员，及时报警（电话119）和报告单位领导。尽可能切断电源。

3. 发生触电事故时，立即拉闸断电或用绝缘物件挑开触电者身上的电线、电器，并采取措施防止触电者再受伤。呼叫救护车（呼叫电话120）的同时，按照触电急救措施进行正确的现场救护，并及时如实报告单位领导。保护事故现场。

4. 发现设备故障时，立即停止作业、关闭电源。在问题排除后，方可进行操作。

5. 作业人员应时刻注意工作现场及周围情况，发现有危及生命的异常情况时，立即撤离危险区域。

【台阶面铣削加工工作单】
计划单

<table>
<tr><td>学习情境二</td><td>平面、箱体类零件铣削加工</td><td>任务1</td><td>台阶面铣削加工</td></tr>
<tr><td>工作方式</td><td>组内讨论、团结协作共同制订计划：小组成员进行工作讨论，确定工作步骤</td><td>计划学时</td><td>1学时</td></tr>
<tr><td>完成人</td><td colspan="3">1.　　2.　　3.
4.　　5.　　6.</td></tr>
<tr><td colspan="4">计划依据：1. 平行块零件图；2. 台阶面的铣削加工要求</td></tr>
<tr><td>序号</td><td>计划步骤</td><td colspan="2">具体工作内容描述</td></tr>
<tr><td>1</td><td>准备工作（准备图纸、材料、机床、工具、量具，谁去做?）</td><td colspan="2"></td></tr>
<tr><td>2</td><td>组织分工（成立组织，人员具体都完成什么?）</td><td colspan="2"></td></tr>
<tr><td>3</td><td>制订加工工艺方案（先粗加工什么，再半精加工什么，最后精加工什么?）</td><td colspan="2"></td></tr>
<tr><td>4</td><td>零件加工过程（加工准备什么，安装车刀、装夹零件、零件粗加工和精加工、零件检测?）</td><td colspan="2"></td></tr>
<tr><td>5</td><td>整理资料（谁负责？整理什么?）</td><td colspan="2"></td></tr>
<tr><td>制订计划说明</td><td colspan="3">（写出制订计划中人员为完成任务的主要建议或可以借鉴的建议、需要解释的某一方面）</td></tr>
</table>

决策单

<table>
<tr><td>学习情境二</td><td colspan="2">平面、箱体类零件铣削加工</td><td>任务 1</td><td colspan="2">台阶面铣削加工</td></tr>
<tr><td colspan="3">决策学时</td><td colspan="3">0.5 学时</td></tr>
<tr><td colspan="6">决策目的：台阶面铣削加工方案对比分析，比较加工质量、加工时间、加工成本等</td></tr>
<tr><td rowspan="13">工艺方案对比</td><td>小组
成员</td><td>方案的可行性
（加工质量）</td><td>加工的合理性
（加工时间）</td><td>加工的经济性
（加工成本）</td><td>综合评价</td></tr>
<tr><td>1</td><td></td><td></td><td></td><td></td></tr>
<tr><td>2</td><td></td><td></td><td></td><td></td></tr>
<tr><td>3</td><td></td><td></td><td></td><td></td></tr>
<tr><td>4</td><td></td><td></td><td></td><td></td></tr>
<tr><td>5</td><td></td><td></td><td></td><td></td></tr>
<tr><td>6</td><td></td><td></td><td></td><td></td></tr>
<tr><td></td><td></td><td></td><td></td><td></td></tr>
<tr><td></td><td></td><td></td><td></td><td></td></tr>
<tr><td></td><td></td><td></td><td></td><td></td></tr>
<tr><td></td><td></td><td></td><td></td><td></td></tr>
<tr><td></td><td></td><td></td><td></td><td></td></tr>
<tr><td></td><td></td><td></td><td></td><td></td></tr>
<tr><td>决策评价</td><td colspan="5">结果：（根据组内成员加工方案对比分析，对自己的工艺方案进行修改并说明修改原因，最后确定一个最佳方案）</td></tr>
</table>

检查单

学习情境二		平面、箱体类零件铣削加工	任务1			台阶面铣削加工	
评价学时			课内 0.5学时			第　　组	
检查目的及方式		教师全过程监控小组的工作情况，如检查等级为不合格，小组需要整改，并拿出整改说明					
序号	检查项目	检查标准	检查结果分级 （在检查相应的分级框内划“√”）				
			优秀	良好	中等	合格	不合格
1	准备工作	查找资源、材料准备完整					
2	分工情况	安排合理、全面，分工明确					
3	工作态度	小组成员工作积极主动、全员参与					
4	纪律出勤	按时完成负责的工作内容、遵守工作纪律					
5	团队合作	相互协作、互相帮助、成员听从指挥					
6	创新意识	任务完成不照搬照抄，看问题具有独到见解，创新思维					
7	完成效率	工作单记录完整，并按照计划完成任务					
8	完成质量	工作单填写准确，评价单结果达标					
检查评语						教师签字：	

任务评价

小组产品加工评价单

<table>
<tr><td>学习情境二</td><td colspan="7">平面、箱体类零件铣削加工</td></tr>
<tr><td>任务 1</td><td colspan="7">台阶面铣削加工</td></tr>
<tr><td>评价类别</td><td>评价项目</td><td colspan="2">子项目</td><td colspan="2">个人评价</td><td>组内互评</td><td>教师评价</td></tr>
<tr><td rowspan="16">专业知识
与技能</td><td rowspan="3">加工准备（15%）</td><td colspan="2">零件图分析（5%）</td><td colspan="2"></td><td></td><td></td></tr>
<tr><td colspan="2">设备及刀具准备（5%）</td><td colspan="2"></td><td></td><td></td></tr>
<tr><td colspan="2">加工方法的选择以及
切削用量的确定（5%）</td><td colspan="2"></td><td></td><td></td></tr>
<tr><td rowspan="5">任务实施（30%）</td><td colspan="2">工作步骤执行（5%）</td><td colspan="2"></td><td></td><td></td></tr>
<tr><td colspan="2">功能实现（5%）</td><td colspan="2"></td><td></td><td></td></tr>
<tr><td colspan="2">质量管理（5%）</td><td colspan="2"></td><td></td><td></td></tr>
<tr><td colspan="2">安全保护（10%）</td><td colspan="2"></td><td></td><td></td></tr>
<tr><td colspan="2">环境保护（5%）</td><td colspan="2"></td><td></td><td></td></tr>
<tr><td rowspan="3">工件检测（30%）</td><td colspan="2">产品尺寸精度（15%）</td><td colspan="2"></td><td></td><td></td></tr>
<tr><td colspan="2">产品表面质量（10%）</td><td colspan="2"></td><td></td><td></td></tr>
<tr><td colspan="2">工件外观（5%）</td><td colspan="2"></td><td></td><td></td></tr>
<tr><td rowspan="3">工作过程（15%）</td><td colspan="2">使用工具规范性（5%）</td><td colspan="2"></td><td></td><td></td></tr>
<tr><td colspan="2">操作过程规范性（5%）</td><td colspan="2"></td><td></td><td></td></tr>
<tr><td colspan="2">工艺路线正确性（5%）</td><td colspan="2"></td><td></td><td></td></tr>
<tr><td>工作效率（5%）</td><td colspan="2">能够在要求的时间内完成（5%）</td><td colspan="2"></td><td></td><td></td></tr>
<tr><td>作业（5%）</td><td colspan="2">作业质量（5%）</td><td colspan="2"></td><td></td><td></td></tr>
<tr><td>评价评语</td><td colspan="7"></td></tr>
<tr><td>班级</td><td></td><td>组别</td><td></td><td>学号</td><td></td><td>总评</td><td></td></tr>
<tr><td>教师签字</td><td colspan="2"></td><td>组长签字</td><td></td><td>日期</td><td colspan="2"></td></tr>
</table>

小组成员素质评价单

学习情境二		平面、箱体类零件铣削加工		任务 1	台阶面铣削加工				
班级		第　组		成员姓名					
评分说明		每个小组成员评价分为自评和小组其他成员评价两部分，取平均值计算，作为该小组成员的任务评价个人分数。评价项目共设计 5 个，依据评分标准给予合理量化打分。小组成员自评分后，要找小组其他成员以不记名方式打分							
评分项目	评分标准		自评分	成员 1 评分	成员 2 评分	成员 3 评分	成员 4 评分	成员 5 评分	
核心价值观（20 分）	是否体现社会主义核心价值观的思想及行动								
工作态度（20 分）	是否按时完成负责的工作内容、遵守纪律，是否积极主动参与小组工作，是否全过程参与，是否吃苦耐劳，是否具有工匠精神								
交流沟通（20 分）	是否能清晰地表达自己的观点，是否能倾听他人的观点								
团队合作（20 分）	是否与小组成员合作完成任务，做到相互协作、互相帮助、听从指挥								
创新意识（20 分）	看问题是否能独立思考，提出独到见解，是否能够以创新思维解决遇到的问题								
最终小组成员得分									

课后反思

学习情境二		平面、箱体类零件铣削加工	任务 1	台阶面铣削加工
班级		第　组	成员姓名	
情感反思		通过对本任务的学习和实训，你认为自己在社会主义核心价值观、职业素养、学习和工作态度等方面有哪些需要提高的部分？		
知识反思		通过对本任务的学习，你掌握了哪些知识点？请画出思维导图。		
技能反思		在完成本任务的学习和实训过程中，你主要掌握了哪些技能？		
方法反思		在完成本任务的学习和实训过程中，你主要掌握了哪些分析和解决问题的方法？		

【课后作业】

台阶面实际上是由两个平面组成的内直角面，一般要求与零件上的基准面或其他表面平行，因此也应像铣削平面一样，要求具有较好的平面度和较小的表面粗糙度。由于带有台阶面的零件一般要与其他零件相配合，要求有一定的尺寸精度和几何精度，在加工过程中，要重视装夹方法和铣削工艺的合理性。

根据图 2-14 所示说明带有台阶面的垫板加工过程。学会铣刀的安装与调整，能独立利用铣床加工出合格产品。

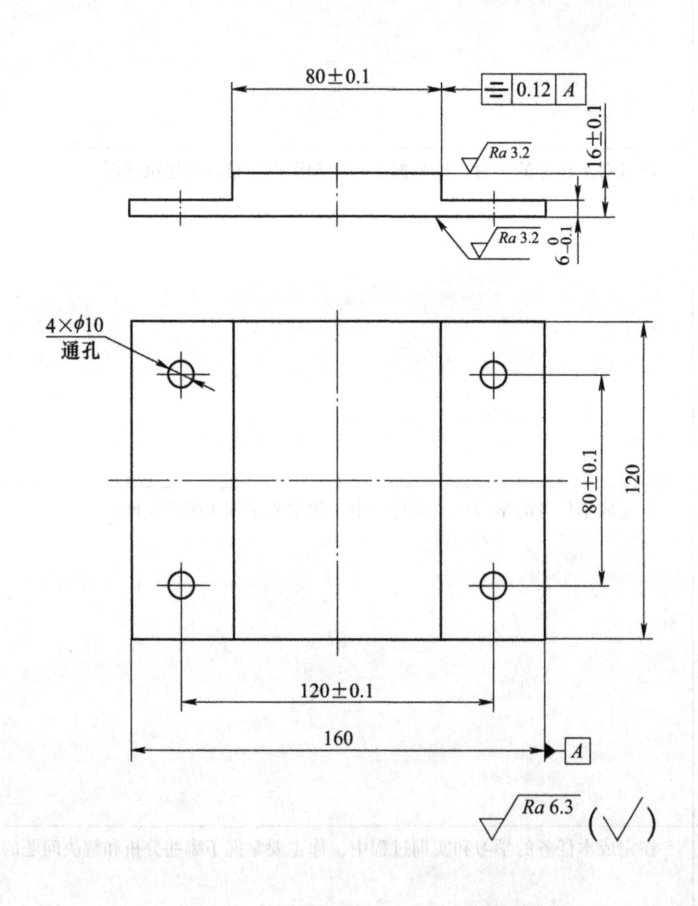

图 2-14　带有台阶面的垫板零件图

任务2 箱体类零件铣削加工

【学习导图】

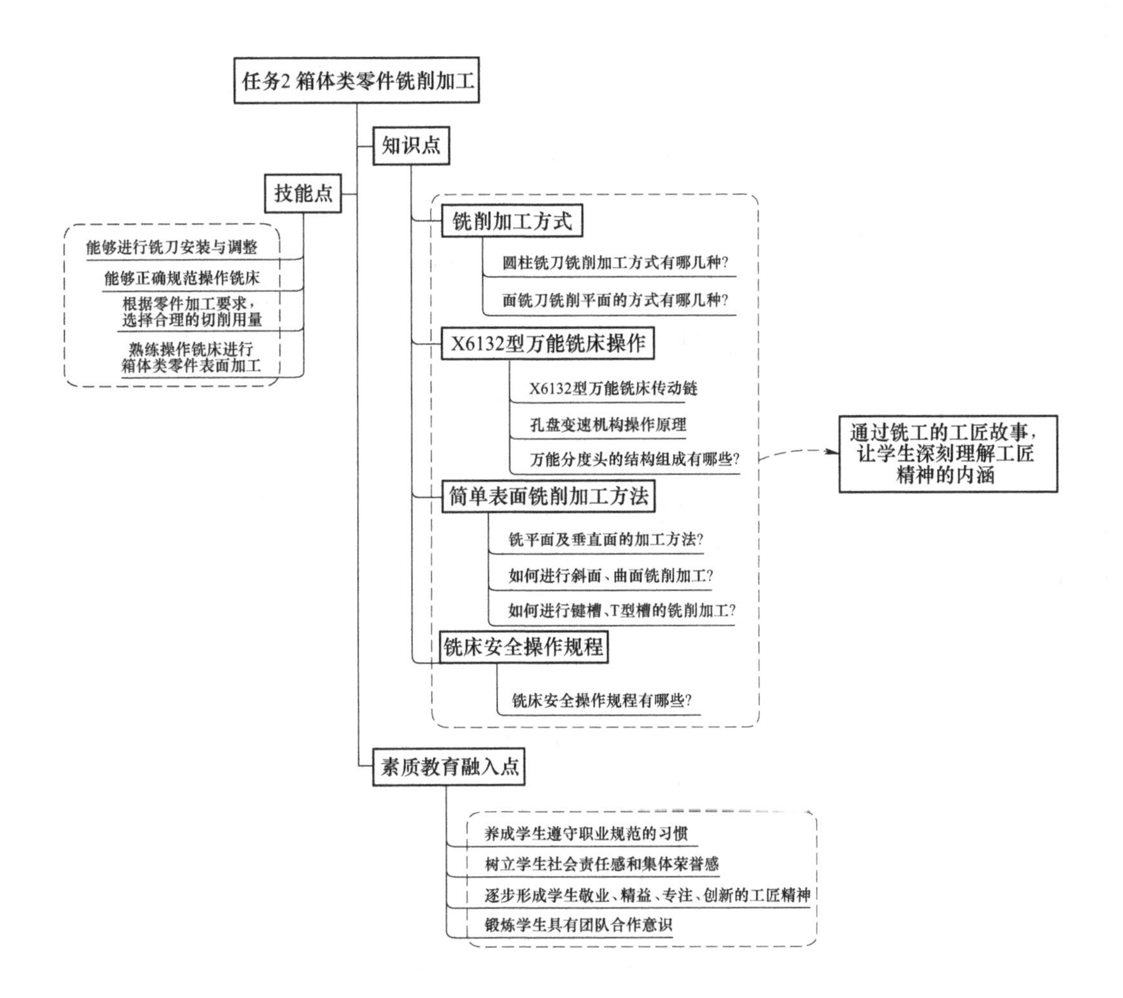

【任务工单】

<table>
<tr><td>学习情境二</td><td>平面、箱体类零件铣削加工</td><td colspan="2">工作任务 2</td><td colspan="3">箱体类零件铣削加工</td></tr>
<tr><td></td><td>任务学时</td><td colspan="5">4 学时（课外 8 学时）</td></tr>
<tr><td colspan="7">布置任务</td></tr>
<tr><td>工作目标</td><td colspan="6">1. 根据零件结构特点，合理选择加工机床及附件。
2. 根据零件结构特点，合理选择铣刀并能进行安装与调整。
3. 根据加工要求，选择正确的加工方法。
4. 根据加工要求，制订合理加工路线并完成零件的加工。</td></tr>
<tr><td>任务描述</td><td colspan="6">箱体类零件是机械加工中常见的典型零件之一，应用较广，加工工艺能较全面地反映箱体类零件的加工规律和共性，根据图 2-15 所示说明主轴箱的加工过程。加工时既要保证各表面特别是导轨面的尺寸、形状和表面粗糙度要求，还要保证箱体各孔间的尺寸、形状、位置精度要求。本任务为采用铣削加工完成此箱体各表面（包括端面、斜面）的加工。学会铣刀安装和调整，并能加工出合格产品，从而达到任务要求。 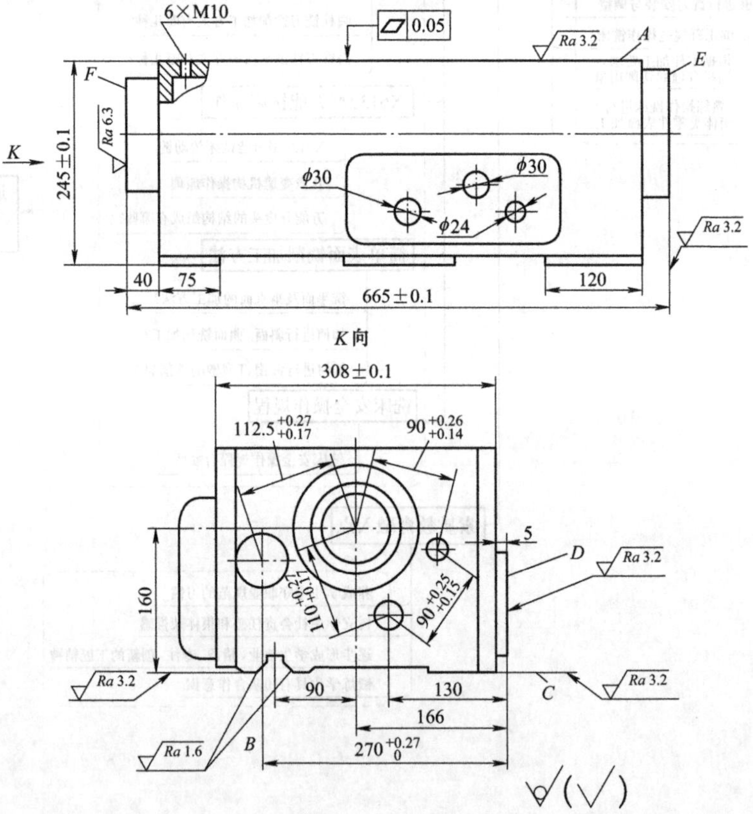
图 2-15　车床主轴箱部分图样</td></tr>
<tr><td rowspan="2">学时安排</td><td>资讯</td><td>计划</td><td>决策</td><td>实施</td><td>检查</td><td>评价</td></tr>
<tr><td>0.5 学时</td><td>0.5 学时</td><td>0.5 学时</td><td>1.5 学时</td><td>0.5 学时</td><td>0.5 学时</td></tr>
<tr><td>提供资源</td><td colspan="6">1. 车床主轴箱箱体零件图。
2. 课程标准、多媒体课件、教学演示视频及其他共享数字资源。
3. 机床及附件。
4. 游标卡尺等工具和量具。</td></tr>
</table>

（续）

学习情境二	平面、箱体类零件铣削加工	工作任务 2	箱体类零件铣削加工
对学生学习及成果的要求	1. 对零件图能够正确识读和表述。 2. 合理选择加工机床及附件。 3. 合理选择铣刀并能进行安装与调整。 4. 加工出表面质量和精度合格的零件。 5. 学生均能按照学习导图自主学习，并完成自学自测和课后作业。 6. 严格遵守课堂纪律，学习态度认真、端正，能够正确评价自己和同学在本任务中的素质表现。 7. 学生必须积极参与小组工作，承担零件图识读、零件铣削加工设备选用、加工操作等工作，做到积极主动不推诿，能够与小组成员合作完成工作任务。 8. 学生均需独立或在小组同学的帮助下完成任务工作单、加工工艺文件、加工视频及动画等，并提请检查、签认，对提出的建议或错误之处务必及时修改。 9. 每组必须完成任务工单，并提请教师进行小组评价，小组成员分享小组评价分数或等级。 10. 学生均完成任务反思，以小组为单位提交。		

【课前自学】

一、铣削加工方式

1. 圆柱铣刀铣削

圆柱铣刀铣削有逆铣和顺铣两种方式，如图 2-16 所示。铣刀旋转切入工件的方向与工件的进给方向相反时称为逆铣，相同时称为顺铣。

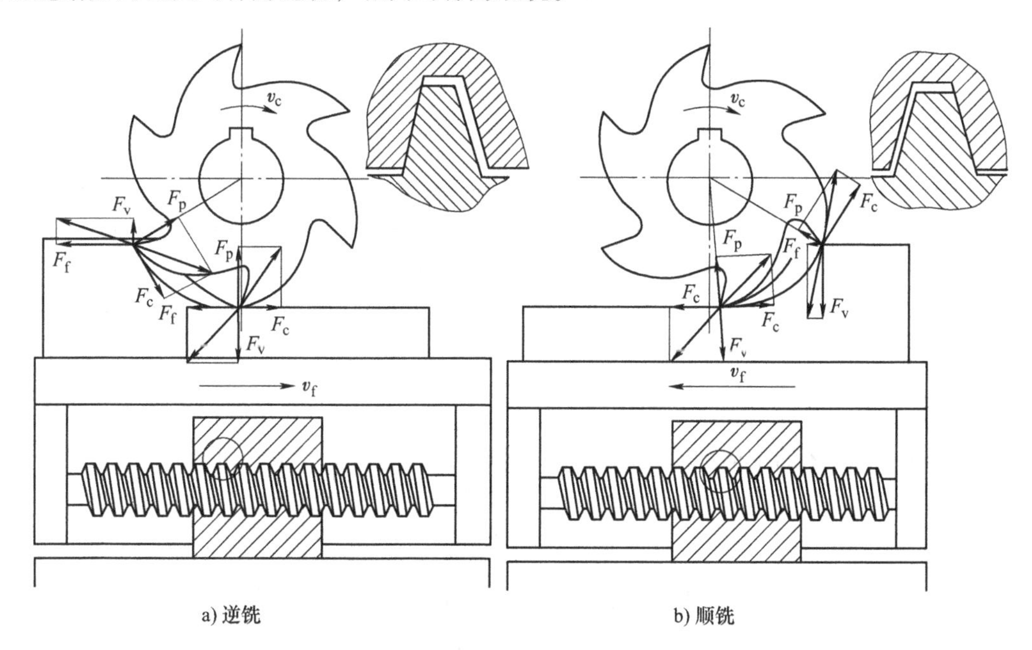

图 2-16　逆铣与顺铣

逆铣时，切削厚度由零逐渐增大，切入瞬时切削刃钝圆半径大于瞬时切削厚度，刀齿在工件表面上要挤压和滑行一段后才能切入工件，使已加工表面产生冷硬层，会加剧刀齿的磨损，同时使工件表面粗糙不平。此外，逆铣时刀齿作用于工件的垂直分力 F_v 朝上，有抬起工件的趋势，这就要求工件装夹牢固。逆铣时刀齿从切削层内部开始工作，当工件表面有硬皮时，对刀齿没有直接影响。

顺铣时，刀齿的切削厚度从最大开始，避免了挤压、滑行现象，并且 F_v 朝下压向工作台，有利于工件的夹紧，可提高铣刀寿命和加工表面质量。与逆铣相反，顺铣加工要求工件表面没有硬皮，否则刀齿很容易磨损。

铣床工作台的纵向进给运动一般由丝杠和螺母来实现，螺母固定不动，丝杠转动并带动工作台一起移动。逆铣时，纵向进给力 F_f 与纵向进给方向相反，丝杠与螺母间的传动面始终贴紧，故工作台进给速度均匀，铣削过程较平稳。而顺铣时，F_f 与进给方向相同，当传动副存在间隙且 F_f 超过工作台摩擦力时，会使工作台带动丝杠向左窜动，造成进给不均匀，甚至还会打刀。因此，使用顺铣法加工时，要求铣床的进给机构要具有消除丝杠螺母间隙的装置。

2. 面铣刀铣削

用面铣刀铣削平面时，可分为三种不同的铣削方式，如图 2-17 所示。

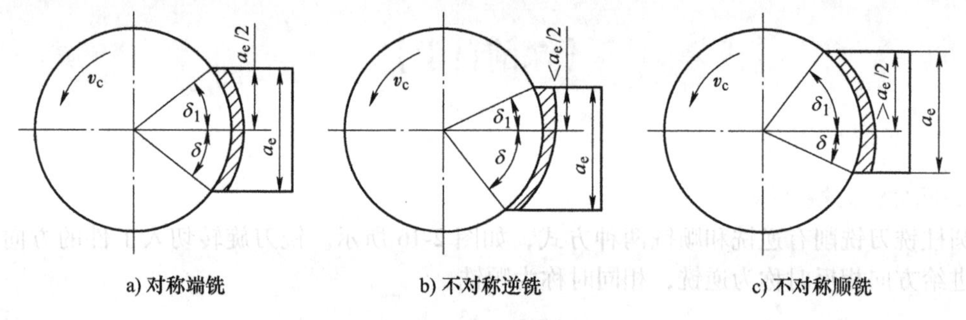

a) 对称端铣　　b) 不对称逆铣　　c) 不对称顺铣

图 2-17　面铣的铣削方式

学习小结

二、X6132 型万能铣床操作

1. X6132 型万能铣床传动链

X6132 型万能铣床的主运动的传动路线表达式为（共获得 18 级转速）

$$电动机(7.5kW,1450r/min)—\text{I}—\frac{\phi150}{\phi290}—\text{II}—\begin{bmatrix}\frac{16}{38}\\\frac{22}{33}\\\frac{19}{36}\end{bmatrix}—\text{III}—\begin{bmatrix}\frac{38}{26}\\\frac{17}{46}\\\frac{27}{37}\end{bmatrix}—\text{IV}—\begin{bmatrix}\frac{18}{71}\\\frac{80}{40}\end{bmatrix}—\text{V}(主轴)$$

该机床的工作台可以做纵向、横向和垂直三个方向的进给运动以及快速移动。进给运动由进给电动机（1.5kW，1410r/min）驱动。进给运动的传动路线表达式为

$$电动机(1.5kW,1410r/min)—\frac{17}{32}—\text{VI}—$$

$$\begin{bmatrix} \frac{20}{44}-\text{Ⅶ}-\begin{bmatrix}\frac{29}{29}\\ \frac{36}{22}\\ \frac{26}{32}\end{bmatrix}-\text{Ⅷ}-\begin{bmatrix}\frac{32}{26}\\ \frac{29}{29}\\ \frac{22}{36}\end{bmatrix}-\text{Ⅸ}-\begin{bmatrix} ----\frac{40}{49}(\text{左})---- \\ --\frac{18}{40}-\frac{18}{40}-\frac{40}{49}(\text{中})-- \\ \frac{18}{40}-\frac{18}{40}-\frac{18}{40}-\frac{18}{40}-\frac{40}{49}(\text{右})\end{bmatrix}-\frac{M_1\text{合}}{(\text{工作进给})}- \\ \cdots\frac{40}{26}-\frac{44}{42}-\frac{M_2\text{合}}{(\text{快速移动})}\cdots \end{bmatrix}$$

$$\text{X}-\frac{38}{52}-\text{XI}-\frac{20}{47}-\begin{bmatrix} \frac{47}{38}-\text{XIII}-\begin{bmatrix}\frac{18}{18}-\text{XVIII}-\frac{16}{20}-M_5\text{合}-\text{XIX}(\text{纵向进给}) \\ \frac{38}{47}-M_4\text{合}-\text{XIV}(\text{横向进给})\end{bmatrix} \\ M_3\text{合}-\text{XII}-\frac{22}{27}-\frac{27}{33}-\frac{22}{44}-\text{XVII}(\text{垂直进给})\end{bmatrix}$$

电动机的运动经一对锥齿轮副17/32传至轴Ⅵ。然后根据轴X上的电磁摩擦离合器M_1、M_2，的结合情况，分两条路线传动。如轴X上离合器M_1脱开、M_2啮合，轴Ⅵ的运动经齿轮副40/26、44/42及离合器M_2传到X。这条路线可使工作台做快速移动。如轴X上离合器M_2脱开，M_1啮合，轴Ⅵ的运动经齿轮副20/44传至轴Ⅶ，再经轴Ⅶ-Ⅷ间和轴Ⅷ-Ⅸ间的两组三联滑移齿轮变速组以及轴Ⅷ-Ⅸ间的曲回机构，经离合器M_1，将运动传至轴X。这是一条使工作台做正常进给的传动路线。

2. 孔盘变速操作机构（见图2-18）

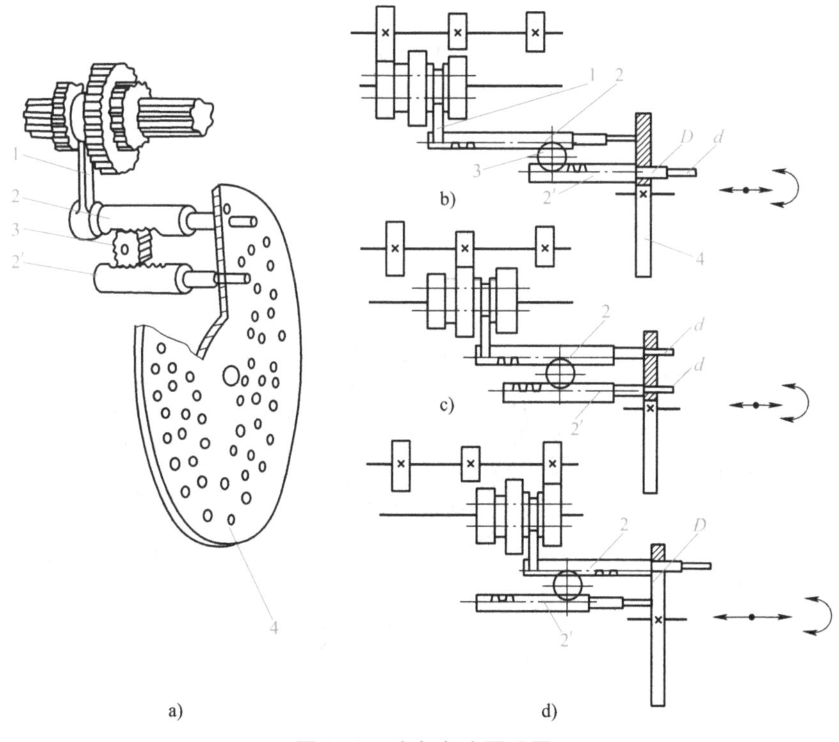

图2-18 孔盘变速原理图

1—拨叉 2、2′—齿条轴 3—齿轮 4—孔盘 D、d—轴径

3. 主变速操纵机构（见图 2-19）

变速时，为了使滑移齿轮在移位过程易于啮合，变速机构中设有主电动机瞬时点动控制。变速操纵过程中，齿轮 9 上的凸块 8 压动微动开关 7(SQ6)，瞬时接通主电动机，使之产生瞬时点动，带动传动齿轮慢速转动，使滑移齿轮容易进入啮合。

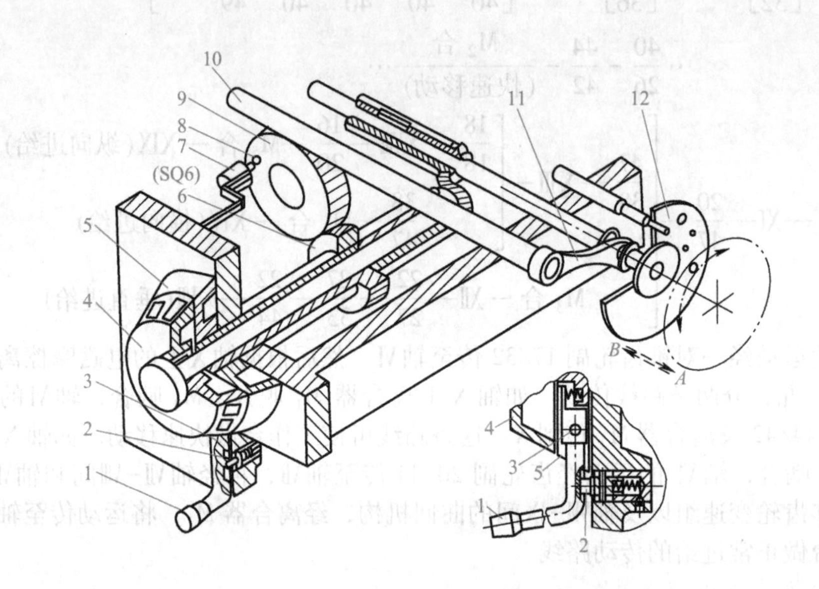

图 2-19　X6132 型铣床主变速操纵机构

1—手柄　2—定位销　3—销子　4—速度盘　5—操纵盘　6—齿轮套筒
7—微动开关　8—凸块　9—齿轮　10—齿条轴　11—拨叉　12—孔盘

4. 铣床附件

万能铣头如图 2-20 所示。

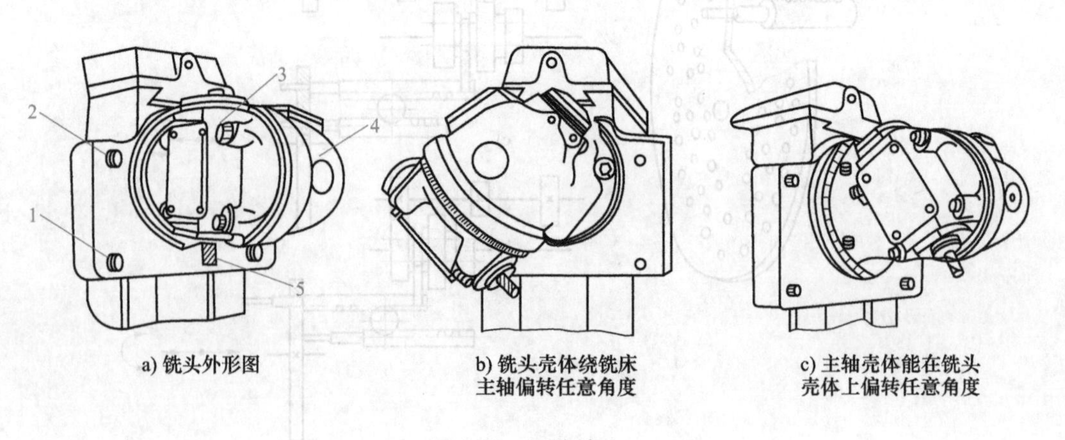

a) 铣头外形图　　b) 铣头壳体绕铣床主轴偏转任意角度　　c) 主轴壳体能在铣头壳体上偏转任意角度

图 2-20　万能铣头

1—底座　2—螺栓　3—主轴壳体　4—铣头壳体　5—主轴

5. 万能分度头（见图 2-21）

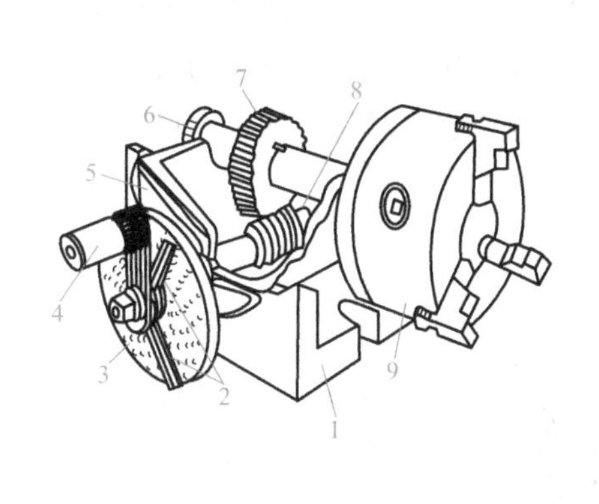

a) 外形

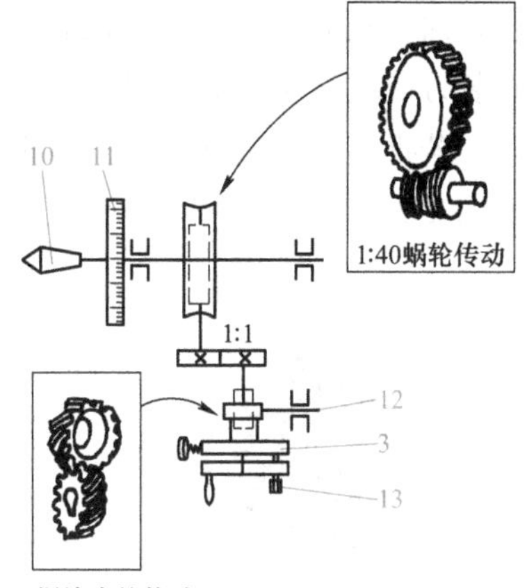

b) 传动系统

图 2-21 万能分度头的结构

1—基座 2—分度叉 3—分度盘 4—手柄 5—回转体 6—分度头主轴 7—40 齿蜗轮 8—单头蜗杆 9—自定心卡盘 10—主轴 11—刻度环 12—挂轮轴 13—定位销

学 习 小 结

三、铣削加工

微课：铣削加工

1. 铣平面及垂直面

铣平面及垂直面可以利用圆柱铣刀或面铣刀进行，一般情况下面铣刀可以进行高速切削。由于面铣刀的刀杆短刚性好，故不容易产生振动，可切除切削层的厚度和深度比较大，所以面铣的生产率和加工质量都比周铣要高。在目前加工平面时，尤其比较大的平面，一般采用面铣的加工方式去加工。周铣的特点是一次能切除比较大的切削层深度，但工件的表面粗糙度值要比面铣大，如图 2-22 所示。

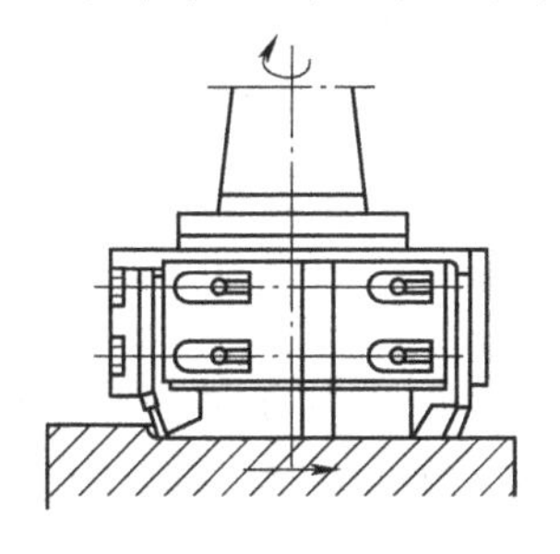

a) 镶齿面铣刀立铣平面

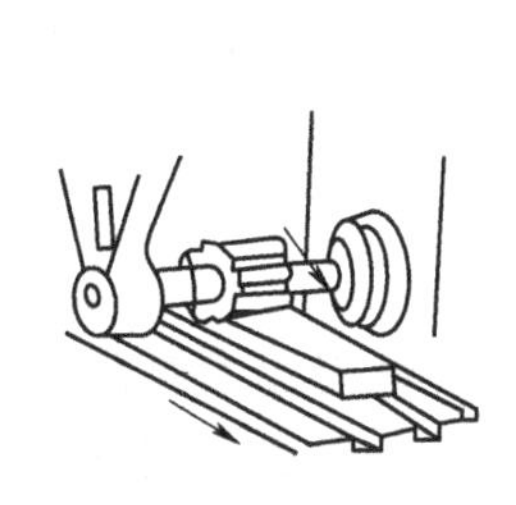

b) 圆柱铣刀卧铣平面

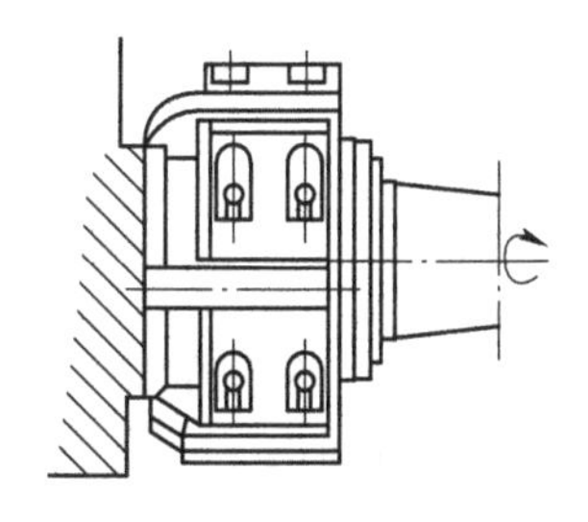

c) 面铣刀卧铣上垂直面

图 2-22 铣平面

2. 铣台阶面

铣削垂直面较宽而水平面较窄的台阶面时，可采用立铣刀在立式铣床上铣削，也可采用卧式铣床安装万能立铣头的方式铣削。而铣削水平面较宽、垂直面较窄的台阶面时，可采用面铣刀铣削。若批量加工两侧对称的台阶时，可采用两把铣刀联合加工，这样就能够提高加工效率，如图 2-23 所示。

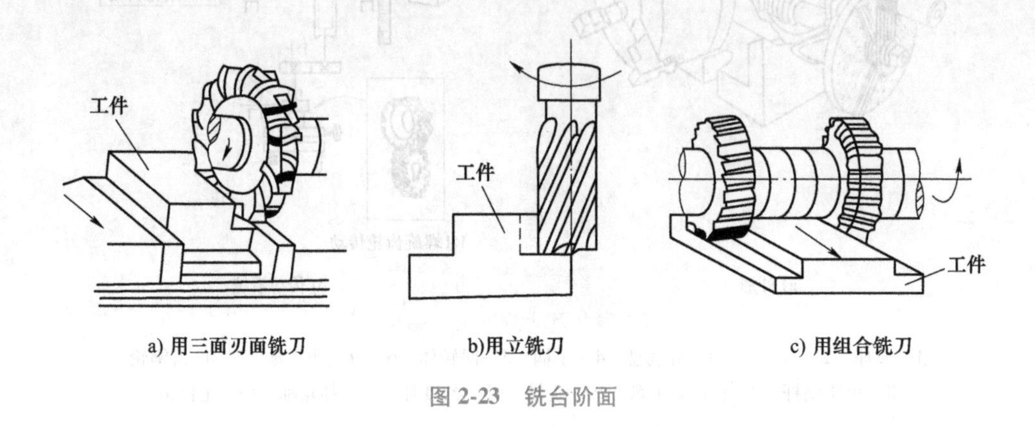

a) 用三面刃面铣刀　　b)用立铣刀　　c) 用组合铣刀

图 2-23　铣台阶面

3. 铣斜面

一般情况下，使用倾斜垫铁铣斜面的方法适用于大批量的平面加工。改变倾斜垫铁的角度，就可以加工不同的斜面；使用分度头铣斜面的方法适用于一些圆柱形或特殊形状的零件上加工斜面；使用角度铣刀铣斜面的方法适用于在立式铣床或卧式铣床上加工较小的斜面；使用旋转万能铣头，将安装的铣刀进行旋转，使其倾斜一个角度铣斜面，也是常用的加工方法。铣斜面的方法如图 2-24 所示。

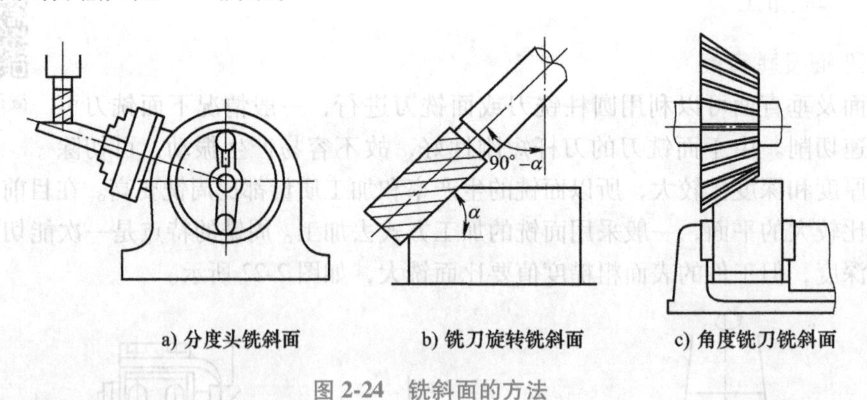

a) 分度头铣斜面　　b) 铣刀旋转铣斜面　　c) 角度铣刀铣斜面

图 2-24　铣斜面的方法

4. 切断

工件在切断时，利用的铣刀是锯片铣刀，工件在钳口上的夹紧力方向应平行于槽的侧面，避免在切断过程中，工件夹住铣刀。压板装夹切断工件，适用于比较大的工件以及板料的切断。切断薄而长的工件时，多采用顺铣，使垂直方向上的垂直分力指向工作台面，有利于工件的夹紧。

5. 铣削 V 形槽

通常先选用锯片铣刀，加工底部的窄槽，然后使用带有一定角度的铣刀直接铣出，也可采用改变铣刀位置或改变工件装夹位置的方法完成 V 形槽的加工。

6. 铣削 T 形槽

先用立铣刀或三面刃面铣刀铣出直角槽，然后再利用 T 形槽铣刀铣 T 形槽，此时切削用量应选得小一些，而且也要注意充分冷却，最后用角度铣刀铣倒角。

7. 铣削圆弧槽

将工件用压板、螺栓或使用自定心卡盘装夹在回转工作台上，安装时圆弧槽的中心与回转台的中心必须重合，摇动回转台手柄，带动工件做圆周进给运动，即可铣出圆弧槽。

8. 铣键槽（见图 2-25）

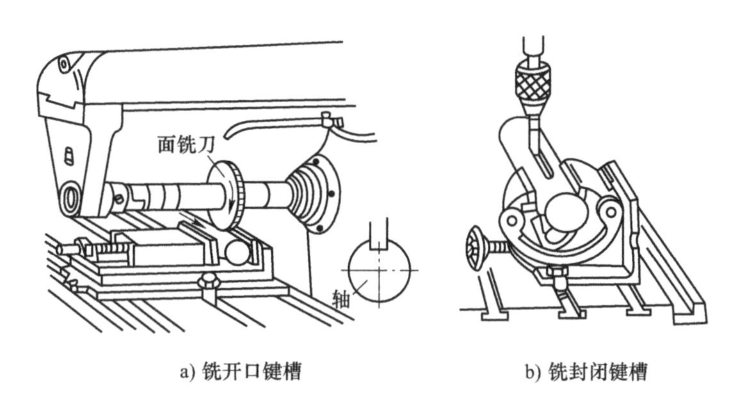

图 2-25 铣键槽

9. 铣曲面（见图 2-26）

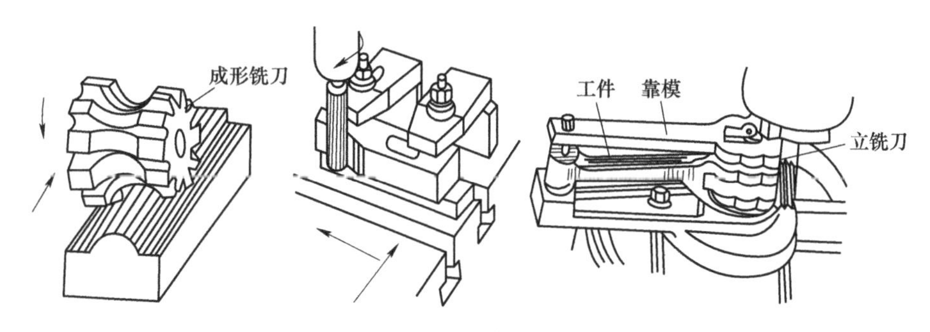

图 2-26 铣曲面

学习小结

【自学自测】

学习领域	金属切削加工		
学习情境二	平面、箱体类零件铣削加工	任务2	箱体类零件铣削加工
作业方式	小组分析、个人解答，现场批阅，集体评判		
1	铣削加工方式有哪些?		
解答:			
2	孔盘变速机构操作原理是什么?		
解答:			
3	如何进行斜面、曲面铣削加工?		
解答:			
4	铣床安全操作规范有哪些?		
解答:			
评价:			

班级		组别		组长签字	
学号		姓名		教师签字	
教师评分		日期			

【任务实施】

本任务如图 2-15 所示，要求独立完成车床主轴箱加工操作，只需按照加工要求完成箱体顶面 A，端面 E、F、D，导轨面 B、C 的铣削加工，并填写任务评价表单。

一、零件图与分析

图 2-15 所示为车床主轴箱箱体零件图，主要由平面、斜面等组成。根据工作性能与条件，该图样规定了各表面（包括端面、斜面）均有较高的尺寸精度和较小的表面粗糙度值。这些技术要求必须在本任务中采用铣削加工给予保证。因此，该任务的关键工序是平面和斜面的铣削加工。

二、确定毛坯

毛坯采用铸造件，材料 HT200。铸造后进行时效处理、涂底漆。

三、确定主要表面的加工方法

对精度要求较高的表面铣削加工，其粗、精加工应分开，以保证零件的质量。

各表面均是重要表面，特别是导轨面 B、C，加工精度要求较高，主要采用铣削、磨削加工成形。可确定加工方案为：粗铣→精铣→磨削。各孔的尺寸和表面粗糙度要求均较高，采用镗削的加工方法完成。可确定加工方案为：粗镗→精镗。

四、选择机床、刀具及附件

根据零件加工的特点，该任务应选用立式铣床、面铣刀、立铣刀、平口钳以及直角尺、游标卡尺、千分尺、量规、百分表、垫铁等装备完成各平面的加工。

五、加工工艺路线

综合上述分析，车床主轴箱箱体大批量生产加工的工艺路线如下：

铸造→时效处理→漆底漆→粗铣顶面 A→钻、扩、铰两个工艺孔（采用一面两孔定位）→粗铣两端面 E、F 及前端面 D、顶面→粗铣导轨面 B、C→精铣顶面 A→精铣两端面 E、F 及前端面 D→精铣导轨面 B、C→磨顶面 A→粗镗各纵向孔→精镗各纵向孔→精镗主轴孔→加工横向孔及各面上的次要孔→磨导轨面 B、C 及前端面 D→扩孔、攻螺纹→清洗、去毛刺、倒角→检验。

本任务为箱体顶面 A、端面 E、F、D，导轨面 B、C 的铣削加工。

六、加工尺寸和切削用量选择

铣削用量的选择，在单件、小批量生产时，可根据加工情况由工人确定。一般可由《机械加工工艺手册》中选取。

七、铣床操作注意事项

1）严禁在铣削过程中测量工件。

2）选择的垫铁应平行，铣削时工件与垫铁应清理干净。

3）为避免工作台产生窜动现象，铣削时应紧固不使用的进给机构。

4）铣削时，进给量和切削深度不能太大，铣削钢件时必须加入切削液。

八、检测及评分标准

选用游标卡尺、极限量规等检测加工后零件的精度及表面质量。零件检测及评分标准见表2-2。

表2-2　零件检测及评分标准

序号	操作及质检内容	配分	评分标准
1	顶面 A(245±0.1)mm	10	超0.1mm扣1分，超0.2mm不得分
2	两端面 E、F(665±0.1)mm	20	超0.1mm扣1分，超0.2mm不得分
3	前端面 D $270^{+0.27}_{0}$mm	10	超0.1mm扣1分，超0.2mm不得分
4	导轨面 B、C 精度	20	超差不得分
5	清角去锐边	10	不工整不得分
6	工件外观	10	不工整扣分
7	安全文明操作	20	违章扣分

【工匠故事】

党的二十大报告强调要“深入实施人才强国战略，坚持尊重劳动、尊重知识、尊重人才、尊重创造”，并号召“在全社会弘扬劳动精神、奋斗精神、奉献精神、创造精神、勤俭节约精神”。我们要积极努力向技能人才学习，弘扬艰苦奋斗、勇于探索的工匠精神。

刘湘宾师傅，某航天集团数控组组长，主要承担国家防务装备惯性导航系统关键件的精密超精密车铣加工任务，工作40年来，能攻关、善打硬仗是行业人对他的普遍评价。工作中，刘师傅从不放过任何一个工作细节，小到铣方、钻孔，大到各种铸造件的超精密加工、薄壁零件的铣削加工，只要有任务分配到他手里，他都能高质量、高效率完成。

他加工的某型号零件内、外球面同轴度能达到3μm，处于世界领先水平，加工的轴的圆柱度、半球的球面度精度在我国西北地区独占鳌头。在某导航控制系统球阀的加工过程中，为保证毡垫在高速旋转时的定位准确度，刘师傅四处翻阅文献资料，请教很多老师傅，重新制定了加工方案，一遍遍地试验、改进，最终改变了传统硬对硬的加工模式，使用新的加工方式，使球体圆度达到0.1μm——相当于头发丝的1/700，产品合格率保持在98%以上。刘师傅明白自己肩上责任重大，他在尽全力做好企业一线生产的排头兵，承担好制造强国建设事业的光荣任务。

【箱体类零件铣削加工工作单】
计划单

学习情境二	平面、箱体类零件铣削加工	任务2	箱体类零件铣削加工
工作方式	组内讨论、团结协作共同制订计划：小组成员进行工作讨论，确定工作步骤	计划学时	0.5学时
完成人	1. 2. 3. 4. 5. 6.		
计划依据：1. 车床主轴箱零件图；2. 端面、斜面的铣削加工要求			
序号	计划步骤	具体工作内容描述	
1	准备工作（准备图纸、材料、机床、工具、量具，谁去做？）		
2	组织分工（成立组织，人员具体都完成什么？）		
3	制订加工工艺方案（先粗加工什么，再半精加工什么，最后精加工什么？）		
4	零件加工过程（加工准备什么，安装车刀、装夹零件、零件粗加工和精加工、零件检测？）		
5	整理资料（谁负责？整理什么？）		
制订计划说明	（写出制订计划中人员为完成任务的主要建议或可以借鉴的建议、需要解释的某一方面）		

决策单

学习情境二	平面、箱体类零件铣削加工		任务2	箱体类零件铣削加工	
	决策学时		0.5学时		
决策目的：箱体类零件铣削加工方案对比分析，比较加工质量、加工时间、加工成本等					
工艺方案对比	小组成员	方案的可行性（加工质量）	加工的合理性（加工时间）	加工的经济性（加工成本）	综合评价
	1				
	2				
	3				
	4				
	5				
	6				
决策评价	结果：（根据组内成员加工方案对比分析，对自己的工艺方案进行修改并说明修改原因，最后确定一个最佳方案）				

检查单

<table>
<tr><td colspan="2">学习情境二</td><td>平面、箱体类零件铣削加工</td><td colspan="2">任务 2</td><td colspan="3">箱体类零件铣削加工</td></tr>
<tr><td colspan="3">评价学时</td><td colspan="2">课内
0.5 学时</td><td colspan="3">第　　组</td></tr>
<tr><td colspan="2">检查目的及方式</td><td colspan="6">教师全过程监控小组的工作情况，如检查等级为不合格，小组需要整改，并拿出整改说明</td></tr>
<tr><td rowspan="2">序号</td><td rowspan="2">检查项目</td><td rowspan="2">检查标准</td><td colspan="5">检查结果分级
（在检查相应的分级框内划“√”）</td></tr>
<tr><td>优秀</td><td>良好</td><td>中等</td><td>合格</td><td>不合格</td></tr>
<tr><td>1</td><td>准备工作</td><td>查找资源、材料准备完整</td><td></td><td></td><td></td><td></td><td></td></tr>
<tr><td>2</td><td>分工情况</td><td>安排合理、全面，分工明确</td><td></td><td></td><td></td><td></td><td></td></tr>
<tr><td>3</td><td>工作态度</td><td>小组成员工作积极主动、全员参与</td><td></td><td></td><td></td><td></td><td></td></tr>
<tr><td>4</td><td>纪律出勤</td><td>按时完成负责的工作内容、遵守工作纪律</td><td></td><td></td><td></td><td></td><td></td></tr>
<tr><td>5</td><td>团队合作</td><td>相互协作、互相帮助、成员听从指挥</td><td></td><td></td><td></td><td></td><td></td></tr>
<tr><td>6</td><td>创新意识</td><td>任务完成不照搬照抄，看问题具有独到见解，创新思维</td><td></td><td></td><td></td><td></td><td></td></tr>
<tr><td>7</td><td>完成效率</td><td>工作单记录完整，并按照计划完成任务</td><td></td><td></td><td></td><td></td><td></td></tr>
<tr><td>8</td><td>完成质量</td><td>工作单填写准确，评价单结果达标</td><td></td><td></td><td></td><td></td><td></td></tr>
<tr><td>检查评语</td><td colspan="5"></td><td colspan="2">教师签字：</td></tr>
</table>

任务评价

小组产品加工评价单

学习情境二	平面、箱体类零件铣削加工				
任务2	箱体类零件铣削加工				
评价类别	评价项目	子项目	个人评价	组内互评	教师评价
专业知识与技能	加工准备（15%）	零件图分析（5%）			
		设备及刀具准备（5%）			
		加工方法的选择以及切削用量的确定（5%）			
	任务实施（30%）	工作步骤执行（5%）			
		功能实现（5%）			
		质量管理（5%）			
		安全保护（10%）			
		环境保护（5%）			
	工件检测（30%）	产品尺寸精度（15%）			
		产品表面质量（10%）			
		工件外观（5%）			
	工作过程（15%）	使用工具规范性（5%）			
		操作过程规范性（5%）			
		工艺路线正确性（5%）			
	工作效率（5%）	能够在要求的时间内完成（5%）			
	作业（5%）	作业质量（5%）			
评价评语					
班级		组别		学号	总评
教师签字		组长签字		日期	

小组成员素质评价单

<table>
<tr><td colspan="2">学习情境二</td><td colspan="2">平面、箱体类零件铣削加工</td><td>任务 2</td><td colspan="4">箱体类零件铣削加工</td></tr>
<tr><td>班级</td><td></td><td colspan="2">第　组</td><td>成员姓名</td><td colspan="4"></td></tr>
<tr><td colspan="2">评分说明</td><td colspan="7">每个小组成员评价分为自评和小组其他成员评价两部分，取平均值计算，作为该小组成员的任务评价个人分数。评价项目共设计 5 个，依据评分标准给予合理量化打分。小组成员自评分后，要找小组其他成员以不记名方式打分</td></tr>
<tr><td>评分项目</td><td colspan="2">评分标准</td><td>自评分</td><td>成员 1 评分</td><td>成员 2 评分</td><td>成员 3 评分</td><td>成员 4 评分</td><td>成员 5 评分</td></tr>
<tr><td>核心价值观（20 分）</td><td colspan="2">是否体现社会主义核心价值观的思想及行动</td><td></td><td></td><td></td><td></td><td></td><td></td></tr>
<tr><td>工作态度（20 分）</td><td colspan="2">是否按时完成负责的工作内容、遵守纪律，是否积极主动参与小组工作，是否全过程参与，是否吃苦耐劳，是否具有工匠精神</td><td></td><td></td><td></td><td></td><td></td><td></td></tr>
<tr><td>交流沟通（20 分）</td><td colspan="2">是否能清晰地表达自己的观点，是否能倾听他人的观点</td><td></td><td></td><td></td><td></td><td></td><td></td></tr>
<tr><td>团队合作（20 分）</td><td colspan="2">是否与小组成员合作完成任务，做到相互协作、互相帮助、听从指挥</td><td></td><td></td><td></td><td></td><td></td><td></td></tr>
<tr><td>创新意识（20 分）</td><td colspan="2">看问题是否能独立思考，提出独到见解，是否能够以创新思维解决遇到的问题</td><td></td><td></td><td></td><td></td><td></td><td></td></tr>
<tr><td>最终小组成员得分</td><td colspan="8"></td></tr>
</table>

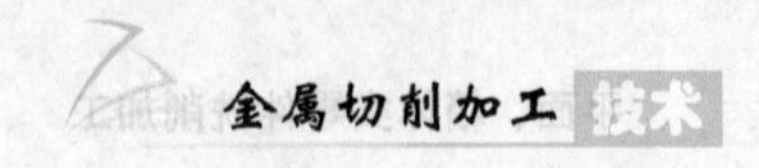

课后反思

<table>
<tr><td>学习情境二</td><td colspan="2">平面、箱体类零件铣削加工</td><td>任务 2</td><td>箱体类零件铣削加工</td></tr>
<tr><td>班级</td><td></td><td>第　组</td><td>成员姓名</td><td></td></tr>
<tr><td>情感反思</td><td colspan="4">通过对本任务的学习和实训，你认为自己在社会主义核心价值观、职业素养、学习和工作态度等方面有哪些需要提高的部分？</td></tr>
<tr><td>知识反思</td><td colspan="4">通过对本任务的学习，你掌握了哪些知识点？请画出思维导图。</td></tr>
<tr><td>技能反思</td><td colspan="4">在完成本任务的学习和实训过程中，你主要掌握了哪些技能？</td></tr>
<tr><td>方法反思</td><td colspan="4">在完成本任务的学习和实训过程中，你主要掌握了哪些分析和解决问题的方法？</td></tr>
</table>

【课后作业】

箱体类零件是机器或箱体部件的基础件。它将机器或箱体部件中的轴、轴承、套和齿轮等零件按一定的相互位置关系装在一起，按一定的传动关系协调地运动。因此，箱体类零件的加工质量，不但直接影响箱体的装配精度和运动精度，而且还会影响机器的工作精度、使用性能和寿命。箱体类零件的加工制造，能较全面地反映各平面和孔的加工规律和共性，达到很好的训练效果。

根据图 2-27 所示，说明减速器箱体的加工过程，并独立完成外表面铣削部分加工任务。

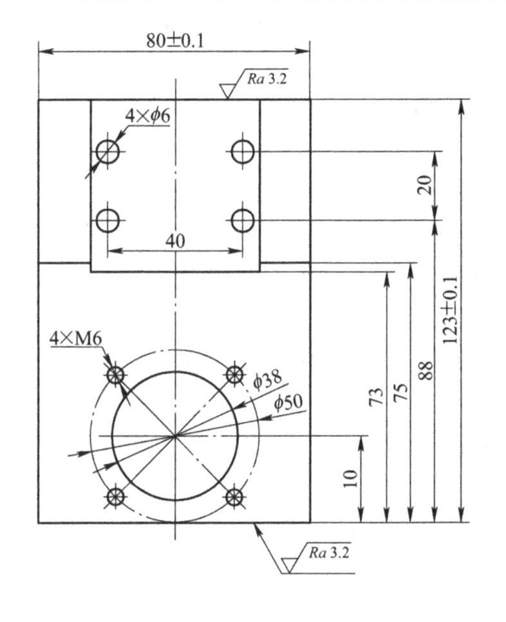

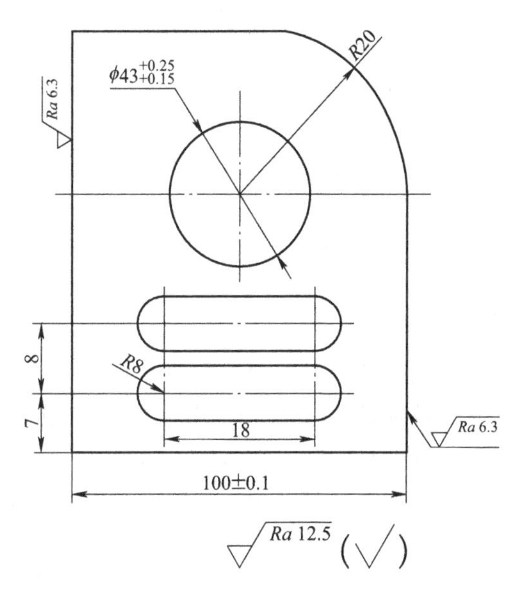

图 2-27　减速器箱体部分图样

【课后思考与练习】

一、单选题（只有一个正确答案）

1. 在铣削加工中，（　　）运动为主运动。

　A. 铣刀旋转　　　　B. 工件或铣刀的移动

　C. 工作台的横向进给　　　　D. 工作台的垂直进给

2. 游标卡尺每小格为 1mm，副尺刻线总长度为 49mm，刻 50 格，此尺精度是（　　）。

　A. 0. 1mm　　B. 0. 05mm　　C. 0. 02mm　　D. 0. 01mm

3. 对工件夹紧过程中，夹紧作用的好坏，会影响工件的加工精度，表面粗糙度以及（　　）。

　A. 加工性能　　B. 加工时间　　C. 加工尺寸　　D. 工件的定位

4. 在铣削平面时采用平口钳装夹加工，会影响工件表面的（　　）。

　A. 平面度　　B. 位置度　　C. 平行度　　D. 垂直度

5. 夹紧力的作用点应（　　）支承点。

A. 靠近　　B. 远离　　C. 垂直　　D. 平行

6. 铣削时的切削量对铣刀寿命影响极大，其影响程度（　　）为最大。

A. 背吃刀量　　B. 侧吃刀量　　C. 进给量　　D. 切削速度

7. 纯铜属难加工材料，铣削时切削速度应比铣削钢件时（　　）。

A. 相等　　B. 大　　C. 小　　D. 以上都可以

8. 在铣削过程中，如不加切削液，一般情况下由（　　）带走的热量较多。

A. 刀具　　B. 工件　　C. 切屑　　D. 周围介质

9. 外径千分尺一般可测量零件的（　　）。

A. 深度　　B. 角度　　C. 厚度　　D. 以上都可以

10. （　　）是安排箱体零件加工工艺过程的一般规律。

A. 先里后外　　B. 先大后小　　C. 先精后粗　　D. 先面后孔

11. 立铣刀常用于加工（　　）。

A. 平面　　B. 沟槽和台阶面　　C. 成形表面　　D. 回转表面

12. 周铣时，铣刀在切削区切削速度的方向与进给速度方向相同的铣削方式是（　　）。

A. 顺铣　　B. 逆铣　　C. 对称铣　　D. 不对称铣

13. 加工平面常用的铣刀有面铣刀和（　　）。

A. 立铣刀　　B. 圆柱铣刀　　C. 三面刃铣刀　　D. 成形铣刀

二、填空题

1. 用圆柱铣刀铣削带有硬皮的工件时，铣削方式不能选用（　　）。

2. 铣削是断续切削，切削厚度与切削面积随时间（　　）。

3. 铣削是用铣刀旋转作主运动，（　　　　）作进给运动的（　　）加工方法。

4. 对称铣削时，切入与切出的切削厚度（　　）。

5. 指形齿轮铣刀是用（　　）法加工齿轮的。

6. 采用（　　）铣削方式时，工件表面加工质量好。

7. 常用的平口钳主要有（　　　）和（　　　）两种。

8. 铣刀按切削部分材料分类，可分为（　　　）铣刀和（　　　）铣刀。

9. 用键槽铣刀铣削轴上键槽，常用方法有（　　　）和（　　　）。

10. 在铣垂直面时，为了使工件的（　　　）与固定钳口紧密贴合，往往在活动钳口与工件之间安置（　　　）。

11. 一般T形槽的铣削方法是：先用（　　）铣出直槽，槽的深度留（　　）mm左右的余量，然后在立铣上用（　　）铣出底槽，深度应铣至要求，最后用（　　）在槽口倒角。

12. 在铣床上装夹工件的方法很多，常用的有（　　　）、（　　）、（　　）和（　　）等。

三、简答题

1. 什么是铣削？

2. 铣削用量包括哪些？

3. 如何计算进给量？

4. 列举出几种常见的铣床。

5. 简述卧式万能铣床的特点。

6. 简述立式铣床的特点。

7. 简述龙门铣床的特点。

8. 常用的铣刀杆有哪些？

9. 简述铣刀和铣刀杆的拆卸。

10. 在X6132型万能铣床上，用直径为80mm的圆柱形铣刀，以200r/min的铣削速度进行铣削。问铣床主轴转速应调整到多少？

学习情境三

外圆及平面零件磨削加工

【学习指南】

【情境导入】

某机械加工制造厂的生产部门接到一项定位阶梯轴的精加工生产任务，其中主要结构圆柱面的加工精度要求很高，需采用磨削加工方法进行加工。除了定位阶梯轴外，精度要求高的平面的磨削加工也是生产中常采用的加工方法。加工人员需要根据零件图样要求，研讨并选用加工所需的机床、刀具及附件等装备，并且能够运用正确的加工方法，依照加工方案，规范地完成含有圆柱面、平面等零件表面的磨削加工，同时达到图样要求的尺寸精度、几何精度、表面质量等要求。

【学习目标】

知识目标：

1. 识别各种磨床、磨料磨具的类型、代号、特性及选用。
2. 正确认识万能外圆磨床、平面磨床的运动与传动、主要部件的结构。
3. 分析识别各种磨削方法中常见的工件缺陷。
4. 说明外圆磨床、平面磨削的加工方法和主要类型。
5. 正确阐述砂轮在修磨中应注意的问题。

能力目标：

1. 能够合理确定磨削用量及磨削参数。
2. 正确制定磨削工艺过程，规范操作磨床。
3. 正确识别外圆磨削中常见缺陷的产生原因并采取措施消除。
4. 熟练操作磨床对外圆及平面零件进行磨削。

素养目标：

1. 养成学生遵守职业规范的习惯。
2. 树立学生社会责任感和集体荣誉感。
3. 逐步养成学生敬业、精益、专注、创新的工匠精神。
4. 锻炼学生具有团队合作意识。

【工作任务】

任务 1　外圆磨削加工，参考学时：课内 6 学时（课外 4 学时）。

任务 2　平面磨削加工，参考学时：课内 4 学时（课外 4 学时）。

任务 1　外圆磨削加工

【学习导图】

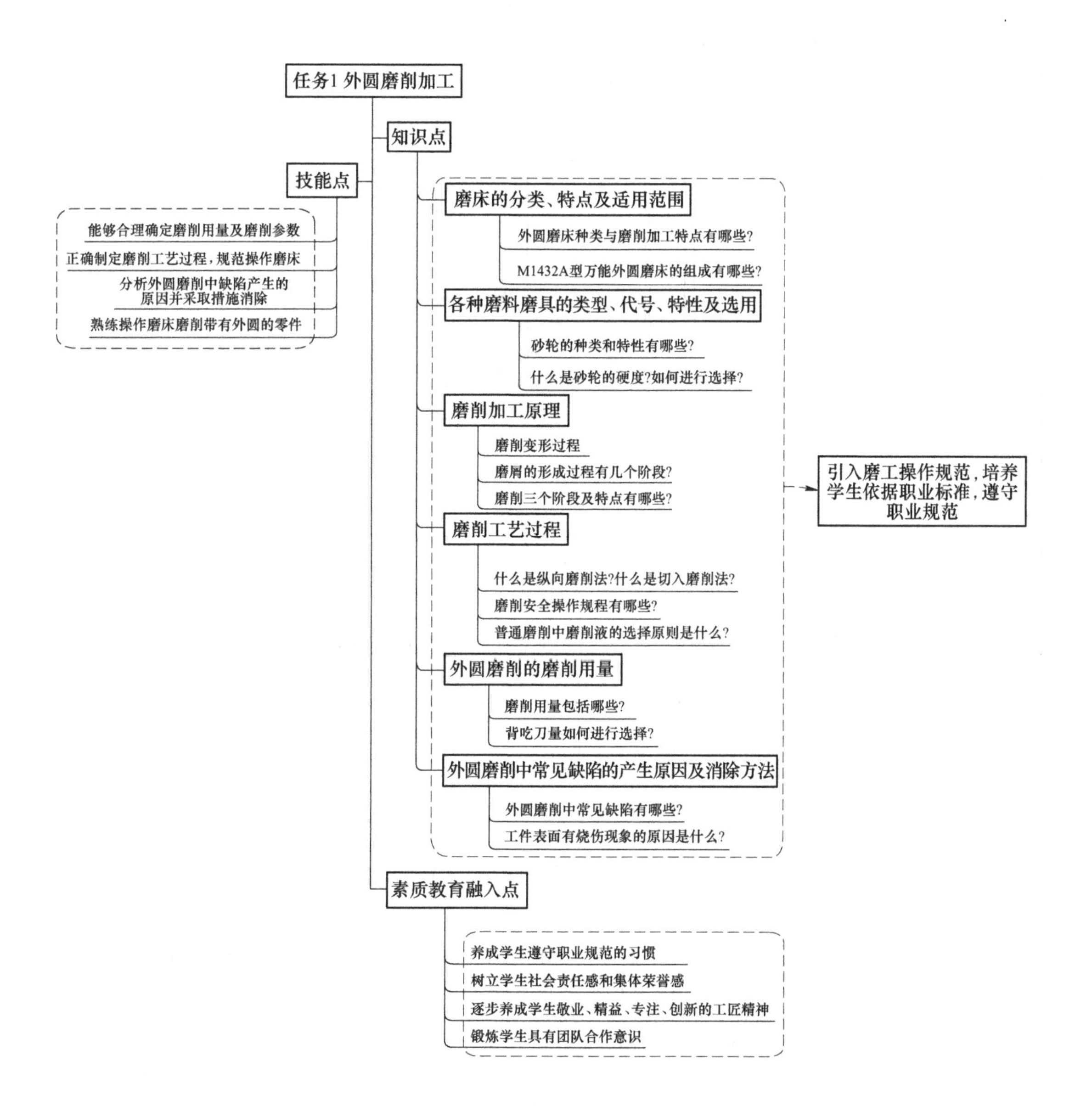

【任务工单】

<table>
<tr><td>学习情境三</td><td colspan="2">外圆及平面零件磨削加工</td><td colspan="2">工作任务 1</td><td colspan="2">外圆磨削加工</td></tr>
<tr><td colspan="3">任务学时</td><td colspan="4">6 学时（课外 4 学时）</td></tr>
<tr><td colspan="7">布置任务</td></tr>
<tr><td>工作目标</td><td colspan="6">1. 根据零件结构特点，合理选择加工机床及附件。
2. 根据零件结构特点，合理选择砂轮并能进行修磨与安装。
3. 根据加工要求，选择正确的加工方法。
4. 根据加工要求，制订合理加工路线并完成零件的加工。</td></tr>
<tr><td>任务描述</td><td colspan="6">使用 M1432A 型万能外圆磨床加工件阶梯轴，磨削外圆，如图 3-1 所示。通过对定位阶梯轴的磨削加工，掌握 M1432A 型万能外圆磨床的操作方法，学会选择合适的砂轮及磨削液，选择适当的磨削参数，学会零件的装夹找正，加工出合格产品，从而达到任务要求。 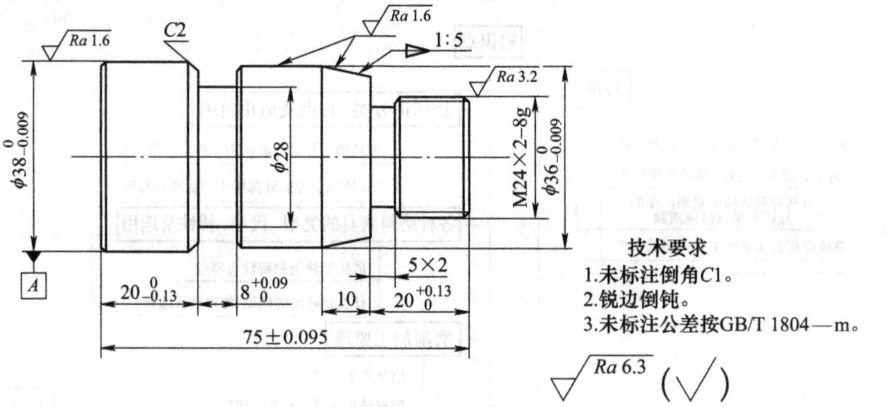
技术要求
1.未标注倒角C1。
2.锐边倒钝。
3.未标注公差按GB/T 1804—m。
图 3-1 定位阶梯轴零件图</td></tr>
<tr><td>学时安排</td><td>资讯
1 学时</td><td>计划
1 学时</td><td>决策
0.5 学时</td><td>实施
2.5 学时</td><td>检查
0.5 学时</td><td>评价
0.5 学时</td></tr>
<tr><td>提供资源</td><td colspan="6">1. 阶梯轴零件图样。
2. 课程标准、多媒体课件、教学演示视频及其他共享数字资源。
3. 机床及附件。
4. 游标卡尺等工具和量具。</td></tr>
<tr><td>对学生学习及成果的要求</td><td colspan="6">1. 对零件图能够正确识读和表述。
2. 合理选择加工机床及附件。
3. 合理选择砂轮并能进行安装与调整。
4. 加工表面质量和精度合格的零件。
5. 学生均能按照学习导图自主学习，并完成自学自测和课后作业。
6. 严格遵守课堂纪律，学习态度认真、端正，能够正确评价自己和同学在本任务中的素质表现。
7. 学生必须积极参与小组工作，承担零件图识读、零件磨削加工设备选用、加工操作等工作，做到积极主动不推诿，能够与小组成员合作完成工作任务。
8. 学生均需独立或在小组同学的帮助下完成任务工作单、加工工艺文件、加工视频及动画等，并提请检查、签认，对提出的建议或错误之处务必及时修改。
9. 每组必须完成任务工单，并提请教师进行小组评价，小组成员分享小组评价分数或等级。
10. 学生均完成任务反思，以小组为单位提交。</td></tr>
</table>

【课前自学】

一、磨床简介

（一）磨床的分类

磨床的种类很多，主要有外圆磨床、内圆磨床、平面磨床、工具磨床，还有专门用来磨削特定表面和工件的专门化磨床，如花键轴磨床、凸轮轴磨床、曲轴磨床等。大多数磨床以砂轮作切削工具，也有以柔性砂带为切削工具的砂带磨床、以油石和研磨剂为切削工具的精磨磨床等。

1. 外圆磨床

外圆磨床包括万能外圆磨床、普通外圆磨床、无心外圆磨床等，主要用于轴、套类零件的外圆柱、外圆锥面、阶台轴外圆面及端面的磨削，如图 3-2～图 3-4 所示。

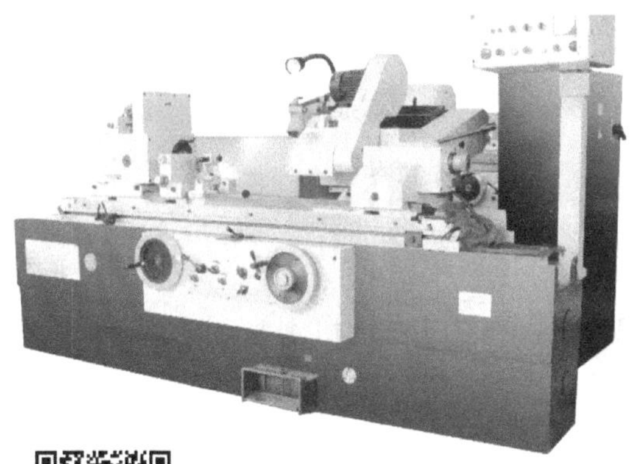

图 3-2　万能外圆磨床

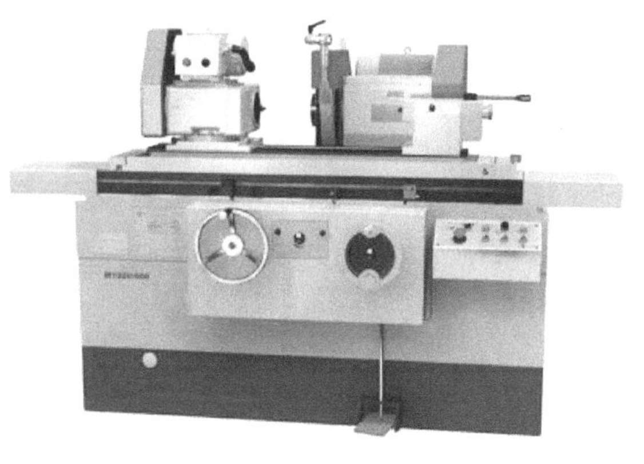

图 3-3　普通外圆磨床

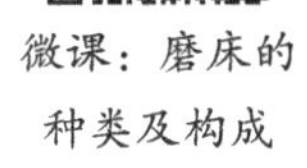

微课：磨床的种类及构成

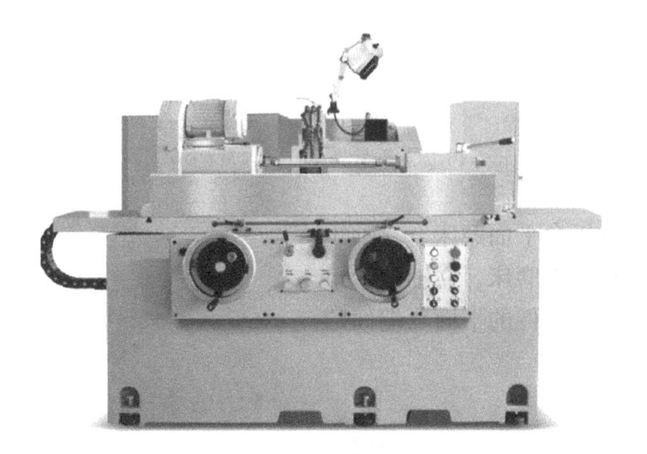

图 3-4　无心外圆磨床

动画：无心外圆磨削

2. 内圆磨床

内圆磨床分为普通内圆磨床、行星内圆磨床、无心内圆磨床等，主要用于轴套类零件和盘套类零件内孔表面及端面的磨削。

普通内圆磨床主要用于磨削圆柱形、圆锥形或其他形状素线展成的内孔表面及其端面，如图 3-5 所示。

数控内圆磨床由装在头架主轴上的卡盘夹持工件做圆周进给运动，工作台带动砂轮架沿床身导轨做纵向往复运动，头架沿滑鞍做横向进给运动；头架还可绕竖直轴转至一定角度以磨削锥孔，行星工作时工件固定不动，砂轮除绕本身轴线高速旋转外，还绕被加工孔的轴线回转，以实现圆周进给，它适于磨削大型工件或不宜旋转的工件，如内燃机气缸体等，如图 3-6 所示。

微课：轴承支座磨削加工

图 3-5 普通内圆磨床

无心内圆磨床是指不需要采用工件的轴心定位而进行磨削的一类磨床，如图 3-7 所示。

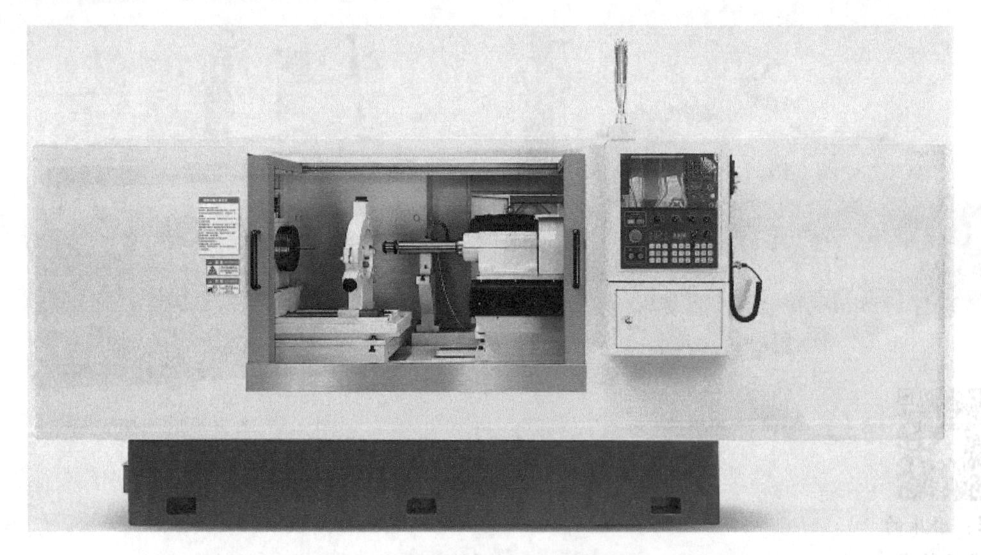

图 3-6 带有行星内圆磨削功能的数控内圆磨床

3. 平面磨床

平面磨床包括卧轴矩台平面磨床、立轴矩台平面磨床、卧轴圆台平面磨床、立轴圆台平面磨床等，主要用于各种零件的平面及端面的磨削，如图 3-8 所示。

4. 工具磨床

工具磨床包括工具曲线磨床、钻头沟槽磨床、丝锥沟槽磨床等，主要用于磨削各种切削刀具的刃口，如车刀、铣刀、铰刀、齿轮刀具、螺纹刀具等。装上相应的机床附件，可对体积较小的轴类外圆、矩形平面、斜面、沟槽和半球面等外形复杂的机具、夹具、模具进行

图 3-7 无心内圆磨床

磨削加工，如图 3-9 所示。

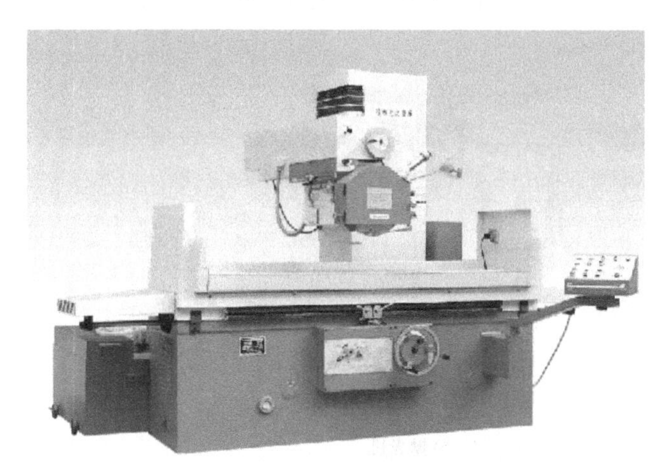

图 3-8 平面磨床

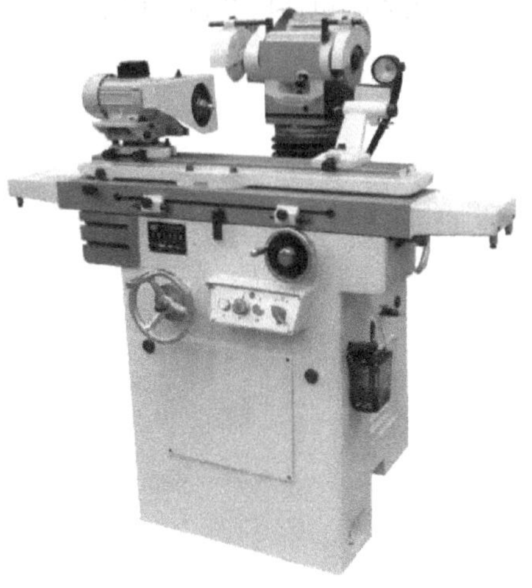

图 3-9 工具磨床

5. 专门化磨床

专门化磨床包括花键轴磨床、曲轴磨床、凸轮轴磨床、活塞环磨床、齿轮磨床、螺纹磨床等，如图 3-10、图 3-11 所示。

图 3-10 螺纹磨床

图 3-11 曲轴磨床

6. 其他磨床

其他磨床包括珩磨机、研磨机、砂带磨床、超精加工机床、抛光机、砂轮机等，如图 3-12 所示。

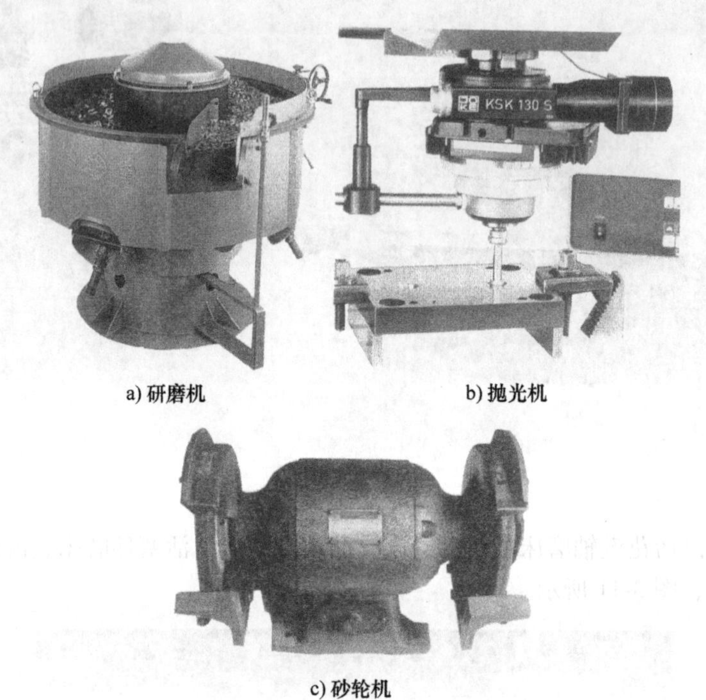

a) 研磨机　　b) 抛光机

c) 砂轮机

动画：研磨

图 3-12　其他磨床

在生产中应用最多的是外圆磨床，内圆磨床、平面磨床和无心磨床四种。

（二）万能外圆磨床主要技术参数

图 3-13 所示为 M1432A 型万能外圆磨床外形图。它由床身、头架、工作台、磨具、砂

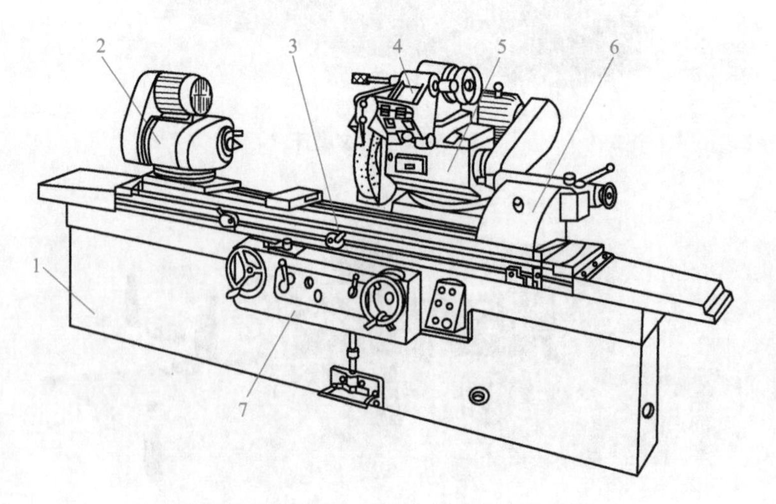

动画：磨削外圆加工

图 3-13　M1432A 型万能外圆磨床外形图

1—床身　2—头架　3—工作台　4—磨具　5—砂轮架　6—尾架　7—液压控制箱横向进给机构

轮架、尾架、液压控制箱横向进给机构等部分组成。在床身上面的纵向导轨上装有工作台，台面上装有头架和尾架。被加工工件支承在头、尾架顶尖上，或夹持在头架主轴上的卡盘中，由头架上的传动装置带动旋转，以适应工件长短的需要。工作台沿床身导轨做纵向往复运动，带动头架和尾架，从而带动工件做纵向进给运动。工作台分上、下两部分。上工作台可绕下工作台的心轴在水平面内调整至某一角度位置，以磨削锥度较小的长圆锥面。砂轮架安装在床身后部顶面的横向导轨上，砂轮架内装有砂轮主轴及其传动装置，利用横向进给机构可实现周期的或连续的横向进给运动。同时，它也可绕其垂直轴线旋转一定角度，以满足磨削短圆锥面的需要。装在砂轮架上的内磨装置中，装有磨内孔的砂轮主轴。内圆磨具的主轴由专门的电动机驱动。不磨削内孔时，内圆磨具翻向上方。工作时将其放下。另外，在床身内还有液压部件，在床身后侧有冷却装置。

M1432A 型万能外圆磨床的主要技术参数：

主参数工件的最大磨削直径	320mm
外圆磨削直径	8～320mm
外圆最大磨削长度（共三种）	1000mm；1500mm；2000mm
内圆磨削直径	30～100mm
内圆最大磨削长度	125mm
磨削工件最大重量	150kg
砂轮尺寸和转速	ϕ400mm×50mm×ϕ203mm；1670r/min
头架主轴转速	6 级 50～224r/min
内回砂轮转速	10000～15000r/min
工作台纵向移动速度	0.05～4m/min
机床重量（三种规格）	3200kg；4500kg；5800kg
机床外形尺寸（三种规格）	长度 3200mm；4200mm；5200mm
	宽度 1500～1800mm
	高度 1420mm

（三）典型加工方法

图 3-14 所示为 M1432A 型万能外圆磨床上几种典型表面的加工示意图。分析这几种典型表面的加工情况可知，机床应具有下列运动：磨外圆时砂轮的旋转主运动 n_t；磨内孔时砂轮的旋转主运动 n_t；工件旋转圆周进给运动 n_w；工件往复做纵向进给运动 f_a；砂轮横向进给运动 f_r（往复纵磨时为周期间隙进给；切入磨削时为连续进给）。

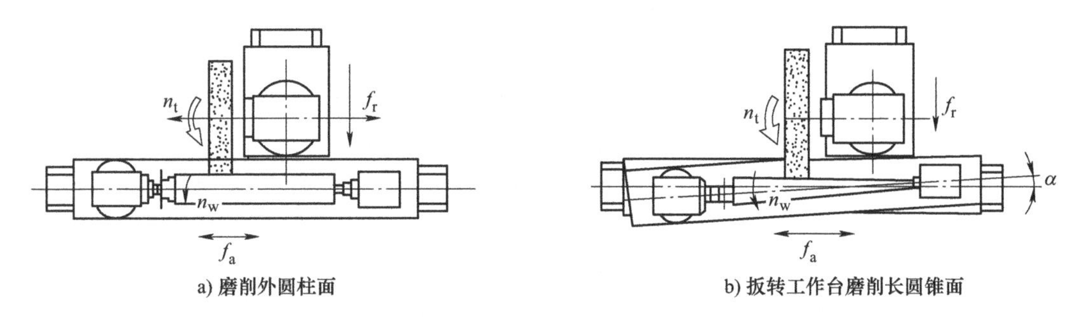

a) 磨削外圆柱面　　b) 扳转工作台磨削长圆锥面

图 3-14 M1432A 型万能外圆磨床典型表面的加工示意图

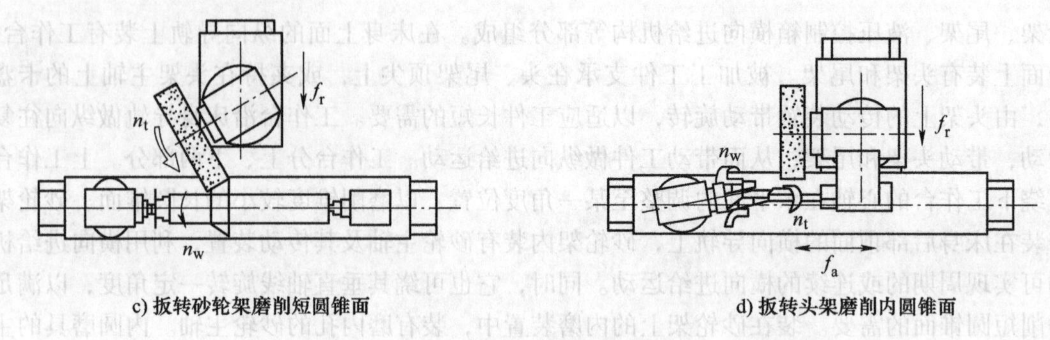

c) 扳转砂轮架磨削短圆锥面 d) 扳转头架磨削内圆锥面

图 3-14 M1432A 型万能外圆磨床典型表面的加工示意图（续）

学习小结

二、砂轮

砂轮是磨削加工中最主要的一类磨具。砂轮是由结合剂将普通磨料固结成一定形状（多数为圆形，中央有通孔），并具有一定强度的固结磨具。其一般由磨料、结合剂和气孔构成，这三部分常称为固结磨具的三要素。由于磨料、结合剂及制造工艺不同，砂轮的特性差别很大，因此对磨削的加工质量、生产率和经济性有着重要影响。

微课：砂轮结构与组成

砂轮种类繁多，按所用磨料可分为普通磨料（刚玉和碳化硅等）砂轮和天然超硬磨料（金刚石和立方氮化硼等）砂轮；按形状可分为平形砂轮、斜边砂轮、筒形砂轮、杯形砂轮、碟形砂轮等；按结合剂可分为陶瓷砂轮、树脂砂轮、橡胶砂轮、金属砂轮等。

砂轮的特性主要由磨料、粒度、硬度、结合剂、形状及尺寸等因素决定，现分别介绍如下。

1. 磨料及其选择

磨料是制造砂轮的主要原料，它担负着切削工作。因此，磨料必须锋利，并具备高的硬度、良好的耐热性和一定的韧性。

常用磨料的名称、代号、特性和用途见表 3-1。

表 3-1 常用磨料的名称、代号、特性和用途

类别	名称	代号	特性	用途
氧化物系	棕刚玉	A(GZ)	含 91%~96%（质量分数，后同）的氧化铝。棕色，硬度高，韧性好，价格便宜	磨削碳钢、合金钢、可锻铸铁、硬青铜等
	白刚玉	WA(GB)	含 97%~99%的氧化铝。白色，比棕刚玉硬度高、韧性低，自锐性好，磨削时发热少	精磨淬火钢、高碳钢、高速钢及薄壁零件

（续）

类别	名称	代号	特性	用途
碳化物系	黑色碳化硅	C(TH)	含 95% 以上的碳化硅。呈黑色或深蓝色，有光泽。硬度比白刚玉高，性脆而锋利，导热性和导电性良好	磨削铸铁、黄铜、铝、耐火材料及非金属材料
	绿色碳化硅	GC(TL)	含 97% 以上的碳化硅。呈绿色，硬度和脆性比黑色碳化硅更高，导热性和导电性好	磨削硬质合金、光学玻璃、宝石、玉石、陶瓷，珩磨发动机气缸套等
高硬磨料系	人造金刚石	D(JR)	无色透明或淡黄色、黄绿色、黑色。硬度高，比天然金刚石性脆。价格较昂贵	磨削硬质合金、宝石等高硬度材料
	立方氮化硼	CBN (JLD)	立方型晶体结构，硬度略低于金刚石，强度较高，导热性能好	磨削、研磨、珩磨各种既硬又韧的淬火钢和高钼、高矾、高钴钢，不锈钢

注：括号内的代号为旧标准代号。

2. 粒度及其选择

粒度是指磨料颗粒的大小。粒度分磨粒与微粉两组。磨粒用筛选法分类，它的粒度号以筛网上一英寸长度内的孔眼数来表示。

例如 60 # 粒度的磨粒，说明能通过每英寸长有 60 个孔眼的筛网，而不能通过每英寸有 70 个孔眼的筛网。

微粉用显微测量法分类，它的粒度号以磨料的实际尺寸来表示（符号为 W）。

各种粒度号的磨粒尺寸见表 3-2 所示。

表 3-2　磨料粒度号及其颗粒尺寸

粒度号	颗粒尺寸/μm	粒度号	颗粒尺寸/μm	粒度号	颗粒尺寸/μm
14 #	1600~1250	70 #	250~200	W40	40~28
16 #	1250~1000	80 #	200~160	W28	28~20
20 #	1000~800	100 #	160~125	W20	20~14
24 #	800~630	120 #	125~100	W14	14~10
30 #	630~500	150 #	100~80	W10	10~7
36 #	500~400	180 #	80~63	W7	7~5
46 #	400~315	240 #	63~50	W5	5~3.5
60 #	315~250	280 #	50~40	W3.5	3.5~2.5

注：比 14#粗的磨粒及比 W3.5 细的微粉很少使用，故表中未列出。

磨料粒度的选择，主要与加工表面粗糙度和生产率有关。

粗磨时，磨削余量大，当要求的表面粗糙度值较大时，应选用较粗的磨粒。因为磨粒粗、气孔大，磨削深度可较大，砂轮不易堵塞和发热。精磨时，余量较小，当要求的表面粗糙度值较低时，应选取较细磨粒。一般来说，磨粒越细，磨削的表面质量越好。

不同粒度砂轮的应用见表 3-3。

表 3-3　不同粒度砂轮的应用

砂轮粒度	应用	砂轮粒度	应用
14 # ~24 #	磨钢锭、切断钢坯，打磨铸件毛刺等	120 # ~W20	精磨、珩磨和螺纹磨
36 # ~60 #	一般磨平面、外圆、内圆以及无心磨等	W20 以下	镜面磨、精细珩磨
60 # ~100 #	精磨和刀具刃磨等		

3. 硬度及其选择

砂轮的硬度是指砂轮表面上的磨粒在磨削力作用下脱落的难易程度。砂轮的硬度软，表示砂轮的磨粒容易脱落；砂轮的硬度硬，表示磨粒较难脱落。砂轮的硬度和磨料的硬度是两个不同的概念。同一种磨料可以做成不同硬度的砂轮，它主要决定于结合剂的性能、数量以及砂轮制造的工艺。磨削与切削的显著差别是砂轮具有“自锐性”，选择砂轮的硬度，实际上就是选择砂轮的自锐性，希望还锋利的磨粒不要太早脱落，也不要磨粒磨钝了还不脱落。

根据规定，常用砂轮的硬度等级见表 3-4。

表 3-4　常用砂轮硬度等级

硬度等级	大级	软			中软		中		中硬			硬	
	小级	软 1	软 2	软 3	中软 1	中软 2	中 1	中 2	中硬 1	中硬 2	中硬 3	硬 1	硬 2
代号		G (R1)	H (R2)	J (R3)	K (ZR1)	L (ZR2)	M (Z1)	N (Z2)	P (ZY1)	Q (ZY2)	R (ZY3)	S (Y1)	T (Y2)

注：括号内的代号为旧标准代号；超软，超硬未列入；表中数字 1、2、3 表示硬度递增的顺序。

选择砂轮硬度的一般原则是：加工软金属时，为了使磨料不致过早脱落，选用硬砂轮。加工硬金属时，为了能及时地使磨钝的磨粒脱落，从而露出具有尖锐棱角的新磨粒（即自锐性），选用软砂轮。前者是因为在磨削软材料时，砂轮的工作磨粒磨损很慢，不需要太早脱离；后者是因为在磨削硬材料时，砂轮的工作磨粒磨损较快，需要较快更新。

精磨时，为了保证磨削精度和表面质量，应选用稍硬的砂轮。工件材料的导热性差，易产生烧伤和裂纹时（如磨硬质合金等），选用的砂轮应软一些。

4. 结合剂及其选择

砂轮中用以黏结磨料的物质称结合剂。砂轮的强度、抗冲击性、耐热性及抗腐蚀能力主要决定于结合剂的性能。

常用的结合剂种类、性能及用途见表 3-5 。

表 3-5　常用结合剂种类、性能及用途

种类	代号	性能	用途
陶瓷结合剂	V(A)	耐水、耐油、耐酸、耐碱的腐蚀，能保持正确的几何形状。气孔率大，磨削率高，强度较大，韧性、弹性、抗振性差，不能承受侧向力	$v_{轮}$<35m/s 的磨削，这种结合剂应用最广，能制成各种磨具，适用于成形磨削和磨螺纹、齿轮、曲轴等

（续）

种类	代号	性能	用途
树脂结合剂	B(S)	强度大并富有弹性，不怕冲击，能在高速下工作。有摩擦抛光作用，但坚固性和耐热性比陶瓷结合剂差，不耐酸、碱，气孔率小，易堵塞	$v_{轮}>50\mathrm{m/s}$ 的高速磨削，能制成薄片砂轮磨槽，刃磨刀具前刀面。高精度磨削。湿磨时切削液中含碱量应$<1.5\%$
橡胶结合剂	R(X)	弹性比树脂结合剂更大，强度也大。气孔率小，磨粒容易脱落，耐热性差，不耐油，不耐酸，而且还有臭味	制造磨削轴承沟道的砂轮和无心磨削砂轮、导轮以及各种开槽和切割用的薄片砂轮，制造柔软抛光砂轮等
金属结合剂（青铜、电镀镍）	J	韧性、成形性好，强度大，自锐性能差	制造各种金刚石磨具，使用寿命长

注：括号内的代号为旧标准代号。

5. 形状尺寸及其选择

根据机床结构与磨削加工的需要，砂轮制成各种形状与尺寸。常用的几种砂轮形状、尺寸、代号及用途见表3-6。

表3-6 常用砂轮形状、尺寸、代号及用途

砂轮名称	简图	代号	尺寸表示法	主要用途
平形砂轮		P	P $D\times H\times d$	用于磨外圆、内圆、平面和无心磨等
双面凹砂轮		PSA	PSA $D\times H\times d—2—d_1\times t_1\times t_2$	用于磨外圆、无心磨和刃磨刀具
双斜边砂轮		PSX	PSX $D\times H\times d$	用于磨削齿轮和螺纹
筒形砂轮		N	N $D\times H\times d$	用于立轴端磨平面
碟形砂轮		D	D $D\times H\times d$	用于刃磨刀具前面

（续）

砂轮名称	简图	代号	尺寸表示法	主要用途
碗形砂轮		BW	BW $D \times H \times d$	用于导轨磨及刃磨刀具

砂轮的外径应尽可能选得大些，以提高砂轮的圆周速度，这样对提高磨削加工生产率与表面质量有利。此外，在机床刚度及功率许可的条件下，如选用宽度较大的砂轮，同样能收到提高生产率和表面质量的效果，但是在磨削热敏性高的材料时，为避免工件表面的烧伤和产生裂纹，砂轮宽度应适当减小。

在砂轮的端面上一般都印有标志，例如砂轮上的标志为 P400×50×203A60L6V35，它的含义是：

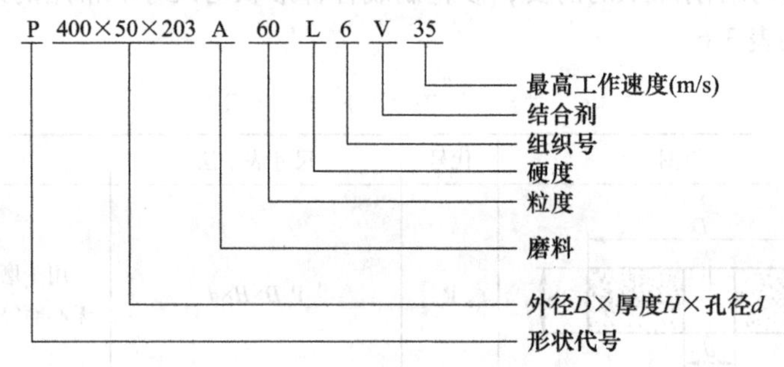

由于更换一次砂轮很麻烦，因此，除了重要的工件和生产批量较大时，需要按照以上所述的原则选用砂轮外，一般只要机床上现有的砂轮大致符合磨削要求，就不必重新选择，而是通过适当地修整砂轮，选用合适的磨削用量来满足加工要求。

学习小结

三、磨削原理

（一）磨削变形过程

如图 3-15 所示，磨削中磨粒充当刀具，按照其形状和颗粒结构，在去除材料时多数磨粒呈现负前角，造成磨屑塑性变形很大，与前刀面摩擦、挤压也大，故磨削加工发热多。

磨削加工变形过程同切削加工变形过程一样，存在三个剪切区，只是第一剪切区因负前角使得磨屑对第一剪切区产生压缩效应，剪切角也很小，不易发生剪切滑移。第二剪切区主要是以磨屑与磨粒“前刀面”的强烈摩擦为主，温度高。工件材料易于熔化和扩散。第三剪切区存在剪切滑移，还有磨粒底部对工件的挤压和剪切，变形区扩展到表面以下的工件内部。

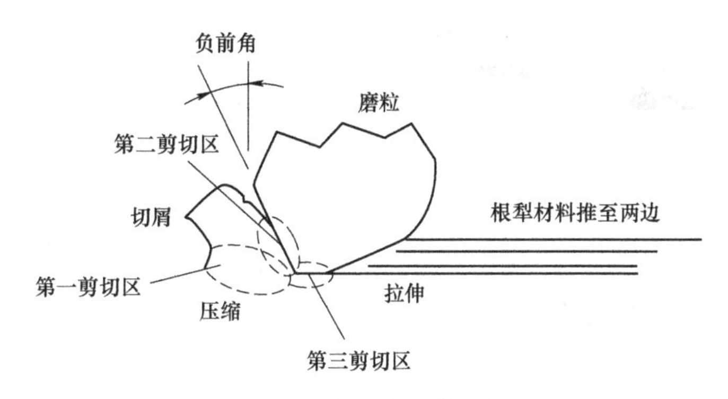

图 3-15 单颗磨粒剪切图

三个剪切区都承受较大的压应力，磨粒经过后又会因高温从压应力转变成拉应力，材料的变形呈现三维状态，即磨粒运动的前方上推材料、左右形成隆起和底部滑擦，产生的热量都大于切削加工，故磨削加工比切削加工温度高得多，尽管使用了磨削液，加工中仍有大量的磨削火花出现。

（二）磨屑的形成与磨削阶段

1. 磨屑的形成

在磨削过程中，由于砂轮工作面上的磨粒分布不规则，切削刃具有较大的负前角，切削为高速多点切削，单个磨粒的切削深度极小，磨粒切削刃具有自锐作用等，使磨削过程不同于切削剪切变形的过程。磨粒的磨削过程大致分为滑擦、刻划和切削三个阶段，如图 3-16 所示。

（1）滑擦阶段（弹性变形阶段） 在滑擦阶段，由于磨粒切削刃刚刚开始与工件接触，切削厚度由零逐渐增大，但切削厚度极小。由于磨粒有很大的负前角和较大的刃口圆弧半径，砂轮结合剂及工件、磨床系统的弹性变形产生微量退让，磨粒仅在工件表面上滑擦而过，只产生弹性变形，不产生切屑。此时在工件表面上产生热应力。

（2）刻划阶段（塑性变形阶段） 随着磨粒挤入深度的增大，磨粒与工件表面的压力逐步加大，表面层也由弹性变形过渡到塑性变形。此时挤压摩擦剧烈，有大量的热产生，当金属被加热到临界点时，法向热应力超过材料的屈服强度，切削刃就开始切入材料表层中，使材料表层产生塑性流动，被推向磨粒的前方和两侧，在工件表面刻划出沟痕，沟痕的两侧则产生了隆起。因磨粒的切削厚度未达到形成切屑的临界值，故不能形成切屑。此时，磨削表层产生热应力和弹性、塑性变形应力。

（3）切削阶段（磨屑形成阶段） 当挤入深度增大到临界值时，被切削材料的切应力和温度都达到了一定数值，金属层在磨粒的挤压下明显地沿剪切面滑移，形成切屑沿前（刀）面流出。此时，工件的表层也产生热应力和变形应力。由于磨削过程中存在着弹性、塑性变形，使得磨粒在切削过程中与工件表面的实际生成曲线、理论干涉曲线、实际干涉曲线不能完全重合，如图 3-16 所示。理论干涉曲线深于实际干涉曲线，实际干涉曲线深于表面实际生成曲线。这是导致产生磨削残留余量、磨削精度降低的重要原因。

由于磨粒的形状、大小和分布各不相同，只有砂轮表面最外层的锋利磨粒才可能连续经过滑擦、刻划、切削、刻划、滑擦的阶段，而低于最外层的磨粒，可能只经过滑擦、刻划、滑擦阶段而未进入切削阶段，有的磨粒甚至只是在工件表面上滑擦而过或根本未与工件接

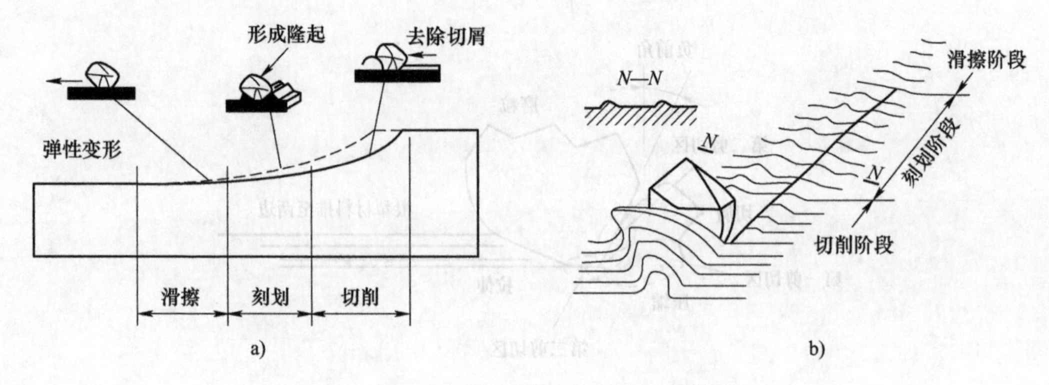

图 3-16 磨削加工材料变形的三个阶段

触。由于磨削速度很高，滑擦作用会产生很高温度，引起磨削表面的烧伤、裂纹等缺陷。因此，滑擦作用对磨削表面质量有不利影响。

刻划所引起的隆起现象对磨削表面粗糙度有较大影响。材料或热处理状态不同，隆起的凸出量也不同。材料的硬度和强度较高，隆起凸出量较小；反之，则隆起凸出量较大。因此，硬度较高的工件易获得较小的表面粗糙度值。此外，隆起凸出量与磨削速度有关，随着磨削速度的增加，隆起凸出量下降。这是由于在高速磨削时，材料的塑性变形的传播速度远小于磨削速度，而使磨粒侧面的材料来不及变形，这是高速磨削能减小加工表面粗糙度值的原因之一。

磨屑形态如图 3-17 所示。磨削塑性材料时，形成带状切屑；磨削脆性材料时，形成挤裂状切屑；在磨削的高温下，切屑熔化可成为球状或灰烬形态。

2. 磨削三个阶段

由于磨削的法向力使得工件受到弹、塑性变形，这样，实际的磨削深度与法向的进给量产生差异。如图 3-18 所示，通常磨削加工分为以下三个阶段。

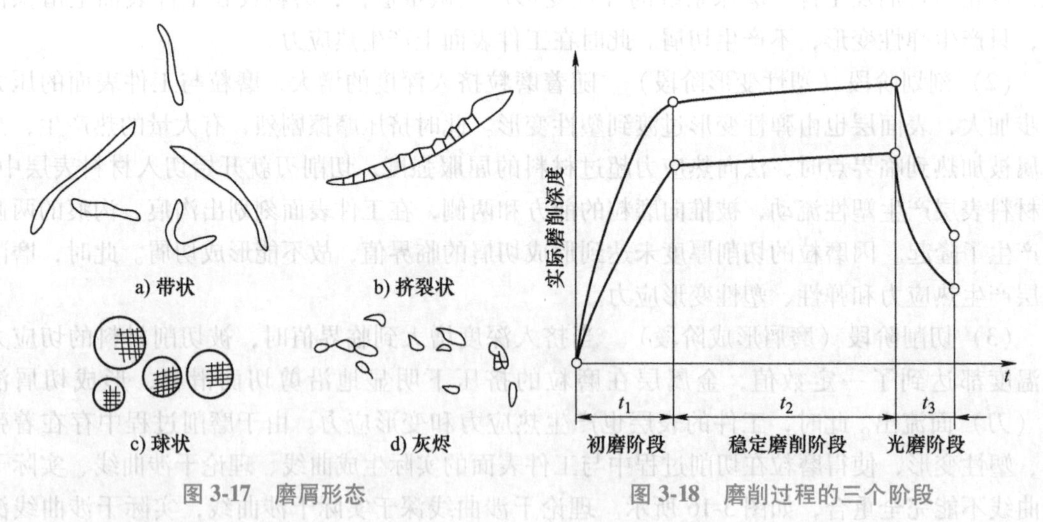

图 3-17 磨屑形态　　图 3-18 磨削过程的三个阶段

（1）初磨阶段　由于弹、塑性变形，磨具（砂轮、砂带）的进给量小（相当于“让刀”），实际磨削深度小于法向进给量。砂带磨削由于磨具自身弹性大，这个“让刀量”会更大。

（2）稳定磨削阶段　多次进给后，工艺系统的弹性变形抗力逐渐增大，直到与法向磨削力相等，这时的实际磨削深度与操作进给的理论值相等，进入稳定磨削阶段。

（3）光磨阶段　当磨削余量加工完毕，停止径向进给。由于工艺系统及工件表面的弹性恢复，实际的法向进给量并不为零，而是逐步减小。在无切入的情况下，砂轮多次纵向进给，这样磨削深度逐渐趋向于零，即磨削火花最终消失。光磨过程对提高表面尺寸、形状精度，改善表面质量，降低粗糙度十分有益。

合理地利用好这三个阶段来实施磨削工艺，可以达到兼顾效率和加工质量的统一。要提高生产率，应缩短初磨阶段和稳定磨削阶段。要提高表面质量，必须保持适当的光磨进给次数和光磨时间。

学习小结

四、磨削工艺

微课：磨削工艺分析

1. 磨削分析

外圆磨削按照磨削方式进给的不同分为纵向磨削法和切入磨削法（横向磨削法）。

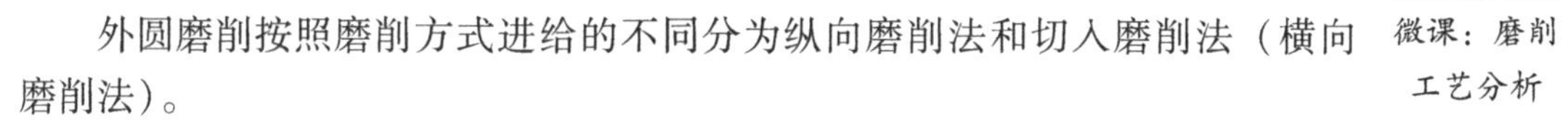

（1）纵向磨削法　使工作台做纵向往复运动进行磨削的方法称为纵向磨削法，如图 3-19 所示。

砂轮高速旋转为主运动，工件旋转做圆周进给运动，同时随工作台沿工件轴向做纵向进给运动。每单次行程或每往复行程终了时，砂轮做周期性的横向进给，从而逐渐磨去工件径向的全部磨削余量。

特点：纵向磨削法每次的横向进给量小，磨削力小，散热条件好，并且能以“光磨”的次数来提高工件的磨削或表面质量，因而加工精度和表面质量较高，但生产率低，是目前生产中使用最广泛的一种磨削方法。

（2）切入磨削法（横向磨削法）　用宽砂轮进行横向切入磨削的方法称为切入磨削法，如图 3-20 所示。

动画：纵向磨削法

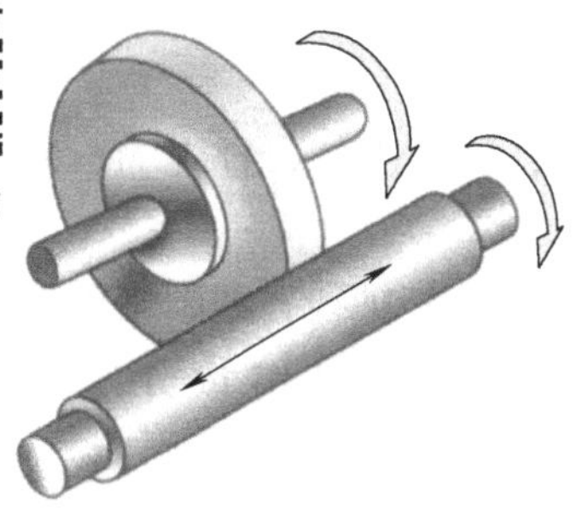

图 3-19　纵向磨削法示意图

图 3-20　切入磨削法示意图

动画：横向磨削法

采用这种磨削方法磨外圆时，砂轮宽度比工件的磨削宽度大。磨削时，工件不需做纵向往复运动，砂轮以缓慢的速度连续或间断地向工件径向做横向进给运动，直到磨去全部余量。

特点：横向磨削法因砂轮宽带大，一次行程就可以完成磨削的加工过程，所以生产率高，适用于磨削长度短、刚性好、精度低的外圆表面。但横向磨削时，工件与砂轮的接触面积大，磨削力大，发热量大而集中，所以易影响工件的表面质量。

2. 阀杆的磨削过程

磨削汽轮机阀杆采用纵向磨削方法，如图 3-21 所示。

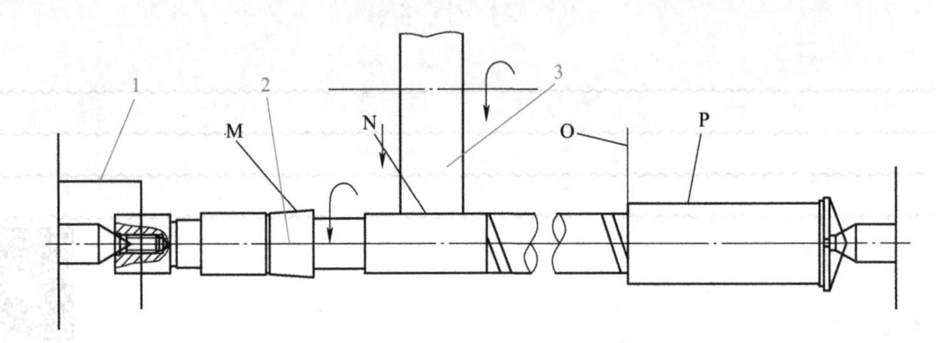

图 3-21　纵向磨削法磨削汽轮机阀杆

1—夹头　2—阀杆　3—砂轮

1）汽轮机阀杆件进入磨削工序前的状态为：M、N、O、P 面外圆车削，每面留 0.10mm 余量。

2）磨削前，认真阅读外圆磨床安全操作规范，见表 3-7。

3）选择合适的切削参数，此处可增加参数计算。

4）选择合适的磨削液。

磨削加工能获得很高的尺寸精度和较低的表面粗糙度值。磨削时，磨削速度高，发热量大，磨削温度可高达 800~1000℃，甚至更高，容易引起工件表面烧伤和由于热应力的作用产生表面裂纹及零件变形，砂轮磨损钝化，磨粒脱落，而且磨屑和砂轮粉末易飞溅，落到零件表面而影响加工精度和表面粗糙度。加工韧性和塑性材料时，磨屑易嵌塞在砂轮工作面上的空隙处或磨屑与加工金属熔结在砂轮表面上，从而使砂轮失去磨削能力。因此，为了降低磨削温度，冲洗掉磨屑和砂轮末，提高磨削比和工件表面质量，必须采用冷却性能和清洗性能良好，并有一定润滑性和防锈性的磨削液。

5）工件找正。左右两端用顶尖顶紧，用夹头传动，转动工件，打表 M、N、O、P 各面，找正公差在 0.02mm 以内。

6）开始磨削，磨削圆柱面 M、N、P 时，砂轮垂直于阀杆轴线；磨削锥面 M 时，砂轮架扳转 2.5° 进行磨削。每面分别磨削三次，三次的径向进给量分别为 0.04mm、0.04mm、0.02mm。

7）磨削完毕后，工件在机床上进行检查。

外圆磨床安全操作规范与磨削液的选择原则见表 3-7、表 3-8 所示。

表 3-7　外圆磨床安全操作规范

序号	操作规范
1	安装新砂轮时动作要轻，同时垫上比砂轮直径小约 1/3 的软垫，并用木锤轻轻打，无杂音后方可开动。操作者侧立机旁，空转试车 10min，无偏摆和振动后方能使用
2	机床要清洁，开车前要检查手柄和行程限位挡块的位置是否正确
3	使用顶尖的工件，要检查中心孔的几何形状，不正确的要及时修正，磨削过程中不准松动
4	平磨工作台使用快速挡时，要注意其终点。接触面积小的工件磁力不易吸住时，必须加挡块，磁盘吸力减弱时应立即停磨
5	当砂轮快速接近工件时，要改用手摇，并用心观察工件有无突起和凹陷
6	砂轮未完全处于静止状态时，不许清理磨削液、磨屑或更换工件
7	平磨砂轮的最大伸出量不得超过 25mm，砂轮块要平行
8	平磨的砂轮损耗 1/2 后，重新紧固的压板不许倾斜
9	平磨工件要有基准面。如有飞刺等物时要清理干净
10	要选择与工件材料相适应的磨削液，磨削时要连续开放和调整好磨削液的流量
11	砂轮不锋利要用金刚石修理，进给量为 0.015~0.02mm，并须充分冷却
12	磨床专用砂轮，不许代替普通砂轮使用

表 3-8　磨削液的选择原则

类别	磨削液的选择原则
普通磨削	可采用防锈乳化液或苏打水及合成切削液，如：防锈乳化液 2%（质量分数，下同），亚硝酸钠 0.5%，碳酸钠 0.2%，水 97.3%；亚硝酸钠 0.8%，碳酸钠 0.3%，甘油 0.5%，水 98.6%；直接用质量分数为 3%~4%的防锈乳化液或化学合成液 对于精度要求高的精密磨削，使用 H-1 精磨液可明显提高工件加工精度和磨削效率
高速磨削	通常把砂轮线速度超过 50m/s 的磨削称为高速磨削。当砂轮的线速度增加时，磨削温度显著升高。从试验测定，砂轮线速度为 60m/s 时的磨削温度（工件平均温度）比 30m/s 高约 50%~70%；砂轮线速度为 80m/s 时，磨削温度比 60m/s 时又高 15%~20%。砂轮线速度提高后，单位时间内参加磨削的磨粒数增加，摩擦作用加剧，消耗能量也增大，使工件表层温度升高，增加了表面发生烧伤和形成裂纹的可能性，这就需要用具有高效冷却性能的磨削液来解决。所以在高速磨削时，不能使用普通的磨削液，而要使用具有良好渗透、冷却性能的高速磨削液，如 CMY 高速磨削液便可满足线速度为 60m/s 的高速磨削工艺要求
强力磨削	这是一种先进的高效磨削工艺，例如在切入式高速强力磨削时，线速度为 60m/s 的砂轮以 3.5~6mm/min 的进给速度径向切入，切除率高达 20~40mm^3/(mm·s)，这时砂轮磨粒与工件摩擦非常剧烈，即使在高压大流量的冷却条件下，所测到摩擦区工件表层温度范围仍高达 700~1000℃，如果冷却条件不好，磨削过程就不可能进行。在切入式强力磨削时，采用性能优良的合成强力磨削液与乳化液相比，总磨削量提高 35%，磨削比提高 30%~50%，延长正常磨削时间约 40%，降低功率损耗约 40%。所以强力磨削时，磨削液的性能对磨削效果影响很大。目前国内生产的强力磨削液有 QM 高速强力磨削液和 HM 缓进给强力磨削液
金刚石砂轮磨削	这适用于硬质合金、陶瓷、玻璃等硬度高的材料的磨削加工，可以进行粗磨、精磨，磨出的表面一般不产生裂纹、缺口，可以达到较低的表面粗糙度。为了防止磨削时产生过多的热量和导致砂轮过早磨损，获得较低的表面粗糙度，就需要连续而充分的冷却。这种磨削由于工件硬度高，磨削液主要应具备冷却和清洗性能，保持砂轮锋锐，磨削液的摩擦系数不能过低，否则会造成磨削效率低、表面烧伤等不良效果，可以采用以无机盐为主的化学合成液作磨削液。精磨时可加入少量的聚己二醇作润滑剂，可以提高工件表面的加工质量。对于加工精度高的零件，可采用润滑性能好的低黏度油基磨削液

（续）

类别	磨削液的选择原则
螺纹、齿轮和丝杠磨削	这类磨削特别重视磨削加工后的加工面质量和尺寸精度，一般宜采用含极压添加剂的磨削油，这类油基磨削液由于其润滑性能好，可减少磨削热，而且其中的极压添加剂可与工件材料反应，生成低抗剪强度的硫化铁膜和氯化铁膜，能减轻磨粒切削刃尖端的磨损，使磨削顺利进行。为了获得较好的冷却性和清洗性，又要保证防火安全，应以选用低黏度、高闪点的磨削油为宜

学习小结

五、外圆磨削的磨削用量

1. 磨削用量的选择

（1）砂轮速度 v_s 的选择　一般情况下，普通陶瓷结合剂砂轮，取 $v_s=35\text{m/s}$ 左右，内圆磨削、工具磨削由于砂轮直径较小，允许选择低一些。随着磨削技术的发展，砂轮速度已提高到 60~80m/s，有的已超过 100m/s。

（2）工件速度 v_w 的选择　工件速度与砂轮速度有关，其速度比 $q=v_s/v_w$ 对磨削效果有很大影响。一般，外圆磨削取 $q=60\sim150$，见表 3-9。

表 3-9　工件速度的选择条件

序号	主要因素		选择条件
1	速度比 q		砂轮速度越高，工件速度越高；反之，砂轮速度越低，工件速度越低
2	砂轮的状况和硬度	直径	砂轮直径越小，则工件速度越低
		硬度	硬度高的砂轮，选择高的工件速度 硬度低的砂轮，工件速度宜低
3	工件的性能和形状	工件硬度	工件硬度高时，选用高的工件速度 工件硬度低时，选用低的工件速度
		工件直径	工件直径大，选用高的工件速度 工件直径小，选用低的工件速度
4	工件的表面粗糙度		要降低工件表面粗糙度值，就要减小工件速度，选用大直径砂轮

（3）轴向进给量 f_a 的选择　轴向进给量是工件沿砂轮轴线方向的进给量，以 f_a 表示。一般粗磨钢件 $f_a=(0.3\sim0.7)b_s$（b_s 为砂轮宽度）；粗磨铸铁件 $f_a=(0.7\sim0.8)b_s$；精磨取 $f_a=(0.1\sim0.3)b_s$。

（4）背吃刀量 a_p 的选择　一般外圆纵磨时：粗磨钢 $a_p=0.02\sim0.05\text{mm}$，粗磨铸铁 $a_p=0.08\sim0.15\text{mm}$；精磨钢 $a_p=0.005\sim0.01\text{mm}$，精磨铸铁 $a_p=0.02\sim0.05\text{mm}$。外圆切入磨时：普通磨削 $a_p=0.001\sim0.005\text{mm}$；精密磨削 $a_p=0.0025\sim0.005\text{mm}$。当砂轮硬度高、磨料粒度粗时取大值；砂轮直径小、工作直径大、砂轮速度低、工件速度高时取小值。

（5）光磨次数的选择　光磨即无进给磨削，光磨可消除在进给磨削时因弹性形变而未磨掉的部分加工余量，因此可提高工件的几何精度和降低表面粗糙度值。表面粗糙度值随光磨次数的增加而降低。但应注意，并不是光磨次数越多越好。经过一定次数的光磨后，表面粗糙度值变化将趋于稳定。因此，欲获得更高级别的表面粗糙度值，仅靠增加光磨次数是不行的，而应采用其他加工方法。

光磨次数应根据砂轮状况、加工要求和磨削方式确定，一般情况下、外圆磨削、使用40#~50#砂轮时，一般磨削用量的光磨次数是单行程1~2次。

2. 纵向进给粗磨外圆的磨削用量

（1）工件速度选择（见表3-10）

表3-10　磨削速度（一）

工件磨削表面直径 d_w/mm	20	30	50	80	120	200	300
工件速度 v_w/(m/min)	10~20	11~22	12~24	13~26	14~28	15~30	17~34

（2）轴向进给量　$f_a=(0.5\sim0.8)b_s$

（3）背吃刀量 a_p（见表3-11）

表3-11　背吃刀量

工件磨削表面直径 d_w/mm	工件速度 v_w/(m/min)	工件轴向进给量 f_a/(mm/r)			
		0.5	0.6	0.7	0.8
		工件台单行程背吃刀量 a_p/(mm/单行程)			
20	10	0.0216	0.0180	0.0154	0.0135
	15	0.0144	0.0120	0.0103	0.0090
	20	0.0108	0.0090	0.0077	0.0068
30	11	0.0222	0.0185	0.0158	0.0139
	16	0.0152	0.0127	0.0109	0.0096
	22	0.0111	0.0092	0.0079	0.0070
50	12	0.0237	0.0197	0.0169	0.0148
	18	0.0157	0.0132	0.0113	0.0099
	24	0.0118	0.0098	0.0084	0.0074
80	13	0.0242	0.0201	0.0172	0.0151
	19	0.0165	0.0138	0.0118	0.0103
	26	0.0126	0.0101	0.0086	0.0078
120	14	0.0264	0.0220	0.0189	0.0165
	21	0.0176	0.0147	0.0126	0.0110
	28	0.0132	0.0110	0.0095	0.0083
200	15	0.0287	0.0239	0.0205	0.0180
	22	0.0196	0.0164	0.0140	0.0122
	30	0.0144	0.0120	0.0103	0.0090
300	17	0.0287	0.0239	0.0205	0.0179
	25	0.0195	0.0162	0.0139	0.0121
	34	0.0143	0.0119	0.0102	0.0089

注：工作台一次往复行程背吃刀量 a_p 应将表中数值乘2。

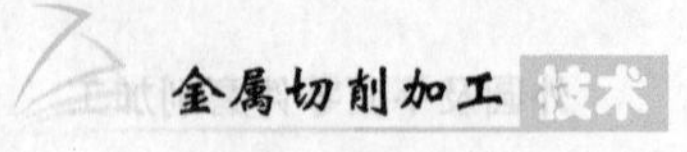

3. 精磨外圆磨削用量

（1）工件速度 v_w（见表 3-12）

表 3-12 磨削速度（二） （单位：m/min）

工件磨削表面直径 d_w/mm	加工材料		工件磨削表面直径 d_w/mm	加工材料	
	非淬火钢及铸铁	淬火钢及耐热钢		非淬火钢及铸铁	淬火钢及耐热钢
20	15~30	20~30	120	30~60	35~60
30	18~35	22~35	200	35~70	40~70
50	20~40	25~50	300	40~80	50~80
80	25~50	30~50			

（2）轴向进给量 f_a

表面粗糙度 $Ra0.8\mu m$ $f_a=(0.4\sim0.8)b_s$

表面粗糙度 $Ra0.4\sim0.2\mu m$ $f_a=(0.2\sim0.4)b_s$

（3）背吃刀量 a_p（见表 3-13）

表 3-13 背吃刀量选用

工件磨削表面直径 d_w/mm	工件速度 v_w/(m/min)	工件轴向进给量 f_a/(mm/r)								
		10	12.5	16	20	25	32	40	50	63
		工作台单行程背吃刀量 a_p/(mm/单行程)								
20	16	0.0112	0.0090	0.0070	0.0056	0.0045	0.0035	0.0028	0.0022	0.0018
	20	0.0090	0.0072	0.0056	0.0045	0.0036	0.0028	0.0022	0.0018	0.0014
	25	0.0072	0.0058	0.0045	0.0036	0.0029	0.0022	0.0018	0.0014	0.0011
	32	0.0056	0.0045	0.0035	0.0028	0.0023	0.0018	0.0014	0.0011	0.0009
30	20	0.0109	0.0088	0.0069	0.0055	0.0044	0.0034	0.0027	0.0022	0.0017
	25	0.0087	0.0070	0.0055	0.0044	0.0035	0.0027	0.0022	0.0018	0.0014
	32	0.0068	0.0054	0.0043	0.0034	0.0027	0.0021	0.0017	0.0014	0.0011
	40	0.0054	0.0043	0.0034	0.0027	0.0022	0.0017	0.0014	0.0011	0.0009
50	23	0.0123	0.0099	0.0077	0.0062	0.0049	0.0039	0.0031	0.0025	0.0020
	29	0.0098	0.0079	0.0061	0.0049	0.0039	0.0031	0.0025	0.0020	0.0016
	36	0.0079	0.0064	0.0049	0.0040	0.0032	0.0025	0.0020	0.0016	0.0013
	45	0.0063	0.0051	0.0039	0.0032	0.0025	0.0020	0.0016	0.0013	0.0010
80	25	0.0143	0.0115	0.0090	0.0072	0.0058	0.0045	0.0036	0.0029	0.0023
	32	0.0112	0.0090	0.0071	0.0056	0.0045	0.0035	0.0028	0.0023	0.0018
	40	0.0090	0.0072	0.0057	0.0045	0.0036	0.0028	0.0022	0.0018	0.0014
	50	0.0072	0.0058	0.0046	0.0036	0.0029	0.0022	0.0018	0.0014	0.0011
120	30	0.0146	0.0117	0.0092	0.0074	0.0059	0.0046	0.0037	0.0029	0.0023
	38	0.0115	0.0093	0.0073	0.0058	0.0046	0.0036	0.0029	0.0023	0.0018
	48	0.0091	0.0073	0.0058	0.0046	0.0037	0.0029	0.0023	0.0019	0.0015
	60	0.0073	0.0059	0.0047	0.0037	0.0030	0.0023	0.0018	0.0015	0.0012
200	35	0.0162	0.0128	0.0101	0.0081	0.0065	0.0051	0.0041	0.0032	0.0026
	44	0.0129	0.0102	0.0080	0.0065	0.0052	0.0040	0.0032	0.0026	0.0021
	55	0.0103	0.0081	0.0064	0.0052	0.0042	0.0032	0.0026	0.0021	0.0017
	70	0.0080	0.0064	0.0050	0.0041	0.0033	0.0025	0.0020	0.0016	0.0013

注：1. 工作台单行程背吃刀量 a_p 不应超过粗磨的 a_p。

2. 工作台一次往复行程的 a_p 应将表中数值乘 2。

3. 本表所列磨削用量是基于 $v_s\leqslant35m/s$ 的条件给出的。

学习小结

六、外圆磨削中常见缺陷的产生原因及消除方法

外圆磨削中常见缺陷的产生原因及消除方法见表3-14。

表3-14 外圆磨削中常见缺陷的产生原因及消除方法

工件缺陷	产生原因	消除方法
工件表面出现直波形振痕	1. 砂轮不平衡	1. 注意保持砂轮平衡 （1）新砂轮需经过两次静平衡 （2）砂轮使用一段时间后，如果又出现不平衡，需要再做静平衡 （3）停机前，先关掉切削液，使砂轮空转进行脱水，以免切削液聚集在下部而引起不平衡
	2. 砂轮硬度太高	2. 根据工件材料性质选择合适的砂轮硬度
	3. 砂轮钝化后没有及时修整	3. 及时修整砂轮
	4. 砂轮修得过细，或金刚石笔顶角已磨平，修出的砂轮不锋利	4. 合理选择修整用量，或翻转后对金刚石重新进行焊接，或对金刚石笔重新修尖
	5. 工件圆周速度过大，工件中心孔有多边形	5. 适当降低工件转速，修研中心孔
	6. 工件直径、重量过大，不符合机床规格	6. 改由规格较大的磨床磨削，如受设备条件限而不能这样做时，可以降低背吃刀量和纵向进给量，以及把砂轮修得锋利些
	7. 砂轮主轴轴承磨损，配合间隙过大，产生径向圆跳动	7. 按机床说明书规定调整轴向间隙
	8. 头架主轴轴承松动	8. 调整头架主轴轴承间隙
工件表面有螺旋形痕迹	1. 砂轮硬度高，修得过细，而背吃刀量过大	1. 合理选择砂轮硬度和修整用量，适当减小背吃刀量
	2. 纵向进给量太大	2. 适当降低纵向进给量
	3. 砂轮磨损，素线不直	3. 修整砂轮
	4. 金刚石在修整器中未夹紧或金刚石在刀杆上焊接不牢，有松动现象，使修出的砂轮凸凹不平	4. 把金刚石装夹牢固，如金刚石有松动，需重新焊接
	5. 切削液太少或太淡	5. 增加或加浓切削液
	6. 工作台导轨润滑油浮力过大，使工作漂起，在运动中产生摆动	6. 调整轨润滑油的压力
	7. 工作台运行时有爬行现象	7. 打开放气阀，排除液压系统中的空气，或检修机床
	8. 砂轮主轴有轴向窜动	8. 检修机床

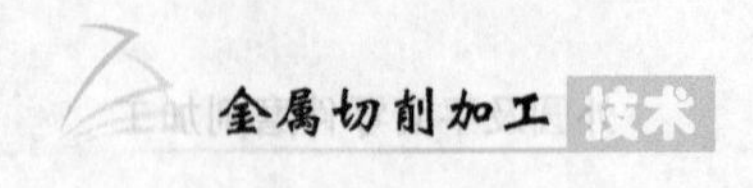

（续）

工件缺陷	产生原因	消除方法
工件表面有烧伤现象	1. 砂轮太硬或粒度太细 2. 砂轮修得过细、不锋利 3. 砂轮太钝 4. 背吃刀量、纵向进给量过大，或工件的圆周速度过低 5. 切削液不充足	1. 合理选择砂轮 2. 合理选择修整用量 3. 修整砂轮 4. 适当减少背吃刀量和纵向进给量，或增大工件的转速 5. 增加切削液
工件有圆度误差	1. 中心孔形状不正确或中心孔内有污垢、铁屑尘埃等 2. 中心孔或顶尖因润滑不良而磨损 3. 工件顶得过松或过紧 4. 顶尖在主轴和尾座套筒锥孔内配合不紧密 5. 砂轮过钝 6. 切削液不充分或供应不及时 7. 工件刚性较差而毛坯形状误差又大，磨削余量不均匀而引起背吃力量变化，使工件弹性变形，发生相应变化，结果磨削后的工件表面部分地保留着毛坯形状误差 8. 工件有不平衡重量 9. 砂轮主轴轴承间隙过大 10. 卡盘装夹磨削外圆时，头架主轴径向圆跳动过大	1. 根据具体情况可重新修正中心孔、重钻中心孔或把中心孔擦净 2. 注意润滑，如已磨损需重新修磨顶尖 3. 重新调节尾座顶尖压力 4. 把顶尖卸下，擦净后重新装上 5. 修整砂轮 6. 保证充足的切削液 7. 背吃刀量不能太大，并应随着余量减少而逐步减少，最后多做几次“光磨”行程 8. 磨削前事先加以平衡 9. 调整主轴轴承间隙 10. 调整头架、主轴轴承间隙
工件有锥度	1. 工作台未调整好 2. 工件和机床的弹性变形发生变化 3. 工作台导轨润滑油浮力过大，运行中产生摆动 4. 头架和尾座顶尖的中心线不重合	1. 仔细找正工作台 2. 应在砂轮锋利的情况下仔细找正工作台。每个工件在精磨时，砂轮锋利程度、磨削用量和“光磨”行程次数应与找正工作台时的情况基本一致，否则需要用不均匀进给加以消除 3. 调整导轨润滑油压力 4. 擦干净工作台和尾座的接触面。如果接触面已磨损，则可在尾座底下垫一层纸垫或铜皮，使前后顶尖中心线重合
工件有鼓形	1. 工件刚性差，磨削时产生弹性弯曲变形 2. 中主架调整不适当	1. 减少工件的弹性变形减小磨削速度，采用较小的背吃刀量，“光磨”次数多时应及时修整砂轮，使其一直保持良好的切削性能工件很长时，应使用适当数量的中心架 2. 正确调整撑块和支块对工件的压力
工件弯曲	1. 磨削用量太大 2. 切削液不充分，不及时	1. 适当减小背吃刀量 2. 保持充足的切削液

（续）

工件缺陷	产生原因	消除方法
工件两端尺寸较小（或较大）	1. 砂轮越出工件端面太多（或太少） 2. 工作台换向时停留时间太长（或太短）	1. 正确调整工作台上换向撞块位置，使砂轮越出工件端面约为（1/3~1/2）砂轮宽度 2. 正确调整停留时间
轴肩端面有跳动	1. 进给量过大，退刀过快 2. 切削液不充分 3. 工件顶得过紧或过松 4. 砂轮主轴有轴向窜动 5. 头架主轴推力轴承间隙过大 6. 用卡盘装夹磨削端面时，头架主轴轴向窜动过大	1. 进给时纵向摇动工作台要慢而均匀，“光磨”时间要充分 2. 加大切削液供给量 3. 调节尾座顶尖压力 4. 检修机床 5. 使用调节器调整推力轴承间隙 6. 对轴承进行预紧，提高主轴回转精度
台肩端面内部凸起	1. 进刀过快，“光磨”时间不够 2. 砂轮与工件接触面积大，磨削压力大 3. 砂轮主轴中心线与工作台运动方向不平行	1. 进刀要慢而均匀，并光磨至没有火花为止 2. 把砂轮端面修成内凹状，使工作面尽量狭窄，同时先把砂轮退出一段距离后吃刀，然后逐渐摇进砂轮，磨出整个端面 3. 调整砂轮架位置
台阶轴各外圆表面有同轴度误差	1. 与圆度误差原因 1~5 相同 2. 磨削用量过大及“光磨”时间不够 3. 磨削步骤安排不当 4. 用卡盘装夹磨削时，工件找不正，或头架主轴径向圆跳动太大	1. 与消除圆度误差的方法 1~5 相同 2. 精磨时减小背吃刀量并增加“光磨”行程次数 3. 同轴度要求高的表面应分清粗磨、精磨，同时尽可能在一次装夹中精磨完毕 4. 仔细找工件基准面，主轴径向圆跳动过大时应调整轴承间隙
表面粗糙度有误差	1. 机床运行不平稳，有爬行现象 2. 旋转件不平衡，轴承间隙大，产生振动 3. 砂轮选用不当，粒度大、硬度低，修整不好 4. 磨削用量过大，砂轮圆周速度偏低 5. 切削液不充分，不清洁 6. 工件塑性大或材质不均匀	1. 排出液压系统中的空气，或检修机床 2. 装夹时加平衡物，做好平衡，检修机床 3. 合理选用砂轮的粒度、硬度，仔细修整砂轮，增加光修次数 4. 适当减少背吃刀量和纵向进给量，提高砂轮圆周速度 5. 加大切削液供给量，更换不清洁切削液 6. 减小工件塑性变形，最后多做几次光磨

学习小结

【自学自测】

学习领域	金属切削加工		
学习情境三	外圆及平面零件磨削加工	任务1	外圆磨削加工
作业方式	小组分析、个人解答，现场批阅，集体评判		
1	磨床种类与磨削加工特点有哪些？		
解答：			
2	磨削的三个阶段及特点是什么？		
解答：			
3	磨削用量选择原则是什么？		
解答：			
4	外圆磨削中常见缺陷的产生原因及消除方法有哪些？		
解答：			
5	砂轮特性有哪些？磨削安全操作规范有哪些？		
解答：			
评价：			

班级		组别		组长签字	
学号		姓名		教师签字	
教师评分		日期			

【任务实施】

本任务如图 3-1 所示，要求独立完成定位阶梯轴加工操作，只需按照加工要求完成外圆面的磨削加工（阶梯面、平面的铣削加工详见学习情境二，任务 1）并填写任务评价表单。

一、零件图与分析

图 3-1 所示零件是定位阶梯轴零件，主要由圆柱面、圆锥面、螺纹组成。根据工作性能与条件，该定位阶梯轴图样规定了外表面有较高的尺寸精度、位置精度和较小的表面粗糙度值。这些技术要求必须在加工中给予保证。

二、确定毛坯

该轴因其属于一般阶梯轴，故选 45 钢即可满足其要求。

本任务中的零件属于中、小轴类零件，并且各外圆直径尺寸相差不大，故选择 ϕ50mm 的热轧圆钢做毛坯。

三、确定主要表面的加工方法

该定位阶梯轴的圆柱面、圆锥面、螺纹等已在学习情境一中采用车削方法加工完成，圆柱表面的精加工在本任务中采用磨削方法加工。

定位阶梯轴为回转表面，主要采用车削与磨削成形。由于该定位阶梯轴的外圆公差等级较高，表面粗糙度 Ra 值（$Ra=1.6\mu m$）较小，需要采用车削、磨削的方式来达到加工精度要求，故可确定加工方法为：粗车→半精车→精车或磨削加工。车削加工任务已在情境一中完成，本任务主要为外圆面的磨削加工。磨削加工也分为粗磨加工和精磨加工。

四、划分加工阶段

对精度要求较高的零件，其粗、精加工应分开，以保证零件的质量。

该定位阶梯轴加工划分为四个阶段：粗车（粗车外圆、钻中心孔等），半精车（半精车各处外圆、修研中心孔及次要表面等），精车（精车圆锥面），磨削（磨削圆柱面），其中精车和磨削属于精加工阶段。各阶段划分大致以热处理为界。

五、热处理工序安排

轴的热处理要根据其材料和使用要求确定。对于阶梯轴，正火、调质和表面淬火用得较多。该轴要求调质处理，并安排在粗车各外圆之后，半精车各外圆之前进行。

六、选择机床、刀具及附件

根据轴类零件加工的特点，该任务应选用外圆磨床、砂轮以及游标卡尺、千分表、量具等装备完成定位阶梯轴外圆表面的磨削加工。

七、加工工艺路线

综合上述分析，定位阶梯轴的工艺路线如下：

下料→车两端面，钻中心孔→粗车各外圆→调质→修研中心孔→半精车各外圆→倒角、车螺纹→清角去锐边→检验→修研中心孔→精车圆锥面→检验→磨 ϕ38mm、ϕ36mm 外圆→检验。

本任务为定位阶梯轴各外圆的粗磨、精磨加工，达到外圆的表面粗糙度要求。

八、加工尺寸和切削用量选择

磨削余量可取 0.5mm。磨削用量的选择，单件、小批量生产时，可根据加工情况由工人确定。一般可由《机械加工工艺手册》或《切削用量手册》中选取。

九、阶梯轴检测及评分标准

选用游标卡尺、千分尺等检测加工后零件的精度及表面质量。阶梯轴检测及评分标准见表 3-15。

表 3-15　阶梯轴检测及评分标准

序号	质检内容	配分	评分标准
1	外圆公差 5 处	3×5	超 0.01mm 扣 2 分，超 0.02mm 不得分
2	外圆 Ra1.6μm 2 处	10×2	降一级扣 2 分
3	长度公差 5 处	5×5	超差不得分
4	倒角 5 处	2×5	不合格不得分
5	清角去锐边	10	不合格不得分
6	工件外观	10	不完整扣分
7	安全文明操作	10	违章扣分

【磨工安全操作规范】

本规范适用范围为操作磨床及附属设备的人员。本岗位事故类别及危险有害因素：机械伤害（绞伤、挤压、碰撞、冲击等）、物体打击、起重伤害、触电、灼烫、火灾、其他伤害。作业要求除遵守机械类安全技术操作《通则》外，必须遵守本规范。

一、工作前

1. 熟悉和掌握操作设备的构造、性能、操作方法及工艺要求。设备操作前，确认防护装置是否完好。

2. 检查机床空运转，润滑各部位。

3. 检查各种工、夹、量、辅具，熟悉技术文件，使用砂轮、起重机要遵守安全操作规范。

4. 正确穿戴好劳保用品。防护服上衣领口、袖口、下摆应扣扎好。设备运转时，操作者不准戴手套：过肩长发必须罩在工作帽内。不准穿拖鞋、凉鞋、高跟鞋或其他不符合安全要求的服装。上岗前严禁喝酒。

二、工作中

1. 装卸工件时，要把砂轮升到安全位置后，方能进行。

2. 磨削前，把工件放到磁盘上，使其垫放平稳。通电后，检查工件被吸牢后才能进行磨削。

3. 一次磨多个工件时，工件要靠紧、垫平稳，并置于砂轮磨削范围之内，以防加工件倾斜飞出或挤碎砂轮。

4. 进给时，不允许将砂轮突然过猛接触工件，要留有空隙，缓慢进给。

5. 自动往复的平面磨床，根据工件的磨削长度调整好限位挡铁，并把挡铁螺栓拧紧。

6. 清理磨下的碎屑时，要用专用清理工具。

7. 磨削前，应将防护挡板挡好。

8. 磨削过程中，禁止用手摸拭工件的磨削面。

9. 不得将超过工艺文件规定的大料放入磨床，发现大料时要立即停机取出，以防止发生事故。

10. 更换砂轮时，应遵守磨工安全操作规范。

11. 砂轮正面不许站人，操作者要站在砂轮的侧面。

12. 砂轮转速不可超限。进给前要依据工艺文件的规定，选择合理的吃刀量，要缓慢进给，不准撞击砂轮，以防砂轮破裂飞出。

13. 装卸工件时，砂轮要退到安全位置，以防磨手。

14. 砂轮未退离工件时，不得停止砂轮转动。

15. 用金刚石修砂轮时，要用固定架将金刚石衔住，不得用手夹持着金刚石修研。

16. 吸尘器必须保持完好有效，并充分利用。

三、工作后

1. 工作结束时，开关、手柄放在空挡位置上，切断电源。

2. 擦净机床、放好工具、清扫场地，做好作业现场的清洁工作。

3. 逐项填写设备使用卡。

四、应急措施

1. 发生伤害事故时，立即按下急停开关或关闭电源，采用正确方式抢救伤员，并及时如实报告单位领导，保护现场。

2. 发生火灾时，立即采取有效方式抢救伤员，及时报警（电话 119）和报告单位领导。尽可能切断电源。

3. 发生触电事故时，立即拉闸断电或用绝缘物件挑开触电者身上的电线、电器，并采取措施防止触电者再受伤。呼叫救护车（呼叫电话 120）的同时，按照触电急救措施进行正确的现场救护，并及时、如实报告单位领导。保护事故现场。

4. 发现设备故障时，立即停止作业、关闭电源。在问题排除后，方可进行操作。

5. 作业人员应时刻注意工作现场及周围情况，发现有危及生命的异常情况时，立即撤离危险区域。

【外圆磨削加工工作单】

计划单

<table>
<tr><td>学习情境三</td><td>外圆及平面零件磨削加工</td><td>任务 1</td><td colspan="2">外圆磨削加工</td></tr>
<tr><td>工作方式</td><td colspan="2">组内讨论、团结协作共同制订计划：小组成员进行工作讨论，确定工作步骤</td><td>计划学时</td><td>1学时</td></tr>
<tr><td>完成人</td><td>1.
4.</td><td>2.
5.</td><td colspan="2">3.
6.</td></tr>
<tr><td colspan="5">计划依据：1. 定位阶梯轴零件图；2. 外圆磨削加工要求</td></tr>
<tr><td>序号</td><td>计划步骤</td><td colspan="3">具体工作内容描述</td></tr>
<tr><td>1</td><td>准备工作（准备图样、材料、机床、工具、量具，谁去做?）</td><td colspan="3"></td></tr>
<tr><td>2</td><td>组织分工（成立组织，人员具体都完成什么?）</td><td colspan="3"></td></tr>
<tr><td>3</td><td>制订加工工艺方案（先粗加工什么，再半精加工什么，最后精加工什么?）</td><td colspan="3"></td></tr>
<tr><td>4</td><td>零件加工过程（加工准备什么，安装车刀、装夹零件、零件粗加工和精加工、零件检测?）</td><td colspan="3"></td></tr>
<tr><td>5</td><td>整理资料（谁负责？整理什么?）</td><td colspan="3"></td></tr>
<tr><td>制订计划说明</td><td colspan="4">（写出制订计划中人员为完成任务的主要建议或可以借鉴的建议、需要解释的某一方面）</td></tr>
</table>

决策单

<table>
<tr><td>学习情境三</td><td colspan="2">外圆及平面零件磨削加工</td><td>任务 1</td><td colspan="2">外圆磨削加工</td></tr>
<tr><td colspan="3">决策学时</td><td colspan="3">0.5 学时</td></tr>
<tr><td colspan="6">决策目的：外圆磨削加工方案对比分析，比较加工质量、加工时间、加工成本等</td></tr>
<tr><td rowspan="13">工艺方案对比</td><td>小组成员</td><td>方案的可行性
（加工质量）</td><td>加工的合理性
（加工时间）</td><td>加工的经济性
（加工成本）</td><td>综合评价</td></tr>
<tr><td>1</td><td></td><td></td><td></td><td></td></tr>
<tr><td>2</td><td></td><td></td><td></td><td></td></tr>
<tr><td>3</td><td></td><td></td><td></td><td></td></tr>
<tr><td>4</td><td></td><td></td><td></td><td></td></tr>
<tr><td>5</td><td></td><td></td><td></td><td></td></tr>
<tr><td>6</td><td></td><td></td><td></td><td></td></tr>
<tr><td></td><td></td><td></td><td></td><td></td></tr>
<tr><td></td><td></td><td></td><td></td><td></td></tr>
<tr><td></td><td></td><td></td><td></td><td></td></tr>
<tr><td></td><td></td><td></td><td></td><td></td></tr>
<tr><td></td><td></td><td></td><td></td><td></td></tr>
<tr><td></td><td></td><td></td><td></td><td></td></tr>
<tr><td>决策评价</td><td colspan="5">结果：（根据组内成员加工方案对比分析，对自己的工艺方案进行修改并说明修改原因，最后确定一个最佳方案）</td></tr>
</table>

检查单

学习情境三		外圆及平面零件磨削加工	任务 1		外圆磨削加工		
		评价学时	课内 0.5 学时		第　　组		
检查目的及方式		教师全过程监控小组的工作情况，如检查等级为不合格，小组需要整改，并拿出整改说明					
序号	检查项目	检查标准	检查结果分级 （在检查相应的分级框内划“√”）				
			优秀	良好	中等	合格	不合格
1	准备工作	查找资源、材料准备完整					
2	分工情况	安排合理、全面，分工明确					
3	工作态度	小组成员工作积极主动、全员参与					
4	纪律出勤	按时完成负责的工作内容、遵守工作纪律					
5	团队合作	相互协作、互相帮助、成员听从指挥					
6	创新意识	任务完成不照搬照抄，看问题具有独到见解，创新思维					
7	完成效率	工作单记录完整，并按照计划完成任务					
8	完成质量	工作单填写准确，评价单结果达标					
检查评语						教师签字：	

任务评价
小组产品加工评价单

<table>
<tr><td>学习情境三</td><td colspan="7">外圆及平面零件磨削加工</td></tr>
<tr><td>任务 1</td><td colspan="7">外圆磨削加工</td></tr>
<tr><td>评价类别</td><td>评价项目</td><td colspan="2">子项目</td><td>个人评价</td><td>组内互评</td><td colspan="2">教师评价</td></tr>
<tr><td rowspan="17">专业知识
与技能</td><td rowspan="3">加工准备（15%）</td><td colspan="2">零件图分析（5%）</td><td></td><td></td><td colspan="2"></td></tr>
<tr><td colspan="2">设备及刀具准备（5%）</td><td></td><td></td><td colspan="2"></td></tr>
<tr><td colspan="2">加工方法的选择以及
切削用量的确定（5%）</td><td></td><td></td><td colspan="2"></td></tr>
<tr><td rowspan="5">任务实施（30%）</td><td colspan="2">工作步骤执行（5%）</td><td></td><td></td><td colspan="2"></td></tr>
<tr><td colspan="2">功能实现（5%）</td><td></td><td></td><td colspan="2"></td></tr>
<tr><td colspan="2">质量管理（5%）</td><td></td><td></td><td colspan="2"></td></tr>
<tr><td colspan="2">安全保护（10%）</td><td></td><td></td><td colspan="2"></td></tr>
<tr><td colspan="2">环境保护（5%）</td><td></td><td></td><td colspan="2"></td></tr>
<tr><td rowspan="3">工件检测（30%）</td><td colspan="2">产品尺寸精度（15%）</td><td></td><td></td><td colspan="2"></td></tr>
<tr><td colspan="2">产品表面质量（10%）</td><td></td><td></td><td colspan="2"></td></tr>
<tr><td colspan="2">工件外观（5%）</td><td></td><td></td><td colspan="2"></td></tr>
<tr><td rowspan="3">工作过程（15%）</td><td colspan="2">使用工具规范性（5%）</td><td></td><td></td><td colspan="2"></td></tr>
<tr><td colspan="2">操作过程规范性（5%）</td><td></td><td></td><td colspan="2"></td></tr>
<tr><td colspan="2">工艺路线正确性（5%）</td><td></td><td></td><td colspan="2"></td></tr>
<tr><td>工作效率（5%）</td><td colspan="2">能够在要求的时间内完成（5%）</td><td></td><td></td><td colspan="2"></td></tr>
<tr><td>作业（5%）</td><td colspan="2">作业质量（5%）</td><td></td><td></td><td colspan="2"></td></tr>
<tr><td>评价评语</td><td colspan="7"></td></tr>
<tr><td>班级</td><td></td><td>组别</td><td></td><td>学号</td><td></td><td>总评</td><td></td></tr>
<tr><td>教师签字</td><td colspan="2"></td><td>组长签字</td><td></td><td>日期</td><td colspan="2"></td></tr>
</table>

小组成员素质评价单

学习情境三	外圆及平面零件磨削加工		任务 1	外圆磨削加工			
班级		第　组	成员姓名				
评分说明	每个小组成员评价分为自评和小组其他成员评价两部分，取平均值计算，作为该小组成员的任务评价个人分数。评价项目共设计 5 个，依据评分标准给予合理量化打分。小组成员自评分后，要找小组其他成员以不记名方式打分						
评分项目	评分标准	自评分	成员 1 评分	成员 2 评分	成员 3 评分	成员 4 评分	成员 5 评分
核心价值观（20 分）	是否体现社会主义核心价值观的思想及行动						
工作态度（20 分）	是否按时完成负责的工作内容、遵守纪律，是否积极主动参与小组工作，是否全过程参与，是否吃苦耐劳，是否具有工匠精神						
交流沟通（20 分）	是否能清晰地表达自己的观点，是否能倾听他人的观点						
团队合作（20 分）	是否与小组成员合作完成任务，做到相互协作、互相帮助、听从指挥						
创新意识（20 分）	看问题是否能独立思考，提出独到见解，是否能够以创新思维解决遇到的问题						
最终小组成员得分							

课后反思

学习情境三		外圆及平面零件磨削加工	任务1	外圆磨削加工
班级		第　组	成员姓名	
情感反思		通过对本任务的学习和实训，你认为自己在社会主义核心价值观、职业素养、学习和工作态度等方面有哪些需要提高的部分？		
知识反思		通过对本任务的学习，你掌握了哪些知识点？请画出思维导图。		
技能反思		在完成本任务的学习和实训过程中，你主要掌握了哪些技能？		
方法反思		在完成本任务的学习和实训过程中，你主要掌握了哪些分析和解决问题的方法？		

【课后作业】

轴是机械加工中常见的典型零件之一，阶梯轴应用较广，其加工工艺能较全面地反映轴类零件的加工规律和共性。

根据图 3-22 所示说明阶梯轴的加工过程，并利用磨削等加工方法完成此零件的精加工。磨削时要保证外圆的尺寸精度及表面粗糙度要求。

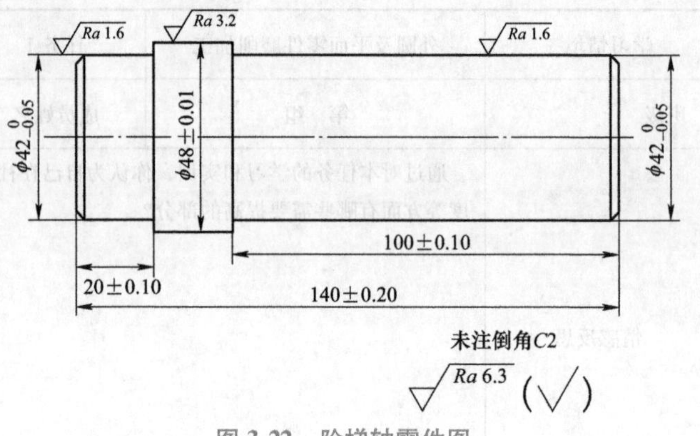

图 3-22　阶梯轴零件图

任务 2　平面磨削加工

【学习导图】

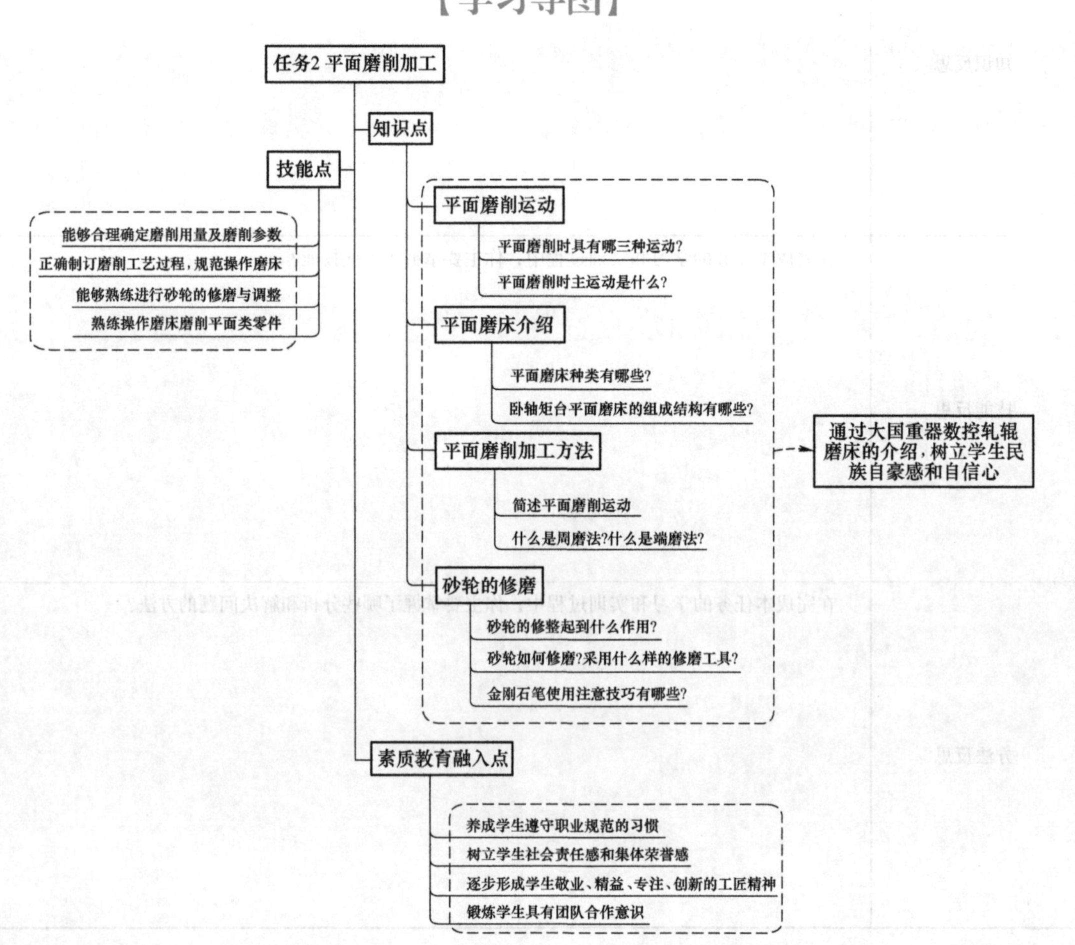

【任务工单】

<table>
<tr><td>学习情境三</td><td colspan="2">外圆及平面零件磨削加工</td><td>工作任务 2</td><td colspan="3">平面磨削加工</td></tr>
<tr><td colspan="3">任务学时</td><td colspan="4">4 学时（课外 4 学时）</td></tr>
<tr><td colspan="7">布置任务</td></tr>
<tr><td>工作目标</td><td colspan="6">1. 根据零件结构特点，合理选择加工机床及附件。
2. 根据零件结构特点，合理选择砂轮并能进行修磨与安装。
3. 根据加工要求，选择正确的加工方法。
4. 根据加工要求，制订合理加工路线并完成零件的加工。</td></tr>
<tr><td>任务描述</td><td colspan="6">独立完成图 3-23 所示的带有台阶面的平行块零件加工操作。工厂加工中要分析毛坯材料，了解加工中所涉及的加工表面，对零件进行简单工艺分析和加工。本任务为采用磨削加工方法完成此平行块零件上、下平面的加工，学会砂轮的修磨与安装，并能加工出合格产品，达到任务训练目的。 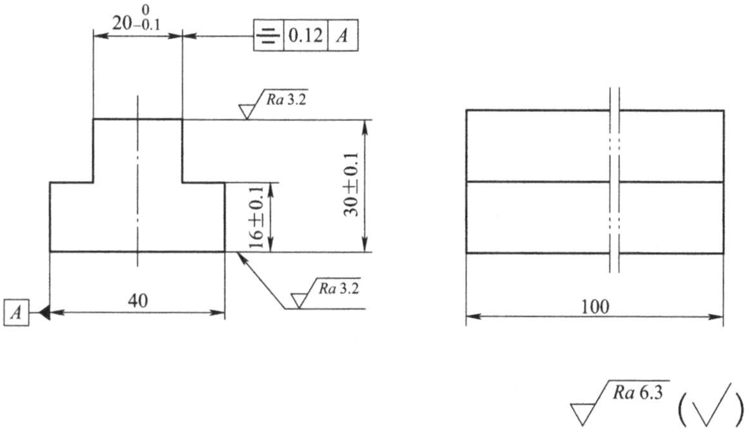
图 3-23　带有台阶面的平行块零件图</td></tr>
<tr><td rowspan="2">学时安排</td><td>资讯</td><td>计划</td><td>决策</td><td>实施</td><td>检查</td><td>评价</td></tr>
<tr><td>0. 5 学时</td><td>0. 5 学时</td><td>0. 5 学时</td><td>1. 5 学时</td><td>0. 5 学时</td><td>0. 5 学时</td></tr>
<tr><td>提供资源</td><td colspan="6">1. 带有台阶面的平行块零件图。
2. 课程标准、多媒体课件、教学演示视频及其他共享数字资源。
3. 机床及附件。
4. 游标卡尺、千分表等工具和量具。</td></tr>
<tr><td>对学生学习及成果的要求</td><td colspan="6">1. 对零件图能够正确识读和表述。
2. 合理选择加工机床及附件。
3. 合理选择砂轮并能进行修磨与安装。
4. 加工表面质量和精度合格的零件。
5. 学生均能按照学习导图自主学习，并完成自学自测和课后作业。
6. 严格遵守课堂纪律，学习态度认真、端正，能够正确评价自己和同学在本任务中的素质表现。
7. 学生必须积极参与小组工作，承担零件图识读、零件磨削加工设备选用、加工操作等工作，做到积极主动不推诿，能够与小组成员合作完成工作任务。
8. 学生均需独立或在小组同学的帮助下完成任务工作单、加工工艺文件、加工视频及动画等，并提请检查、签认，对提出的建议或错误之处务必及时修改。
9. 每组必须完成任务工单，并提请教师进行小组评价，小组成员分享小组评价分数或等级。
10. 学生均完成任务反思，以小组为单位提交。</td></tr>
</table>

【课前自学】

一、平面磨削运动

平面磨削运动如图 3-24 所示，一般在平面磨削时应具有下列三种运动。

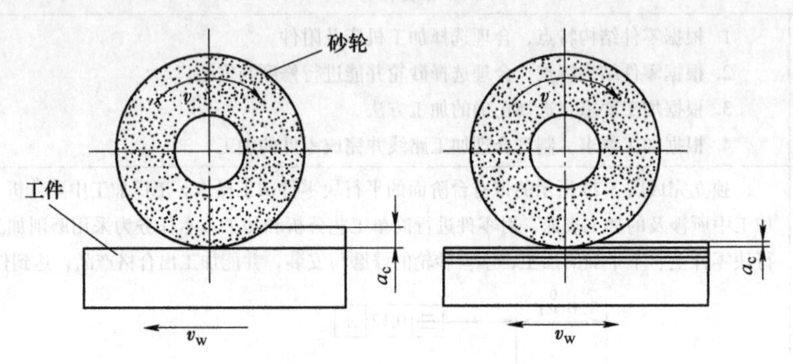

图 3-24　平面磨削运动

1. 主运动

磨削时主运动是砂轮的旋转运动，或称磨削速度，用 v 表示，单位为 m/s。如磨削外圆、平面、内圆的主运动都是砂轮旋转。

2. 进给运动

（1）工件圆周进给运动　是指工件相对砂轮的旋转运动（内、外圆磨削时）或工作台的直线运动（平面磨削时），用 v_w 表示，单位为 m/s。如磨削外圆的圆周进给运动是工件旋转。

（2）工件轴向进给运动　是指工件每转或工作台每行程工件相对砂轮的轴向移动量，用 f_a 表示，单位为 mm/r 或 mm/行程。

3. 切入运动

切入运动是砂轮切入工件的运动，用 f_r 表示，单位为 mm/行程。如磨削外圆的砂轮横向移动和磨削平面的砂轮垂直移动。

学 习 小 结

二、平面磨床介绍

平面磨床是指磨削工件平面或成型表面的一类磨床。主要类型有卧轴矩台、立轴圆台、卧轴圆台、立轴矩台和各种专用平面磨床。

1. 卧轴矩台平面磨床

图 3-25 所示为卧轴矩台平面磨床的外形。卧轴矩台平面磨床由床身、工作台、磨头、

滑座、立柱及砂轮修整器等部件组成。长方形工作台 2 装在床身 1 的导轨上，由液压驱动做往复运动，由挡块推动换向阀使工作台换向，也可用驱动工作台手轮操纵，以进行必要的调整。工作台上装有电磁吸盘或其他夹具，用来装夹工件。磨头 3 沿拖板的水平导轨可做横向进给运动，这可由液压驱动或由横向进给手轮操纵。拖板可沿立柱 5 的导轨垂直移动，以调整磨头的高低位置及完成垂直进给运动，这一运动也可通过转动垂直进给手轮来实现。砂轮由装在磨头壳体内的电动机直接驱动旋转，如图 3-25 所示。

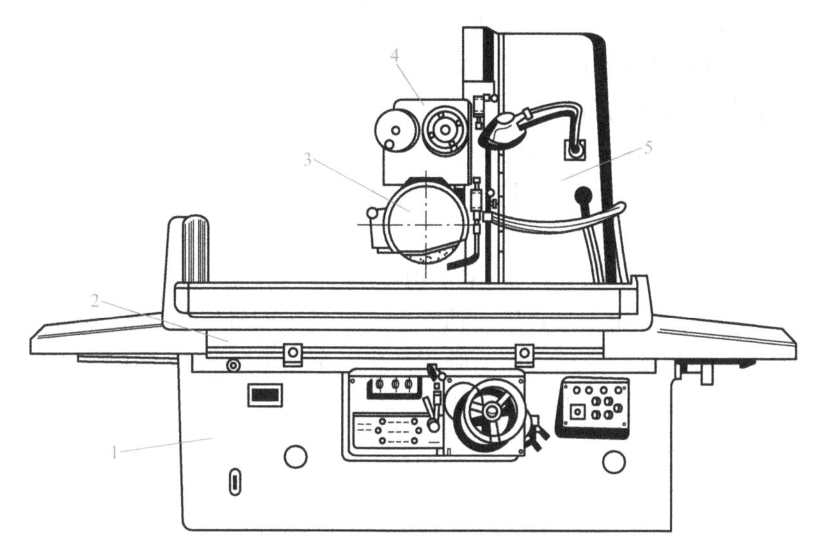

图 3-25 卧轴矩台平面磨床的外形

1—床身 2—长方形工作台 3—磨头 4—滑座 5—立柱

2. 立轴圆台平面磨床

图 3-26 所示为立轴圆台平面磨床的外形。立轴圆台平面磨床由床身、圆形工作台、砂轮架、立柱等部件组成。

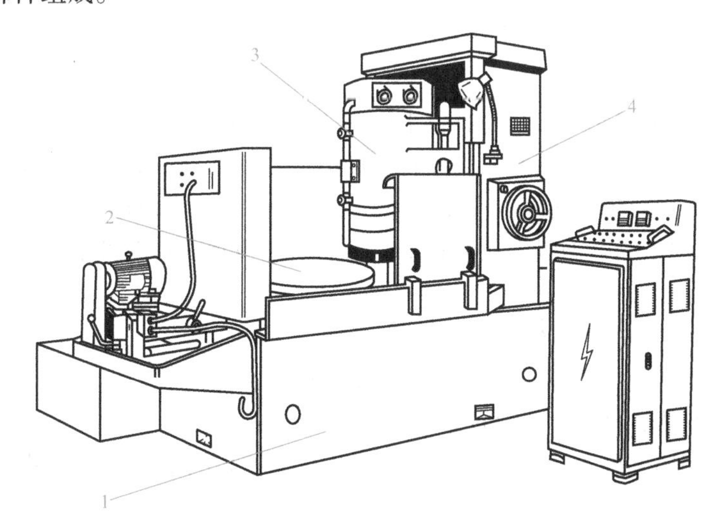

图 3-26 立轴圆台平面磨床的外形

1—床身 2—圆形工作台 3—砂轮架 4—立柱

圆形工作台装在床鞍上，它除了做旋转运动实现圆周进给外，还可以随同床鞍一起，沿床身导轨纵向快速退离或趋近砂轮，以便装卸工件。砂轮的垂直周期进给，通常由砂轮架沿立柱导轨移动来实现，但也有采用移动装在砂轮架体壳中的主轴套筒来实现的。砂轮架还可做垂直快速调位运动，以适应磨削不同高度工件的需要。以上这些运动，都由单独电动机经机械传动装置传动。这类磨床的砂轮主轴轴线位置，可根据加工要求进行微量调整，使砂轮端面和工作台台面平行或倾斜一个微小的角度。粗磨时，常采用较大的磨削用量以提高磨削效率，为避免发热量过大而使工件产生热变形和表面烧伤，需将砂轮端面倾斜一些，以减少砂轮与工件的接触面积。精磨时，为了保证磨削表面的平面度与平行度，需使砂轮端面与工作台台面平行或倾斜一极小的角度。

此外，磨削内凹或内凸的工作表面时，也需使砂轮端面在相应方向倾斜。砂轮主轴轴线位置可通过砂轮架相对立柱，或立柱相对床身底座偏斜一个角度来进行调整。

3. 卧轴圆台平面磨床

卧轴圆台平面磨床如图 3-27 所示，主要用于磨削环形零件、阀片、锯片、铣刀等以及精密零件的加工，可广泛应用于工具厂、轴承厂、空气压缩机厂和一般机械制造厂等进行精密零件的磨削加工。卧轴圆台平面磨床是卧式磨床、圆形电磁吸盘工作台、采用砂轮周边进行磨削的一种高效率、精密稳定的加工机床。

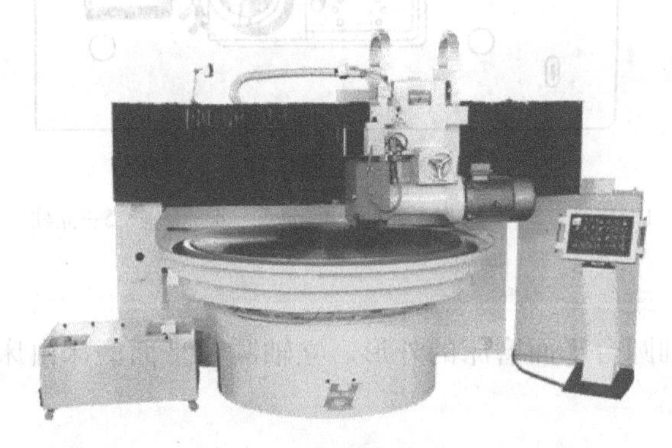

图 3-27　卧轴圆台平面磨床

卧轴圆台平面磨床工作形式主要有：工作台 ϕ(400~1000)mm 总体布局形式，采用工作台在移动拖板上旋转运动，拖板在床身导轨上做纵向往复移动，磨头沿立柱垂直移动进给的布局形式；工作台 ϕ(1250~2300)mm 总体布局形式，采用工作台在床身圆导轨上固定旋转、双立柱横梁、拖板在横梁上做纵向往复移动、磨头沿拖板垂直移动进给的布局形式。

主要特点为

1）工作台面可调整达到±3°。

2）磨削中凹或中凸，实现有内外锥面要求的工件磨削。

3）结构稳重紧凑，精度高，性能可靠。

4）采用砂轮周边磨削，工件上、下两平面可获得较高的平行度、尺寸精度和工件表面质量。

5）工作台切入变速。

6）液压棘轮机构，实现机动和手动进给。

学习小结

三、平面磨削加工方法

对于精度要求高的平面以及淬火零件的平面加工，需要采用平面磨削方法。平面磨削主要在平面磨床上进行。平面磨削时，对于形状简单的铁磁性材料工件，采用电磁吸盘装夹工件，操作简单方便，能同时装夹多个工件，而且能保证定位面与加工面的平行度要求。对于形状复杂或非铁磁性材料的工件，可采用精密平口钳或专用夹具装夹，然后用电磁吸盘或真空吸盘吸牢。根据砂轮工作面的不同，平面磨削分为周磨和端磨两类。

1. 周磨

周磨是用砂轮的圆周表面磨削工件的。磨削时，砂轮和工件接触面积小，排屑及冷却条件好，工件发热量少，因此工件不易变形，砂轮磨损均匀，能得到较高的加工精度和表面质量，特别适合加工易翘曲变形的薄片零件。但磨削效率低，适用于精磨，如图 3-28a、b 所示。

2. 端磨

端磨是以砂轮端面磨削工件的。磨削时，砂轮轴伸出较短，而且主要受轴向力，所以刚性较好，能采用较大的磨削用量。但砂轮和工件接触面积大，金属材料磨去较快，因而磨削效率高，但是磨削热大，切削液又不易注入磨削区，容易发生工件被烧伤现象；另外端磨时不易排屑，因此加工质量较周磨低，适用于粗磨，如图 3-28c、d 所示。

学习小结

四、砂轮的修磨

砂轮（包括普通砂轮和超硬磨粒砂轮）在使用过程中会由于磨耗变形或钝化等原因而失效。砂轮虽有一定的自砺性，例如粗磨时砂轮的磨削表面就是靠自砺更新的，但在一般条件下不可能完全自砺，因此磨损后必须及时修整，以获得良好的表面形貌，保证其磨削性能。

砂轮的修整应起到两个作用：一是去除外层已钝化的磨粒或去除已被磨屑堵塞了的一层磨粒，使新的磨粒显露出来；二是使砂轮修整后具有足够数量的有效切削刃，从而提高已加

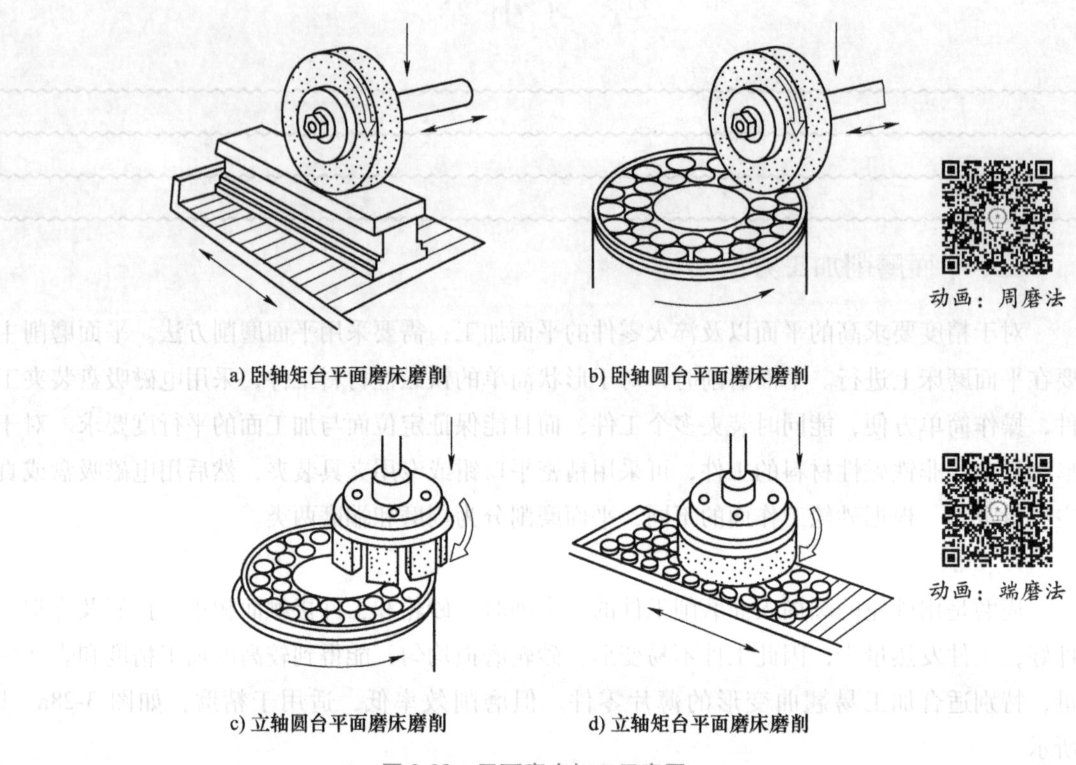

a) 卧轴矩台平面磨床磨削　b) 卧轴圆台平面磨床磨削

c) 立轴圆台平面磨床磨削　d) 立轴矩台平面磨床磨削

图 3-28　平面磨床加工示意图

工表面质量。第一个作用容易达到，因为只要修整掉适量的砂轮表面即可。第二个作用则不易达到，往往随修整工具、修整用量和砂轮特性不同而异，主要方法是控制砂轮的修整条件。常用的修整工具有单颗粒金刚石、碳化硅修整轮、电镀人造金刚石滚轮等。金刚石修整笔通常是修整砂轮的最佳工具。金刚石修整笔如图 3-29 所示。

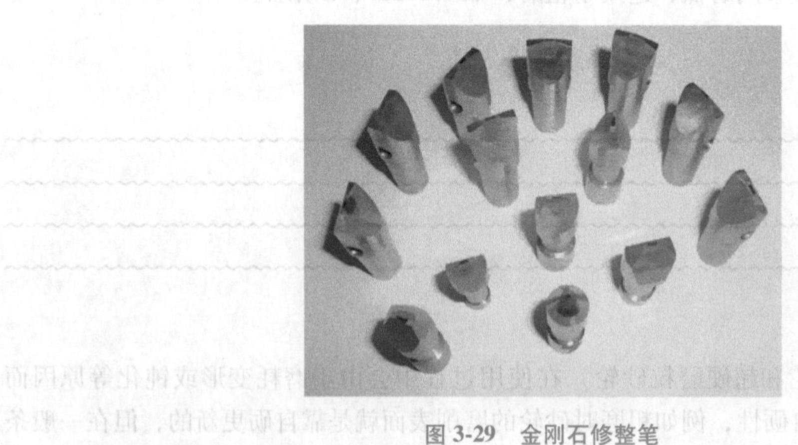

图 3-29　金刚石修整笔

1. 金刚石修复工具使用技巧

金刚石修复工具使用技巧如下。

1）在使用新的修整器之前，应将砂轮从上次修整的进给中退出。许多质脆的金刚石修整工具，在开始与砂轮的接触中，很容易被损坏。

2）以倾斜10°~15°的角度安装金刚石修整工具头，使其指向砂轮的旋转方向。

3）牢固地安装好修整器或夹紧修整工具，不得将工具头悬垂太长。

4）在可能的情况下，尽量使用切削液。在整个修整时间里，用切削液浇注修整工具与砂轮接触处。

5）在修整开始时，应从砂轮的最高点修起，通常为砂轮的中部。

6）注意进行轻微量的修除。修除的深度要控制好。

7）按有关手册选择合适的横向移动速度。横向移动速度越慢（在允许范围），砂轮获得的表面粗糙度越低。

8）必须在规定的时间间隔内对砂轮进行修整，以防止砂轮变钝，使磨削力增大。

9）在规定的时间间隔内，将刀夹中的修整工具，旋转1/8圈，以保证修整工具始终处于锐利状态。

10）当金刚石修整器或工具头变钝或明显地变平时，应及时地调整与更换。

11）根据砂轮的直径大小，合理选择金刚石的CARAT量（纯金刚石含量），砂轮直径越大，选择的金刚石CARAT值应越大。

2. 使用中需要注意的问题

1）在放置金刚石修整工具头到夹座时，注意不要撞击到砂轮表面。

2）不能将单点的金刚石修整工具头垂直地对准砂轮中心，一般需倾斜10°~15°。

3）不能对发热的修整工具进行“淬火”（指突然变冷）。在干式修整时，必须保持两次修整的间隔时间，以使发热的修整工具能充分冷却。

4）不能假定砂轮表面具有理想的平整度。在开始修整时，找出砂轮的最高点位置，进行修整。

5）如果可能的话，每次砂轮的修除量，在砂轮的半径上不能超过0.0254mm（0.001in）。过大的修除量会引起金刚石修整工具头的过早磨耗和破碎。

6）每次砂轮修除的余量也不能太小。在旧的或刚性差的机床上使用的砂轮可以不进行修整。

7）注意修整过程中不能在一个位置上停留太长的时间。这样将会使砂轮表面抛光，产生高温和损坏金刚石修整工具。每天应至少转动修整工具一次。

8）不能继续使用磨损或损伤了的修整工具。应及时对其进行调整或替换。

9）不能在粗修整时选择过大修除量和太快的横向进给速度，然后在精修整时再选择小的修除量和缓慢的横向进给速度。这样将会很快地损坏金刚石修整工具。如果可能的话，建议粗修整和精修整时，选择同样的横向进给速度。

学习小结

【自学自测】

学习领域	金属切削加工		
学习情境三	外圆及平面零件磨削加工	任务 2	平面磨削加工
作业方式	小组分析、个人解答，现场批阅，集体评判		
1	平面磨床种类有哪些？		
解答：			
2	砂轮如何修磨？采用什么样的修磨工具？		
解答：			
3	如何进行斜面磨削加工？		
解答：			
4	金刚石修整笔使用时应注意哪些技巧？		
解答：			
评价：			

班级		组别		组长签字	
学号		姓名		教师签字	
教师评分		日期			

【任务实施】

本任务如图 3-23 所示，要求独立完成带有台阶面的平行块零件加工操作，只需按照加工要求完成上、下平面的磨削加工（阶梯面、平面的铣削加工详见学习情境二中的任务 1），并填写任务评价表单。

一、零件图与分析

图 3-23 所示带有台阶面的平行块零件，主要由台阶面、平面组成。根据工作性能与条件，该平行块图样规定了台阶面和上、下平面有较高的尺寸精度和较小的表面粗糙度值。这些技术要求必须在加工中给予保证。

二、确定毛坯

该平行块零件是用来装夹其他工件的，故选 Q235 钢即可满足其要求。

工件毛坯确定为长方体，尺寸为 45mm×35mm×105mm。

三、确定主要表面的加工方法

该平行块的其他表面已在学习情境二中的任务 1 台阶面铣削加工中完成。上、下平面在本任务中采用磨削方法加工。

由于上、下平面表面粗糙度 Ra 值（$Ra=3.2\mu m$）较小，需要进行磨削加工，故可确定加工方法为：粗铣→半精铣→精铣→磨削。本任务为上、下平面的磨削加工。

四、划分加工阶段

对精度要求较高的零件，其粗、精加工应分开，以保证零件的质量。

平行块零件六面加工划分为四个阶段：粗铣（粗铣平行块六个面、台阶面），半精铣（半精铣六个面、台阶面），精铣（粗、精铣台阶面），磨削（上、下平面），其中，精铣和磨削属于精加工阶段。

五、选择机床、刀具及附件

根据平面零件加工的特点，该任务应选用外圆磨床、砂轮以及游标卡尺、千分表、量具等装备完成平行块上、下表面的磨削加工。

六、加工工艺路线

综合上述分析，平行块加工的工艺路线如下：

装夹和找正工件→对刀、粗铣底面→粗铣相邻侧平面→粗铣其他各表面→去毛刺→预检→半精铣底面→半精铣相邻侧平面→半精铣其他表面→去毛刺→检验→粗铣右侧台阶面→精铣右侧台阶面→粗铣左侧台阶面→精铣左侧台阶面→去毛刺→检验→磨削底平面→磨削上平面→检验，各尺寸和精度达到图样要求。

本任务为上、下表面的磨削加工。

七、加工尺寸和切削用量选择

磨削用量的选择，单件、小批量生产时，可根据加工情况由工人确定。一般可由《机械加工工艺手册》中选取。

八、磨床操作注意事项

1）工作前按工件磨削长度，手动调整换向挡铁位置，并加以紧固。

2）机床没有纵向移动的自动和手动的互锁机构，而用液压自动往复运动时，必须将手柄拔出。

3）工作中经常检查夹具、工件的紧固，以及砂轮的平衡紧固和传动带的松紧。砂轮磨钝应立即修整。

4）修整砂轮时，金刚石修复工具固定在专用托架上，操作时严禁撞击，并应戴好防护眼镜。

5）砂轮没有脱离工件时，不准停机。

6）调整、修理、润滑、擦拭机床时应停机进行。

九、检测及评分标准

选用游标卡尺、量具等检测加工后零件的精度及表面质量。零件检测及评分标准见表3-16。

表 3-16　零件检测及评分标准

序号	操作及质检内容	配分	评分标准
1	总长（100±0.3）mm	5	超0.1mm扣2分，超0.2mm不得分
2	总宽（40±0.3）mm	5	超0.1mm扣2分，超0.2mm不得分
3	总高（30±0.1）mm	20	超差不得分
4	上表面 $Ra3.2\mu m$	20	降一级扣2分
5	下表面 $Ra3.2\mu m$	20	降一级扣2分
6	去毛刺	10	不工整不得分
7	工件外观	10	不工整扣分
8	安全文明操作	10	违章扣分

【大国重器】

党的二十大报告中强调：“深入实施科教兴国战略、人才强国战略、创新驱动发展战略，开辟发展新领域新赛道，不断塑造发展新动能新优势。”自主研发创新才是科技发展第一动力。

上海机床厂有限公司承担并研发制造的国家科技重大专项课题之一，当今世界最大的数控轧辊磨床，最大磨削直径为2500mm，有效磨削工件长度为15m，最大磨削工件重量250t，并配以具有自主知识产权的软件系统，机床整体处于国际先进水平，尤其是最大顶磨工件等参数已经达到了国际领先水平，填补了国内在超重型精密数控轧辊磨床方面的空白。它解决了国内宽厚板材支承辊制造能力不足的问题，同时可以实现大规格汽轮机低压转子的磨削等其他功能。它标志着我国超重型精密数控轧辊磨床的研发制造步入了世界先进行列，也为类似机床替代进口，并使之国产化与产业化奠定了重要基础。

【平面磨削加工工作单】
计划单

<table>
<tr><td>学习情境三</td><td colspan="2">外圆及平面零件磨削加工</td><td>任务 2</td><td>平面磨削加工</td></tr>
<tr><td>工作方式</td><td colspan="2">组内讨论、团结协作共同制订计划：小组成员进行工作讨论，确定工作步骤</td><td>计划学时</td><td>0.5 学时</td></tr>
<tr><td>完成人</td><td colspan="4">1. 2. 3.
4. 5. 6.</td></tr>
<tr><td colspan="5">计划依据：1. 车床主轴箱零件图；2. 平面、斜面加工要求</td></tr>
<tr><td>序号</td><td>计划步骤</td><td colspan="3">具体工作内容描述</td></tr>
<tr><td>1</td><td>准备工作（准备图样、材料、机床、工具、量具，谁去做?）</td><td colspan="3"></td></tr>
<tr><td>2</td><td>组织分工（成立组织，人员具体都完成什么?）</td><td colspan="3"></td></tr>
<tr><td>3</td><td>制订加工工艺方案（先粗加工什么，再半精加工什么，最后精加工什么?）</td><td colspan="3"></td></tr>
<tr><td>4</td><td>零件加工过程（加工准备什么，安装车刀、装夹零件、零件粗加工和精加工、零件检测?）</td><td colspan="3"></td></tr>
<tr><td>5</td><td>整理资料（谁负责？整理什么?）</td><td colspan="3"></td></tr>
<tr><td>制订计划说明</td><td colspan="4">（写出制订计划中人员为完成任务的主要建议或可以借鉴的建议、需要解释的某一方面）</td></tr>
</table>

决策单

学习情境三	外圆及平面零件磨削加工		任务2	平面磨削加工	
决策学时			0.5学时		
决策目的：平面磨削加工方案对比分析，比较加工质量、加工时间、加工成本等					
工艺方案对比	小组成员	方案的可行性（加工质量）	加工的合理性（加工时间）	加工的经济性（加工成本）	综合评价
	1				
	2				
	3				
	4				
	5				
	6				
决策评价	结果：（根据组内成员加工方案对比分析，对自己的工艺方案进行修改并说明修改原因，最后确定一个最佳方案）				

检查单

<table>
<tr><td colspan="2">学习情境三</td><td>外圆及平面零件磨削加工</td><td>任务 2</td><td colspan="4">平面磨削加工</td></tr>
<tr><td colspan="3">评价学时</td><td>课内
0.5 学时</td><td colspan="4">第　　组</td></tr>
<tr><td colspan="2">检查目的及方式</td><td colspan="6">教师全过程监控小组的工作情况，如检查等级为不合格，小组需要整改，并拿出整改说明</td></tr>
<tr><td rowspan="2">序号</td><td rowspan="2">检查项目</td><td rowspan="2">检查标准</td><td colspan="5">检查结果分级
（在检查相应的分级框内划“√”）</td></tr>
<tr><td>优秀</td><td>良好</td><td>中等</td><td>合格</td><td>不合格</td></tr>
<tr><td>1</td><td>准备工作</td><td>查找资源、材料准备完整</td><td></td><td></td><td></td><td></td><td></td></tr>
<tr><td>2</td><td>分工情况</td><td>安排合理、全面，分工明确</td><td></td><td></td><td></td><td></td><td></td></tr>
<tr><td>3</td><td>工作态度</td><td>小组成员工作积极主动、全员参与</td><td></td><td></td><td></td><td></td><td></td></tr>
<tr><td>4</td><td>纪律出勤</td><td>按时完成负责的工作内容、遵守工作纪律</td><td></td><td></td><td></td><td></td><td></td></tr>
<tr><td>5</td><td>团队合作</td><td>相互协作、互相帮助、成员听从指挥</td><td></td><td></td><td></td><td></td><td></td></tr>
<tr><td>6</td><td>创新意识</td><td>任务完成不照搬照抄，看问题具有独到见解，创新思维</td><td></td><td></td><td></td><td></td><td></td></tr>
<tr><td>7</td><td>完成效率</td><td>工作单记录完整，并按照计划完成任务</td><td></td><td></td><td></td><td></td><td></td></tr>
<tr><td>8</td><td>完成质量</td><td>工作单填写准确，评价单结果达标</td><td></td><td></td><td></td><td></td><td></td></tr>
<tr><td>检查
评语</td><td colspan="5"></td><td colspan="2">教师签字：</td></tr>
</table>

任务评价

小组产品加工评价单

<table>
<tr><td colspan="2">学习情境三</td><td colspan="4">外圆及平面零件磨削加工</td></tr>
<tr><td colspan="2">任务 2</td><td colspan="4">平面磨削加工</td></tr>
<tr><td>评价类别</td><td>评价项目</td><td>子项目</td><td>个人评价</td><td>组内互评</td><td>教师评价</td></tr>
<tr><td rowspan="16">专业知识与技能</td><td rowspan="3">加工准备（15%）</td><td>零件图分析（5%）</td><td></td><td></td><td></td></tr>
<tr><td>设备及刀具准备（5%）</td><td></td><td></td><td></td></tr>
<tr><td>加工方法的选择以及切削用量的确定（5%）</td><td></td><td></td><td></td></tr>
<tr><td rowspan="5">任务实施（30%）</td><td>工作步骤执行（5%）</td><td></td><td></td><td></td></tr>
<tr><td>功能实现（5%）</td><td></td><td></td><td></td></tr>
<tr><td>质量管理（5%）</td><td></td><td></td><td></td></tr>
<tr><td>安全保护（10%）</td><td></td><td></td><td></td></tr>
<tr><td>环境保护（5%）</td><td></td><td></td><td></td></tr>
<tr><td rowspan="3">工件检测（30%）</td><td>产品尺寸精度（15%）</td><td></td><td></td><td></td></tr>
<tr><td>产品表面质量（10%）</td><td></td><td></td><td></td></tr>
<tr><td>工件外观（5%）</td><td></td><td></td><td></td></tr>
<tr><td rowspan="3">工作过程（15%）</td><td>使用工具规范性（5%）</td><td></td><td></td><td></td></tr>
<tr><td>操作过程规范性（5%）</td><td></td><td></td><td></td></tr>
<tr><td>工艺路线正确性（5%）</td><td></td><td></td><td></td></tr>
<tr><td>工作效率（5%）</td><td>能够在要求的时间内完成（5%）</td><td></td><td></td><td></td></tr>
<tr><td>作业（5%）</td><td>作业质量（5%）</td><td></td><td></td><td></td></tr>
<tr><td>评价评语</td><td colspan="5"></td></tr>
</table>

<table>
<tr><td>班级</td><td></td><td>组别</td><td></td><td>学号</td><td></td><td>总评</td><td></td></tr>
<tr><td>教师签字</td><td></td><td>组长签字</td><td></td><td>日期</td><td></td></tr>
</table>

小组成员素质评价单

<table>
<tr><td colspan="2">学习情境三</td><td>外圆及平面零件磨削加工</td><td colspan="2">任务 2</td><td colspan="3">平面磨削加工</td></tr>
<tr><td>班级</td><td></td><td>第　组</td><td colspan="2">成员姓名</td><td colspan="3"></td></tr>
<tr><td colspan="2">评分说明</td><td colspan="6">每个小组成员评价分为自评和小组其他成员评价两部分，取平均值计算，作为该小组成员的任务评价个人分数。评价项目共设计 5 个，依据评分标准给予合理量化打分。小组成员自评分后，要找小组其他成员以不记名方式打分</td></tr>
<tr><td>评分项目</td><td>评分标准</td><td>自评分</td><td>成员 1 评分</td><td>成员 2 评分</td><td>成员 3 评分</td><td>成员 4 评分</td><td>成员 5 评分</td></tr>
<tr><td>核心价值观（20 分）</td><td>是否体现社会主义核心价值观的思想及行动</td><td></td><td></td><td></td><td></td><td></td><td></td></tr>
<tr><td>工作态度（20 分）</td><td>是否按时完成负责的工作内容、遵守纪律，是否积极主动参与小组工作，是否全过程参与，是否吃苦耐劳，是否具有工匠精神</td><td></td><td></td><td></td><td></td><td></td><td></td></tr>
<tr><td>交流沟通（20 分）</td><td>是否能清晰地表达自己的观点，是否能倾听他人的观点</td><td></td><td></td><td></td><td></td><td></td><td></td></tr>
<tr><td>团队合作（20 分）</td><td>是否与小组成员合作完成任务，做到相互协作、互相帮助、听从指挥</td><td></td><td></td><td></td><td></td><td></td><td></td></tr>
<tr><td>创新意识（20 分）</td><td>看问题是否能独立思考，提出独到见解，是否能够以创新思维解决遇到的问题</td><td></td><td></td><td></td><td></td><td></td><td></td></tr>
<tr><td>最终小组成员得分</td><td colspan="7"></td></tr>
</table>

课后反思

学习情境三	外圆及平面零件磨削加工	任务2	平面磨削加工
班级	第　组	成员姓名	
情感反思	通过对本任务的学习和实训，你认为自己在社会主义核心价值观、职业素养、学习和工作态度等方面有哪些需要提高的部分？		
知识反思	通过对本任务的学习，你掌握了哪些知识点？请画出思维导图。		
技能反思	在完成本任务的学习和实训过程中，你主要掌握了哪些技能？		
方法反思	在完成本任务的学习和实训过程中，你主要掌握了哪些分析和解决问题的方法？		

【课后作业】

机械零件除了带有圆柱、圆锥表面外，还有若干平面组成，如零件底平面、零件上相互平行、垂直或成一定角度的平面。这些平面所要求达到的技术要求主要是平面的平面度、平面之间的平行度、垂直度等，还有平面的表面粗糙度要求。平面磨削就是在平面磨床上对这些平面进行加工，使其达到技术要求。

根据图 3-30 所示，独立制订挡板左、右平面的磨削加工工艺路线，并利用磨床完成磨削部分加工任务。

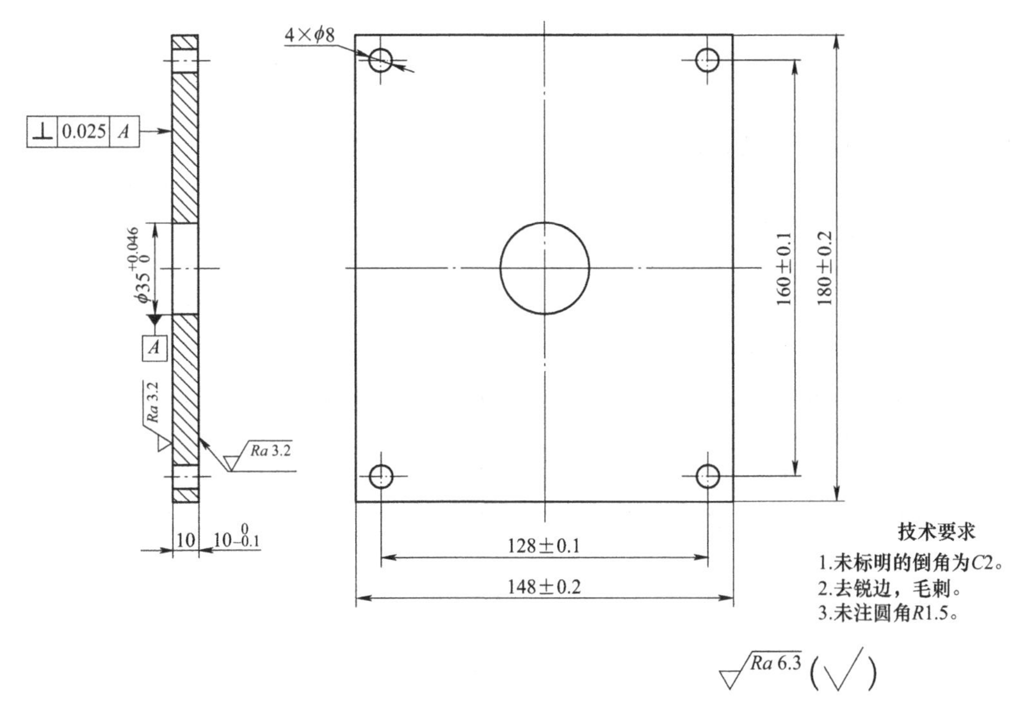

图 3-30 挡板零件图

【课后思考与练习】

一、单选题（只有一个正确答案）

1. 砂轮是由磨粒、(　　)、气孔三部分组成。

　A. 结合剂　　B. 矿石　　C. 金刚石　　D. 磨石

2. 外圆磨削的主运动为（　　）。

　A. 工件的圆周进给运动　　B. 砂轮的高速旋转运动

　C. 砂轮的横向运动　　D. 工件的纵向运动

3. (　　) 磨料主要用于磨削高硬度、高韧性的难加工钢材。

　A. 棕刚玉　　B. 立方氮化硼　　C. 金刚石　　D. 碳化硅

4. 在卧轴矩台平面磨床上磨削长而宽的平面时，一般采用（　　）磨削法。

　A. 纵向　　B. 深度　　C. 阶梯　　D. 横向

5. 磨削过程中，开始时磨粒压向工件表面，使工件产生（　　）变形，为第一阶段。

A. 滑移　　B. 塑性　　C. 弹性　　D. 挤裂

6. 刃磨高速钢刀具最常用的是（　　）砂轮。

A. 白色氧化铝　　B. 绿碳化硅　　C. 金刚石　　D. 立方氮化硼

7. 在磨削过程中，当磨削力达到工件的强度极限时，被磨削层材料产生（　　）变形，即进入第三阶段，最后被切离。

A. 滑移　　B. 塑性　　C. 挤裂　　D. 弹性

8. 磨削软金属和有色金属材料时，为防止磨削时产生堵塞现象，应选择（　　）的砂轮。

A. 粗粒度、较低硬度　　B. 细粒度、较高硬度

C. 粗粒度、较高硬度　　D. 细粒度、较低硬度

9. 磨具硬度的选择主要根据（　　）、磨削方式、磨削状况决定。

A. 机床类型　　B. 工件结构　　C. 工件图样　　D. 材料性质

10. 不准使用没有防护罩的砂轮机，使用砂轮机时，应戴好防护眼镜，人应站在砂轮的（　　），用力不可过大。

A. 正面　　B. 侧面　　C. 背面　　D. 以上都可以

11. 下列（　　）刀具材料的常温硬度最高。

A. 氧化铝基陶瓷　　B. 氮化硅基陶瓷

C. 人造金刚石　　D. 立方氮化硼

12. 砂轮上磨粒受磨削力作用后，自砂轮表层脱落的难易程度称为砂轮的（　　）。

A. 粒度　　B. 硬度　　C. 组织　　D. 强度

二、填空题

1. 外圆磨削时，工件的旋转运动为（　　）运动。
2. 第Ⅰ变形区的本质特征是（　　　　）变形。
3. 砂轮（　　），表示磨粒难以脱落。
4. YG类硬质合金牌号中数字越大，则其强度越（　　），硬度越（　　）。
5. 立方氮化硼的硬度比硬质合金（　　）。
6. 刀具磨损三个阶段中，（　　）阶段的切削时间最长。
7. 磨削用量四要素是磨削速度、径向进给量、轴向进给量和（　　　　）。
8. 磨削三个分力中，（　　）力数值最大。
9. 磨削表面质量包括：磨削表面粗糙度、（　　）、表层残余应力和磨削裂纹。
10. 为降低磨削表面粗糙度，应采用粒度号（　　）的砂轮。
11. 磨削常用于淬硬钢等坚硬材料的（　　）加工。
12. 磨削高速钢钻头，常选用磨料为（　　）的砂轮。

三、简答题

1. 外圆磨床包括哪些种类？
2. M1432A万能外圆磨床的组成有哪些？
3. 砂轮的种类有哪些？
4. 什么是砂轮的硬度？如何进行选择？

5. 什么是纵向磨削法？什么是切入磨削法？
6. 磨削加工中，磨床润滑的目的是什么？润滑的基本要求有哪些？
7. 简述平面磨削运动。
8. 什么是周磨？什么是端磨？
9. 砂轮的修整应起到什么作用？
10. 为了改善端面磨削法加工质量，通常采取哪些措施？

学习情境四

刨削、钻削及齿轮加工

【学习指南】

【情境导入】

某传动设备公司接到一项加工齿轮的生产任务。齿轮是机械传动中的一个重要组成部分，它起着传递动力和运动的作用。齿轮加工包含齿坯加工和齿形加工，齿坯加工类似于套类零件的加工，主要保证齿顶外圆与孔的同轴度、齿顶外圆对轴线的跳动等；齿形加工要采用专用的齿轮加工机床，正确选用加工方法和加工方案、合理设计加工工艺过程是非常重要的。

轴承在装配和拆卸中会遇到困难，特别在箱体内部轴承的装配受到条件限制，应用轴承套可以解决装配和拆卸的难题。由轴承套零件图对轴承套进行工艺分析，根据轴承套的技术要求选择毛坯，确定其加工路线、方案，选择刀具，并完成工艺卡片，完成钻削部分的加工。

【学习目标】

知识目标：

1. 准确阐述齿轮加工的常用加工方法。
2. 完整概括孔加工与不规则内孔加工的常用方法。
3. 理解刨削、插削加工方法。

能力目标：

1. 能够对滚齿机与插齿机床完成加工操作。
2. 能够合理选用钻头并刃磨，实现简单的钻床操作。
3. 能够对刨削进行合理的分类并选定刨刀对表面进行加工。

素养目标：

1. 提升学生的综合能力和职业素养。
2. 加强学生民族自豪感和荣誉感。
3. 树立学生精益求精的工匠精神。
4. 引导学生具有不断开拓创新的意识。

【工作任务】

任务 1　零件刨削、插削加工，参考学时：课内 8 学时（课外 8 学时）。
任务 2　轴承套钻削加工，参考学时：课内 6 学时（课外 6 学时）。
任务 3　齿轮加工，参考学时：课内 4 学时（课外 6 学时）。

任务 1　零件刨削、插削加工

【学习导图】

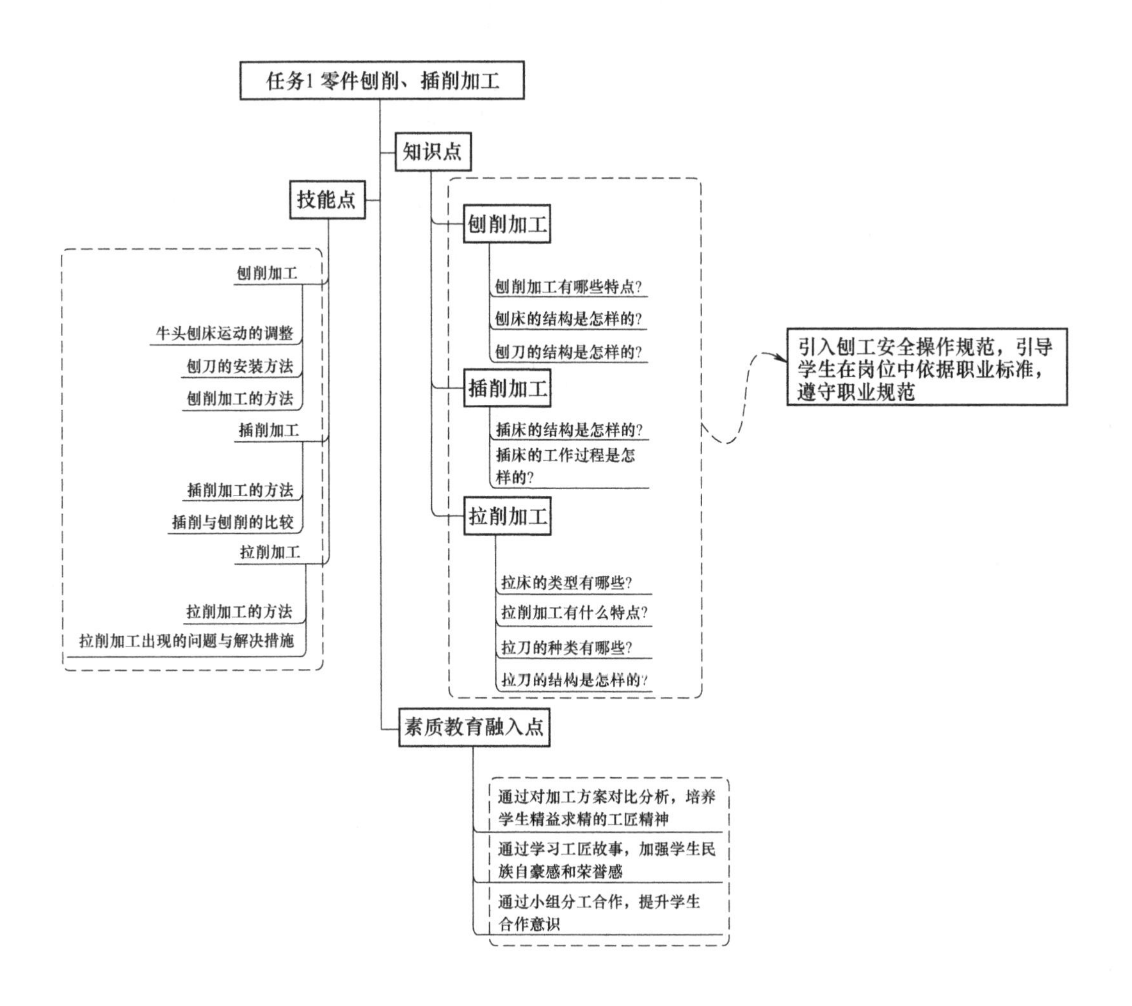

【任务工单】

<table>
<tr><td>学习情境四</td><td>刨削、钻削及齿轮加工</td><td>工作任务 1</td><td>零件刨削、插削加工</td></tr>
<tr><td colspan="2">任务学时</td><td colspan="2">8 学时（课外 8 学时）</td></tr>
<tr><td colspan="4">布置任务</td></tr>
<tr><td>工作目标</td><td colspan="3">1. 根据箱体底平面刨削加工特点，合理选择刀具、加工机床及附件。
2. 根据齿轮平键槽结构特点，合理选择刀具、加工机床及附件。
3. 根据加工要求，选择正确的加工方法。
4. 根据加工要求，制订合理加工路线并完成箱体底平面的刨削加工。
5. 根据加工要求，制订合理加工路线并完成齿轮平键槽的插削加工。</td></tr>
<tr><td>任务描述</td><td colspan="3">图 4-1a 中箱体底平面与图 4-1b 齿轮平键槽该是典型的通过刨削与插削来完成的零件。该零件要进行刀具的选择，掌握零件精度要求，了解加工中所涉及的刨床、插床操作，对零件进行简单工艺分析，学习刨床与插床的区别，并能独立加工出合格产品，从而达到本课程的学习目标。
Ra 3.2　A—A　80±0.1　12　3　Ra 6.3　A　A　A　A
a) 箱体
Ra 3.2　10±0.018　Ra 6.3　35.3 +0.2 0　φ32 +0.025 0　26 0 −0.130
b) 齿轮
图 4-1　箱体与齿轮零件图</td></tr>
</table>

（续）

学时安排	资讯 1学时	计划 0.5学时	决策 0.5学时	实施 5学时	检查 0.5学时	评价 0.5学时
提供资源	1. 箱体底平面与齿轮平键槽图样。 2. 课程标准、多媒体课件、教学演示视频及其他共享数字资源。 3. 机床及附件。 4. 游标卡尺等工具和量具。					
对学生学习及成果的要求	1. 对箱体底平面零件图与齿轮平键槽图能够正确识读和表述。 2. 合理选择加工机床及附件。 3. 加工出表面质量和精度合格的箱体底平面。 4. 加工出质量合格的齿轮平键槽。 5. 学生均能按照学习导图自主学习，并完成自学自测和课后作业。 6. 严格遵守课堂纪律，学习态度认真、端正，能够正确评价自己和同学在本任务中的素质表现。 7. 学生必须积极参与小组工作，承担零件图识读、零件切削加工设备选用、加工工艺路线制订等工作，做到积极主动不推诿，能够与小组成员合作完成工作任务。 8. 学生均需独立或在小组同学的帮助下完成任务工作单、加工工艺文件、加工视频及动画等，并提请检查、签认，对提出的建议或错误之处务必及时修改。 9. 每组必须完成任务工单，并提请教师进行小组评价，小组成员分享小组评价分数或等级。 10. 学生均完成任务反思，以小组为单位提交。					

【课前自学】

一、刨削的加工特点与应用

在刨床上使用刨刀对工件进行切削加工，称为刨削加工。

（一）刨削加工特点

1）刨削加工精度低。

2）只能采用中低速切削，当用中等切削速度刨削钢件时，易出现积屑瘤，影响表面质量。

3）刨削生产率低。

4）牛头刨床结构比铣床简单，刨刀的制造和刃磨较铣刀容易。

5）牛头刨床刨削，多用于单件小批生产和修配工作中；在中型和重型机械的生产中，龙门刨床使用较多。

（二）刨削加工的应用场合

刨削加工主要用于加工各种平面（如水平面、垂直面和斜面等）和沟槽（如T形槽、燕尾槽、V形槽等）。刨削加工范围不如铣削加工广泛，铣削的许多加工内容是刨削无法代替的，例如加工内凹平面、封闭型沟槽以及有分度要求的平面沟槽等。但对于V形槽、T形槽和燕尾槽的加工，铣削由于受尺寸的限制，一般适宜加工小型的工件，而刨削可以加工大型的工件。刨削加工的典型表面如图4-2所示（图中的切削运动是按牛头刨床加工时标注的）。刨削加工常见的机床有牛头刨床和龙门刨床。

（三）提高刨削效率的主要方法

刨削加工的主要缺点是有回程损失，因而在目前的生产车间，往往采用铣削代替刨削加

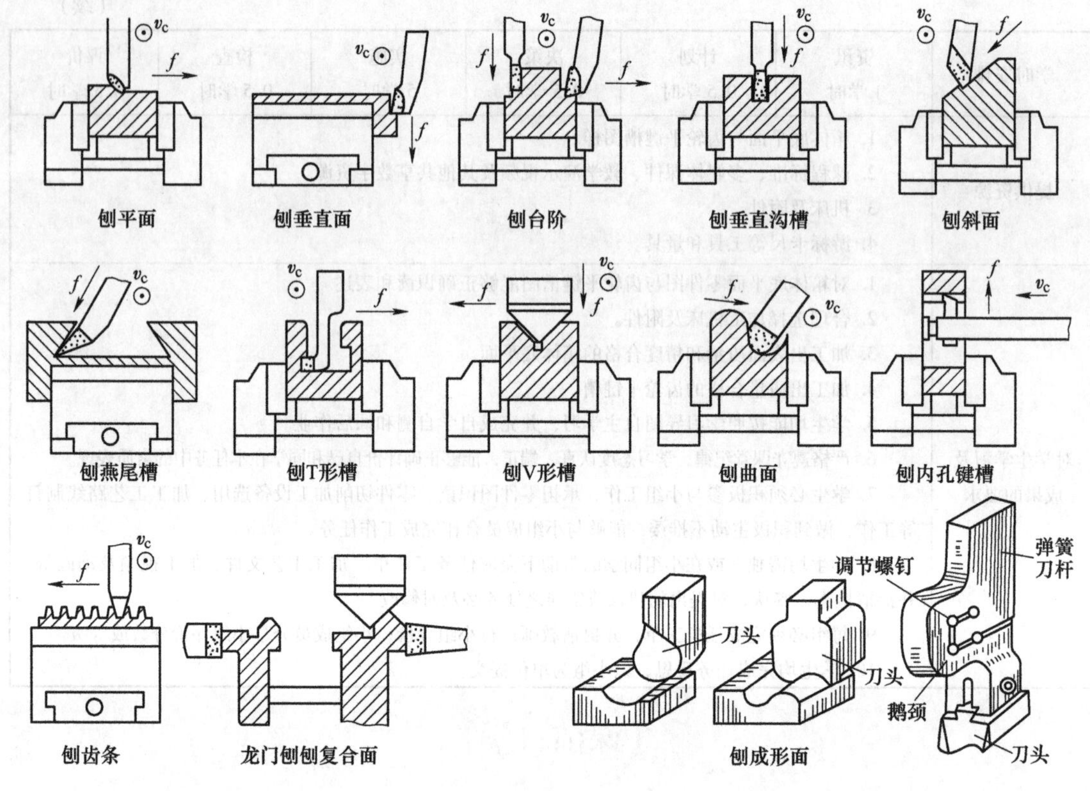

图 4-2　刨削加工的典型表面

工。针对刨削加工生产率较低的缺点，可对刨削方法进行如下改进。

1）正确选择刀具材料、切削部分的几何形状、切削角度和切削用量。

2）对于难切材料，可以采用一些特殊的刀具结构和切削方法，以提高刀具寿命和生产率。例如，对硬脆材料可采用滚切刨刀，对高锰钢可采用等离子加热刨削。

3）采用双行程切削，消除回程的空行程。

4）对于尺寸大、加工面小又分散的工件，可采用移动刨削加工。

5）采用多刃刨刀刀排和多刀架切削。

学习小结

二、牛头刨床

（一）牛头刨床结构

图 4-3 所示为牛头刨床结构示意图，主要由床身、横梁、工作台、滑枕、刀架等组成，因其滑枕和刀架形似“牛头”而得名。

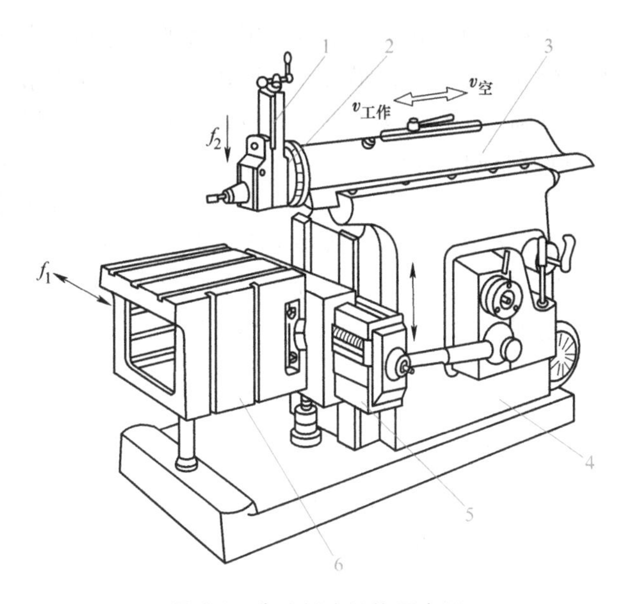

动画：牛头刨床

图 4-3　牛头刨床结构示意图

1—刀架　2—转盘　3—滑枕　4—床身　5—横梁　6—工作台

1. 床身

床身用以支承和连接刨床上各个部件。顶面的水平导轨用以支承滑枕做往复直线运动，前侧面的垂直导轨用于工作台的升降。床身的内部装有传动机构。

2. 刀架

如图 4-4 所示，刀架是用来夹持刨刀的，转动刀架的手柄，滑板即可沿转盘上的导轨带动刀架上下移动，松开转盘上的螺母，将转盘转过一定的角度，可使刀架斜向进给以刨削斜面。滑板上装有可偏转的刀座（又叫刀盒），可使抬刀板绕刀座的轴向上抬起，以便在返回行程时，刀夹内的刨刀上抬，减小刀具与工件间的摩擦。

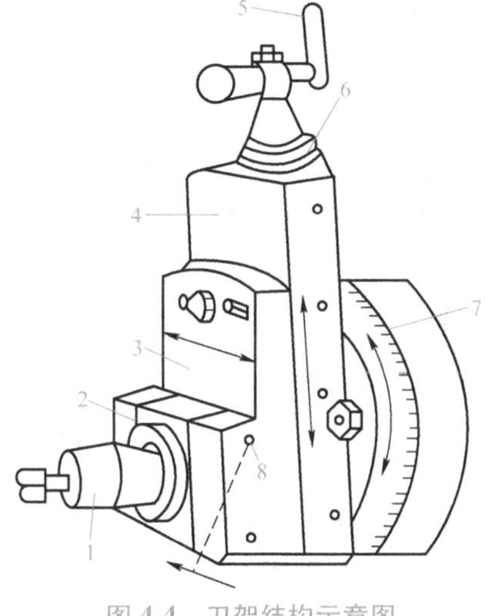

图 4-4　刀架结构示意图

1—刀架　2—抬刀板　3—刀座　4—滑板
5—手柄　6—刻度盘　7—转盘　8—销轴

3. 滑枕

其前端装有刀架，带动刨刀做往复直线运动。滑枕的这一运动是由床身内部的一套摆杆机构带动的。摆杆上端与滑枕内的螺母相连，下端与支架相连。偏心滑块与摆杆齿轮相连，嵌在摆杆的滑槽内，可沿滑槽运动。当摆杆齿轮由与其啮合的小齿轮带动旋转时，偏心滑块则带动摆杆绕支架中心左右摆动，从而带动滑枕做往复直线运动。

4. 工作台

工作台上开有多条 T 形槽以便安装工件和夹具，工作台可随横梁一起做上下调整，并可沿横梁做水平进给运动。

牛头刨床在工作时（如图 4-3 所示），装有刀架 1 的滑枕 3 由床身 4 内部的摆杆带动，沿床身顶部的导轨做直线往复运动，由刀具实现切削过程的主运动。夹具或工件则安装在工作台6上，加工时，工作台6带动工件沿横梁5上导轨做间歇横向进给运动。横梁5可沿床身的垂直导轨上下移动，以调整工件与刨刀的相对位置。刀架1还可以沿刀架座上的导轨上下移动（一般为手动），以调整刨削深度，以及在加工垂直平面和斜面时做进给运动。调整转盘2，可以使刀架左右回旋，以便加工斜面和斜槽。牛头刨床的刀具只在一个运动方向上进行切削，刀具在返回时不进行切削，空行程损失大，此外，滑枕在换向的瞬间，有较大的冲击惯性，因此主运动速度不能太高；加工时通常只能单刀加工，所以它的生产率比较低。牛头刨床的主参数是最大刨削长度。它适用于单件小批量生产，或机修车间用来加工中、小型工件的平面或沟槽。

（二）牛头刨床运动的调整

牛头刨床的调整主要包括以下内容。

（1）滑枕每分钟往复次数的调整　将变速手柄置于不同位置，即可改变变速箱中轴Ⅰ和轴Ⅲ上滑动齿轮的位置，可使滑枕获得往复行程在12.5~73/min之间6种不同的双行程数。

（2）滑枕起始位置的调整　先松开滑枕上的锁紧手柄，用方孔摇把转动滑枕上的调整方榫，通过滑枕内的锥齿轮使丝杠转动，带动滑枕向前或向后移动，改变起始位置，调好后，扳紧锁紧手柄即可。

（3）滑枕行程长度的调整　如图4-5所示，松开行程长度调整方榫上的螺母，转动方榫，通过一对锥齿轮相互啮合运动使丝杠转动，带动滑块向摆杆齿轮中心内外移动，使摆杆摆动角度减小或增大，以调整滑枕行程长度。

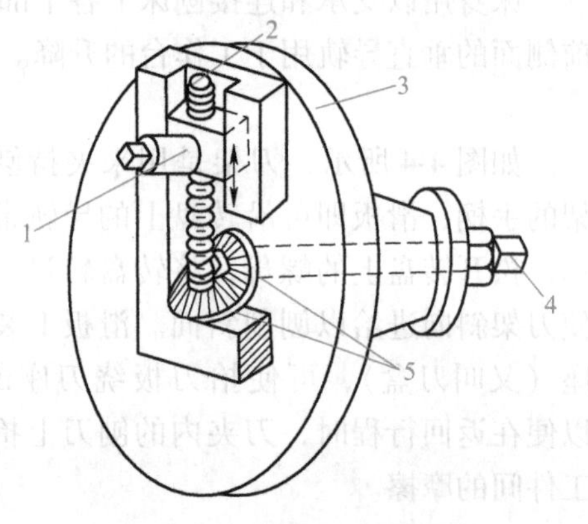

图4-5　滑枕行程长度的调整

1—滑块　2—丝杠　3—摆杆齿轮

4—行程长度调整方榫　5—锥齿轮

（4）横向进给量的调整　如图4-6a所示，齿轮1与摆杆齿轮连为一体。当摆杆齿轮旋转时，通过齿轮2带动连杆及棘轮摆动，通过棘爪拨动齿数为36的棘轮，并带动棘轮丝杠转动，从而使带有螺母的工作台获得水平方向的间歇运动。若丝杠螺距$P=12mm$，棘轮每拨动一个齿，工作台移动12mm/36=0.33mm。因此，调整棘爪每次拨动棘轮的齿数，就可调整横向进给量的大小。转动棘轮罩，即改变其缺口的位置（见图4-6b），就可盖住棘轮在角范围内的一定齿数。盖住的齿数越少，棘爪摆动一次拨动棘轮的齿数就越多，则工作台进给量就越大；同理，盖住的齿数越多，进给量就越小；全部盖住时，进给停止。棘爪可分别将棘轮拨过1~10个齿，从而使工作台获得0.33~3.3mm的横向进给量。

操作时，拉动离合器操纵手柄开动机床，顺时针转动进给量调整手柄，观察工作台手动处的刻度盘间歇转动的情况，直到每次往复行程间歇移动的刻度值为所需的进给量为止。顺时针转动时，进给量增大；反之，则减小。

（5）横向进给方向的调整　如将图4-6b中的棘爪用手提起转动180°，放回原来的棘轮齿槽中，则棘爪拨动棘轮的方向相反，进给运动方向也相反。

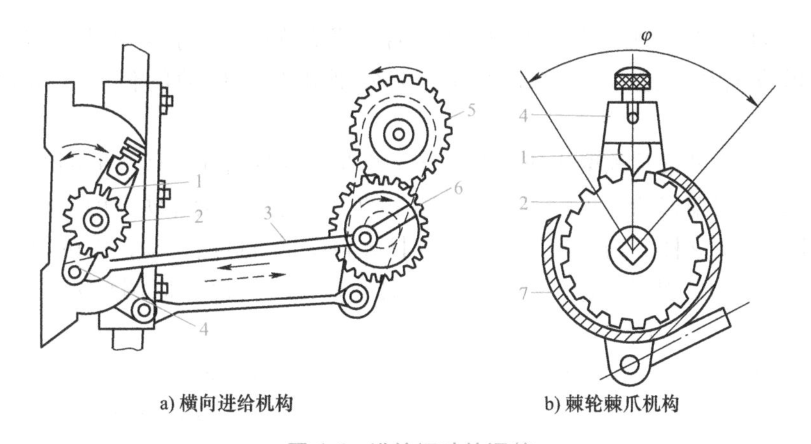

图 4-6　进给运动的调整

1—棘爪　2—棘轮　3—连杆　4—棘爪架　5—齿轮 1（z36）　6—齿轮 2（z36）　7—棘轮罩

学习小结

三、龙门刨床

龙门刨床用于加工大型或重型零件上的各种平面、沟槽和各种导轨面（如棱形、V 形导轨面），也可在工作台上一次装夹多个中小型零件进行多件加工。图 4-7 所示为龙门刨床的

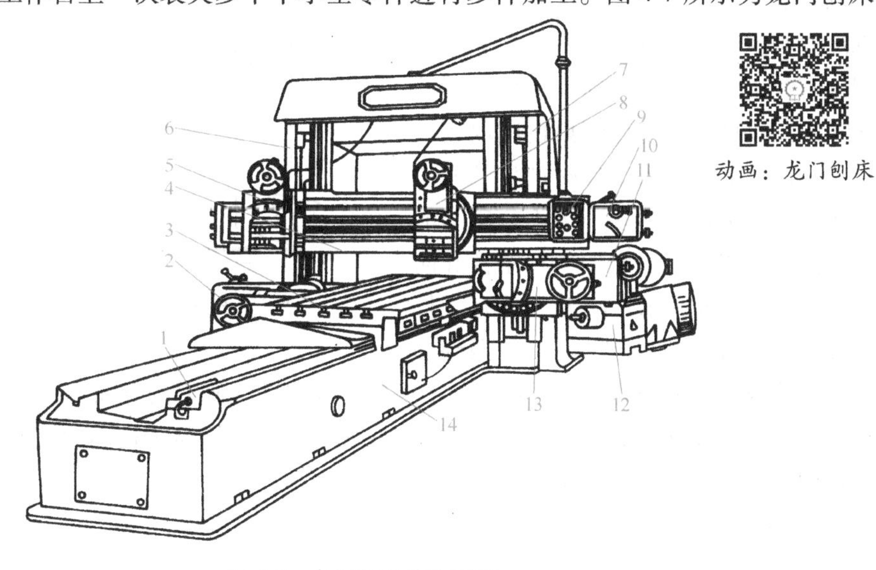

动画：龙门刨床

图 4-7　龙门刨床的外形图

1—液压安全器　2—左侧刀架进给箱　3—工作台　4—横梁　5—左垂直刀架　6—左立柱　7—右立柱　8—右垂直刀架　9—按钮盘　10—垂直刀架进给箱　11—右侧刀架进给箱　12—工作台变速箱　13—右侧刀架　14—床身

外形图，因它具有一个“龙门”式框架而得名。龙门刨床具有双立柱和横梁，工作台沿床身导轨做纵向往复运动，立柱和横梁上分别装有可移动的侧立架和垂直刀架的刨床。

由床身、立柱、横梁及顶梁组成龙门刨床的框架，保证机床有较高的刚度。工作台的往复运动为主运动，刀架移动为进给运动。横梁上的刀架可在横梁导轨上做横向进给运动，以刨削工件的水平面。立柱上的侧刀架，可沿立柱导轨做垂直进给运动，以刨削垂直面。刀架也可偏转一定角度，以刨削斜面。横梁可沿立柱导轨上下升降，以调整刀具和工件的相对位置。

与牛头刨床相比，龙门刨床具有形体大、动力大、结构复杂、刚性好、工作稳定、工作行程长、适应性强和加工精度高等特点。龙门刨床的主参数是最大刨削宽度。它主要用来加工大型零件的平 面，尤其是窄而长的平面，也可加工沟槽或在一次装夹中同时加工数个中、小型工件的平面。

学习小结

四、刨刀

1. 刨刀的结构

刨刀的结构与车刀相似，其几何角度的选取原则也与车刀基本相同。但因刨削过程中有冲击，所以刨刀的前角比车刀约小 5°~6°；而且刨刀的刃倾角也应取较大的负值，以使刨刀切入工件时产生的冲击力作用在离刀尖稍远的切削刃上。刨刀的刀杆截面比较粗大，以增加刀杆刚性和防止折断。如图 4-8 所示，刨刀刀杆有直杆和弯杆之分，直杆刨刀刨削时，如遇到加工余量不均或工件上的硬点时，切削力的突然增大将增加刨刀的弯曲变形，造成切削刃扎入已加工表面，会降低已加工表面的精度和表面质量，也容易损坏切削刃（见图 4-8a）。若采用弯杆刨刀，当切削力突然增大时，刀杆产生的弯曲变形会使刀尖离开工件，避免扎入工件（见图 4-8b）。

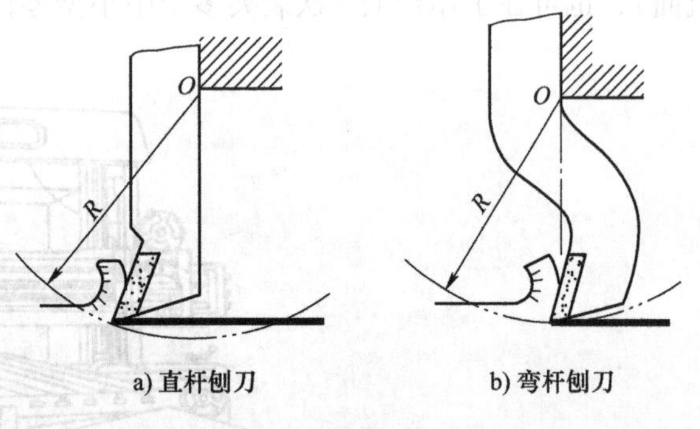

图 4-8　刨刀刀杆形状

2. 刨刀的安装

安装刨刀时，将转盘对准零线，以便准确控制吃刀量，如图 4-9 所示。刀架下端应与转盘底侧基本相对，以增加刀架的刚度。直刨刀的伸出长度一般为刀杆厚度的 1.5~2 倍，如图 4-10 所示。夹紧刨刀时应使刀尖离开工件表面，以防止碰坏刀具和工件表面。

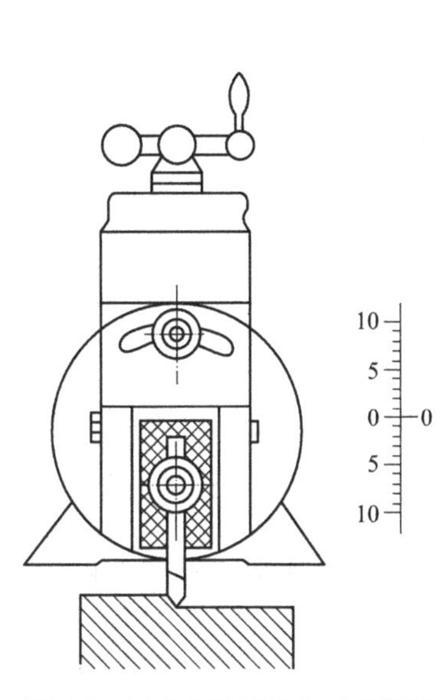

图 4-9 刨刀安装时转盘对准零线

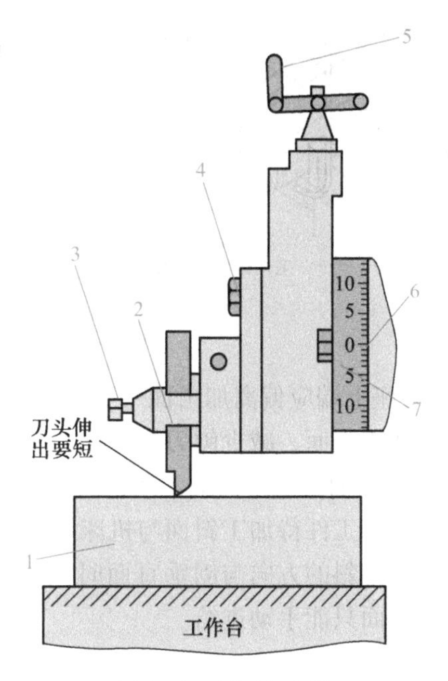

图 4-10 刨刀的安装

1—工件 2—刀夹

3、4—刀座螺钉 5—刀架进给手柄

6—转盘对准零线 7—转盘螺钉

3. 刨削加工

（1）刨平面

1）根据工件加工表面形状正确选择和装夹刨刀。一般粗刨时用平面刨刀，精刨时用圆头刨刀。

2）根据工件大小和形状确定工件装夹方法，并夹紧工件。

3）将工作台调整到使刨刀刀尖略高于工件待加工面的位置。

4）调整滑枕的行程长度、起始位置及往复次数。

5）转动工作台横向走刀手柄，将工作台移至刨刀下面。开动机床，摇动刀架手柄，使刨刀刀尖轻微接触工件表面。

6）转动工作台横向走刀手柄，使工件移至一侧离刀尖 3~5mm 处。

7）摇动刀架手柄，按选定的背吃刀量，使刨刀向下进刀。

8）转动棘轮罩和棘爪，调整好工作台的进给量和进给方向。

9）开动机床，刨削工件宽 1~1.5mm 时停机，用钢直尺或游标卡尺测量背吃刀量是否正确，确认无误后，开车将整个平面刨完。

（2）刨垂直面

1）装夹工件时，应用角尺或按划线校正，以保证加工面与工作台面垂直，并与刨削方向平行，此外，工件的待加工面应伸出工作台面或对准 T 形槽。

2）应使用偏刀，刀架转盘的刻线应准确对准零线，以便刨刀能沿垂直方向移动。如果刻线不准，可按图 4-11 所示的方法找正刀架垂直。

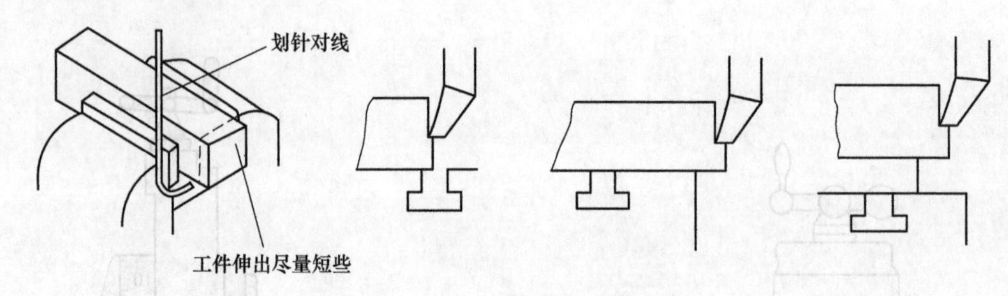

图 4-11 找正刀架垂直的方法示意图

3）刀座上端应偏离加工面一个合适的角度（一般 10°~15°），以便刨刀在返回行程抬刀时离开加工表面，减少刨刀与工件的摩擦，并避免划伤已加工表面，如图 4-12 所示。

（3）刨斜面 刨斜面最常用的方法是正夹斜刨，即通过倾斜刀架进行刨削，刀架的倾斜角度应等于工件待加工斜面与机床纵向垂直面的夹角，从而使滑板的手动进给方向与斜面平行。刀座倾斜的方向与刨垂直面时相同，如图 4-13 所示。其他和刨水平面相同，在牛头刨床上刨斜面只能手动进给。

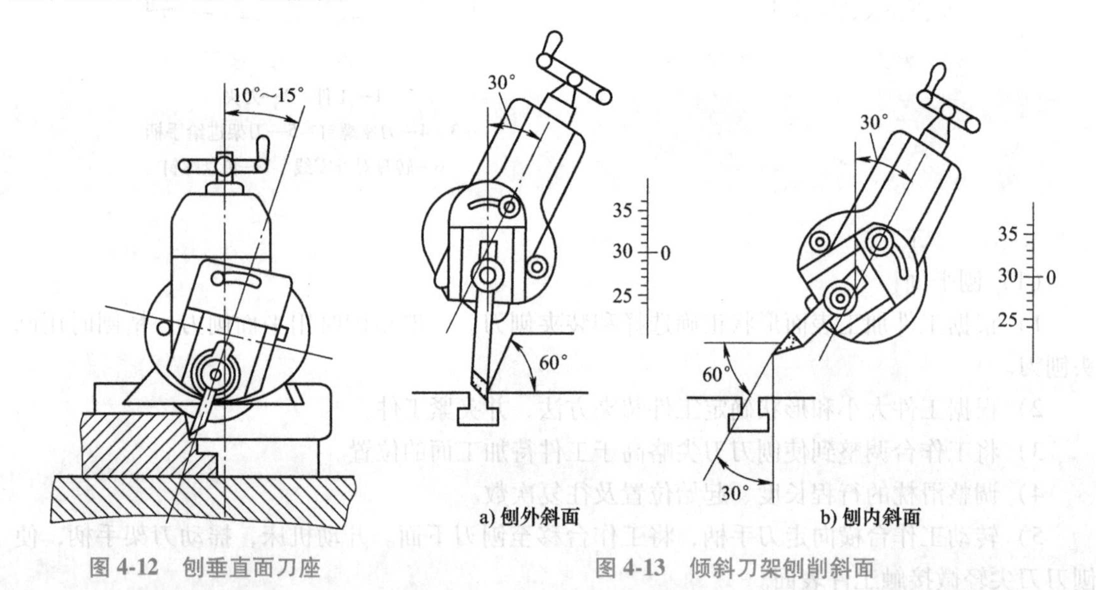

图 4-12 刨垂直面刀座偏离加工面的方向

图 4-13 倾斜刀架刨削斜面

（4）刨正六面体零件 正六面体零件要求相对两面互相平行，相邻两面互相垂直，其刨削顺序如图 4-14 所示。

1）以较为平整和较大的毛坯平面为粗基准，刨平面 1。

2）将平面 1 紧贴固定钳口，在活动钳口与工件中部之间垫一圆棒，然后夹紧，刨平面 2。

3）将平面 1 紧贴固定钳口，平面 2 紧贴钳底，刨平面 4。

4）将平面 1 朝下放在平行垫铁上，工件夹在两钳口之间。夹紧时，用手锤轻轻敲打，以使平面 1 与垫铁贴实，刨平面 3。

（5）刨 T 形槽 刨 T 形槽前，先划出加工线，如图 4-15 所示，然后按划线找正加工。刨削顺序如图 4-16 所示。

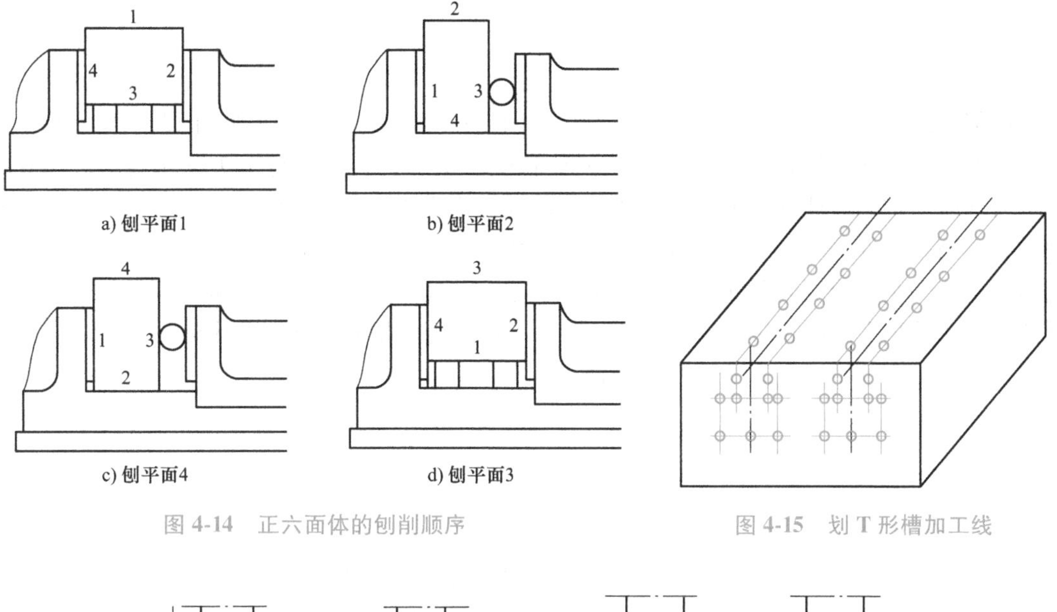

a) 刨平面1　b) 刨平面2　c) 刨平面4　d) 刨平面3

图 4-14　正六面体的刨削顺序

图 4-15　划 T 形槽加工线

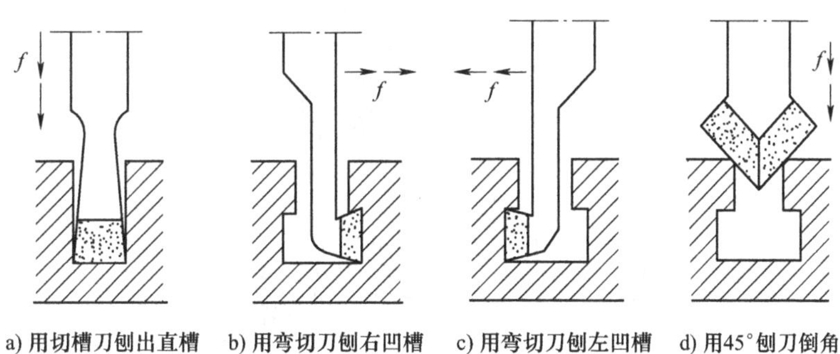

a) 用切槽刀刨出直槽　b) 用弯切刀刨右凹槽　c) 用弯切刀刨左凹槽　d) 用45°刨刀倒角

图 4-16　T 形槽刨削顺序

（6）刨燕尾槽　燕尾槽的燕尾部分是两个对称的内斜面。其刨削方法是刨直槽和刨内斜面的综合，但需要专门刨燕尾槽的左、右偏刀。刨燕尾槽的步骤如图 4-17 所示。

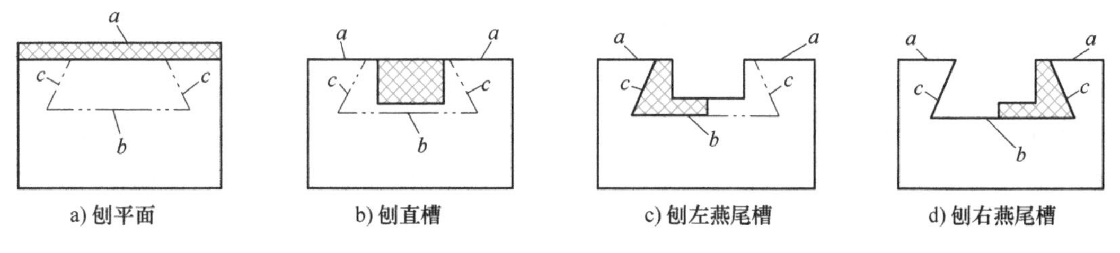

a) 刨平面　b) 刨直槽　c) 刨左燕尾槽　d) 刨右燕尾槽

图 4-17　刨燕尾槽的步骤

学 习 小 结

五、插削加工

1. 插床

插削和刨削的切削方式基本相同，只是插削是在竖直方向进行切削。因此，可以认为插床实质上就是立式刨床，是用来加工各种孔和槽的机床，其结构与牛头刨床类似。图 4-18 所示为插床结构图，插削加工时，滑枕 2 带动插刀沿垂直方向做直线往复运动，实现切削过程的主运动。工件安装在圆工作台 1 上，圆工作台可实现纵向、横向和圆周方向的间歇进给运动。此外，利用分度装置 5，圆工作台还可进行圆周分度。滑枕导轨座 3 和滑枕一起可以绕销轴 4 在垂直平面内相对立柱倾斜 0°~8°，以便插削斜槽和斜面。插床的生产率较低，主要用于单件、小批生产及修配生产的场合。

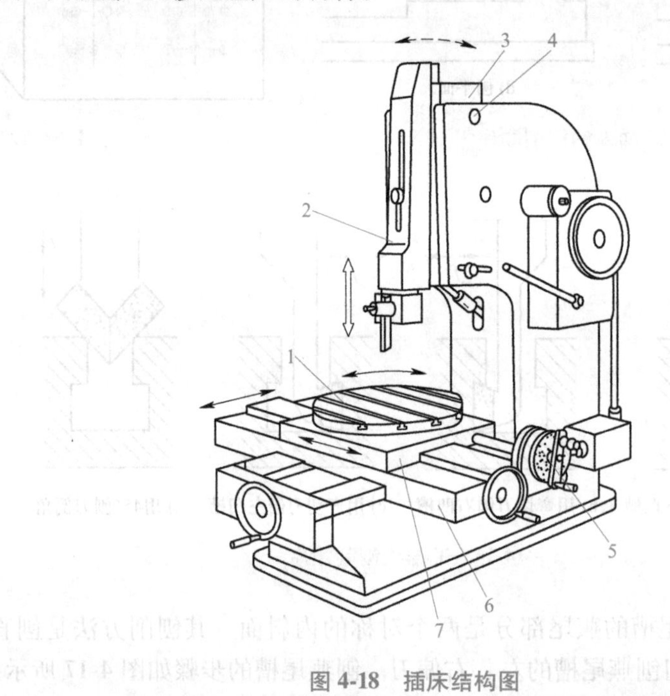

动画：插床

图 4-18　插床结构图

1—圆工作台　2—滑枕　3—滑枕导轨座　4—销轴　5—分度装置　6—床鞍　7—溜板

2. 插削加工方法

插削一般用于内表面如方孔、长方孔、各种多边形孔和孔内键槽的加工。由于插床工作台有圆周进给及分度机构，所以有些难以在刨床或其他机床上加工的工件，例如较大的内外齿轮、具有内外特殊形状表面的零件等，也可以在插床上加工。

插床上常用的装夹工具有自定心卡盘、单动卡盘和插床分度盘等。

与刨削相比，插削是自上而下进行的。插刀由工件上端切入，在加工内表面时，观察、测量都比较方便。而且，由于插床的滑枕可以在纵垂直面内倾斜（见图 4-19a），刀架可以在横垂直面内倾斜（见图 4-19b），所以能加工不同方向的斜面。这也是插削的优越之处。但因插刀受内表面尺寸制约，刚性较差，故加工效率和质量比刨削差。

图 4-20 所示为插削孔内键槽示意图。插削前需在工件端面上画出键槽加工线，以便对刀和加工。工件用自定心卡盘或单动卡盘夹持在工作台上。插削速度一般为 20~40m/min。

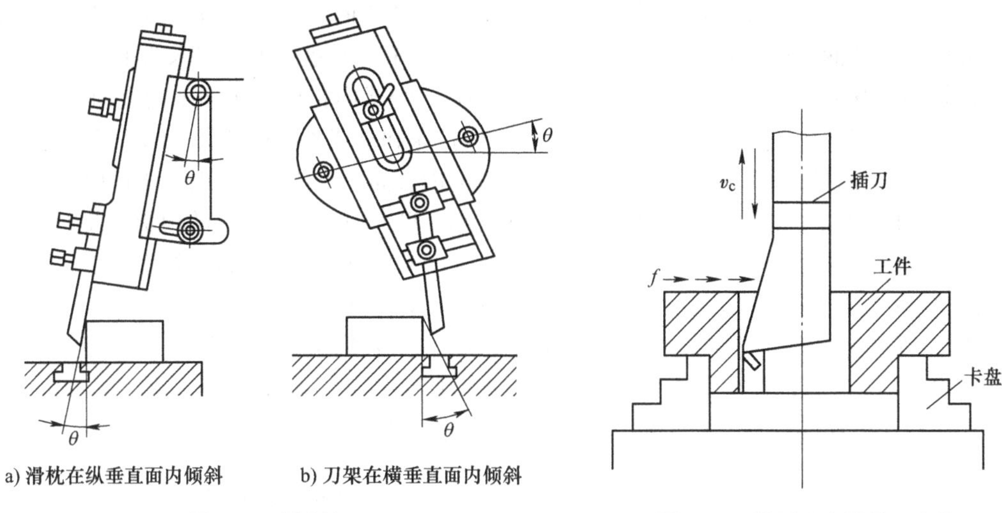

图 4-19　插削加工

图 4-20　插削孔内键槽示意图

在插床上加工内表面时，刀具要穿入孔内进行插削，因此工件的加工部分必须先有一个孔。若插削非贯通表面，还必须事先在插削表面末端加工出刀具切出空间（槽或孔），这样才能进行加工。

学习小结

六、拉床类型与拉削加工特点

1. 拉床类型

拉床是指用拉刀加工各种内外成形表面的机床。拉削的主切削运动是拉刀的轴向运动，而进给运动是由各个齿的齿升量来完成的，因此拉床的运动很简单，只有主运动，没有进给运动。拉削时，拉刀做平稳的低速直线运动，拉刀承受的切削力很大。拉床的主运动通常是由液压系统驱动的。拉床按用途可分为内拉床和外拉床，按机床布局可分为卧式、立式和连续式。

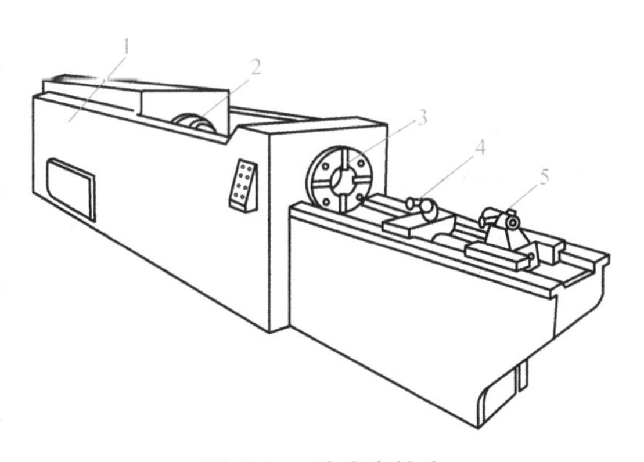

图 4-21　卧式内拉床

1—床身　2—液压缸　3—支承座

4—滚柱　5—护送夹头

（1）卧式内拉床　卧式内拉床如图 4-21 所示。床身 1 内部在水平方向装有液压缸 2，由高压变量液压泵供给液压油驱动活塞，通过活塞杆带动拉刀沿水平方向移动，对工件进行加工。工件在加工时，以其端平面紧靠在支承座 3 的平面上（或用夹具装夹）。护送夹头 5

及滚柱4用于支承拉刀。开始拉削前，护送夹头5及滚柱4向左移动，将拉刀穿过工件预制孔，并将拉刀左端柄部插入拉刀夹头。加工时滚柱4下降，不起作用。拉床的主要参数是额定拉力，如L6120型卧式内拉床的额定拉力为200kN。卧式内拉床用于加工内表面。

（2）立式拉床　立式拉床根据用途可分为立式内拉床和立式外拉床两类。图4-22所示为立式内拉床外形图。这种拉床可用拉刀或推刀加工工件的内表面。用拉刀加工时，工件以端面紧靠在工作台2的上平面上，拉刀由滑座4的上支架3支承，自上向下插入工件的预制孔及工作台的孔，将其下端刀柄夹持在滑座4的下支架1上，滑座4由液压缸驱动向下进行拉削加工。用推刀加工时，工件装在工作台的上表面，推刀支承在上支架3上，自上向下移动进行加工。

图4-23所示为立式外拉床的外形图。滑块2可沿床身4的垂直导轨移动，滑块2上固定有外拉刀3，工件固定在工作台1上的夹具内。滑块垂直向下移动完成工件外表面的拉削加工。工作台可做横向移动，以调整切削深度，并用于刀具空行程时退出工件。

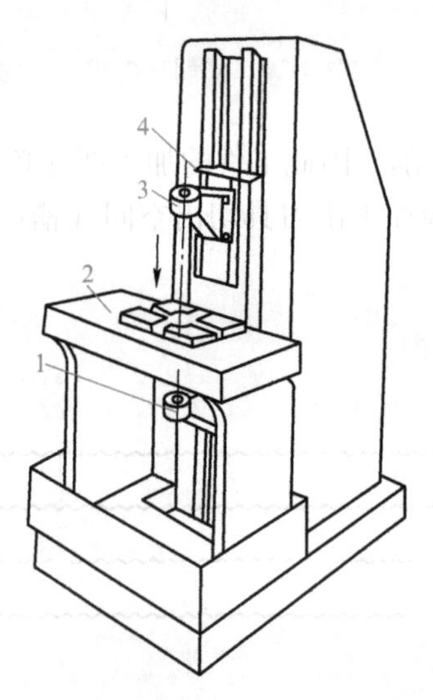

图4-22　立式内拉床的外形图

1—下支架　2—工作台　3—上支架　4—滑座

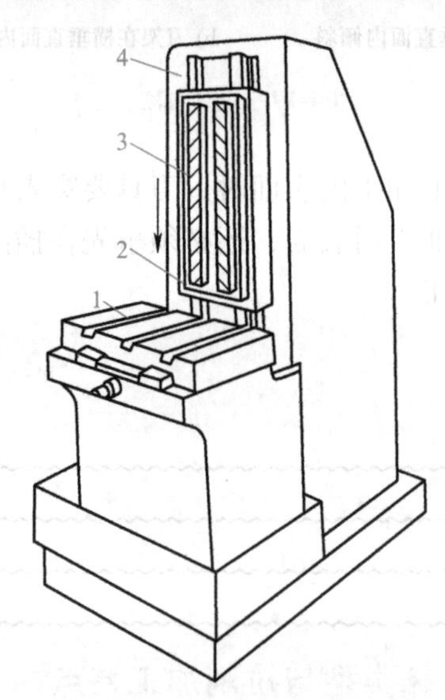

图4-23　立式外拉床的外形图

1—工作台　2—滑块　3—外拉刀　4—床身

（3）连续式拉床　图4-24所示为连续式拉床的工作原理。链条上装有多个夹具6。工件在位置*A*被装夹在夹具中，经过固定在上方的拉刀3时进行拉削加工，此时夹具沿床身上的导轨2滑动。夹具6移动至*B*处即自动松开，工件落入成品箱5内。这种拉床由于连续进行加工，因此生产率高，常用于大批量生产中加工小型零件的外表面，如汽车、拖拉机连杆的连接及半圆凹面等。

2. 拉削加工特点

（1）生产率高　虽然拉削加工的切削速度一般并不高，但由于拉刀是多齿刀具，同时参加工作的刀齿数较多，同时参与切削的切削刃较长，并且在拉刀的一次工作行程中能够完成粗→半精→精加工，大大缩短了基本工艺时间和辅助时间。一般情况下，班产可达100~800件，自动拉削时班产可达3000件。

（2）加工精度高　拉刀具有校准部分，其作用是校准尺寸，修光表面，并可作为精切齿的后备刀齿。校准刀齿的切削量很小，仅切去工件材料的弹性恢复量。另外，拉削的切削

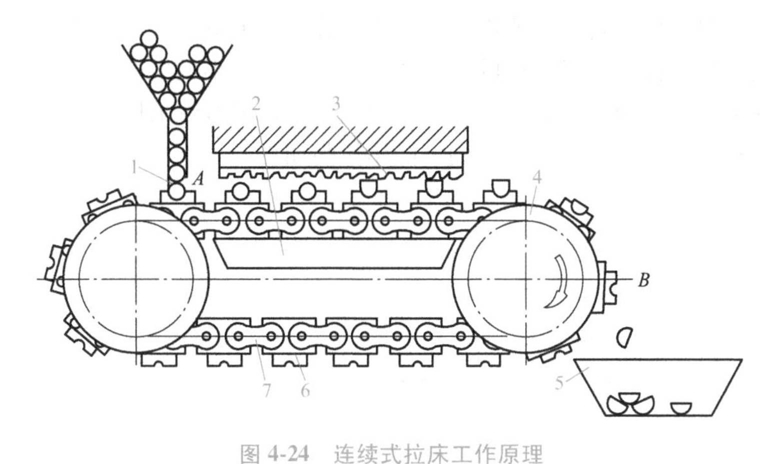

图 4-24 连续式拉床工作原理

1—工件 2—导轨 3—拉刀 4—链轮 5—成品箱 6—夹具 7—链条

速度较低（<18m/min），切削过程比较平稳，并可避免积屑瘤的产生。一般拉孔的精度为IT8~IT7，表面粗糙度 Ra 值范围为0.4~0.8μm。

（3）结构简单、操作简便 拉削只有一个主运动，即拉刀的直线运动。进给运动是靠拉刀的后一个刀齿高出前一个刀齿来实现的，相邻刀齿的高出量称为齿升量 f。

（4）刀具成本高 由于拉刀的结构和形状复杂，精度和表面质量要求较高，故制造成本很高。但拉削时切削速度较低，刀具磨损较慢，刃磨一次可以加工数以千计的工件，加之一把拉刀又可以重磨多次，所以拉刀的寿命长。当加工零件的批量大时，分摊到每个零件上的刀具成本并不高。

（5）加工范围广 内拉削可以加工各种形状的通孔，例如圆孔、方孔、多边形孔、花键槽和内齿轮孔等。还可以加工多种形状的沟槽，例如键槽、T形槽、燕尾槽和涡轮盘上的榫槽等。外拉削可以加工平面、成形面、外齿轮和叶片的榫头等。拉削加工应用范围如图4-25所示。

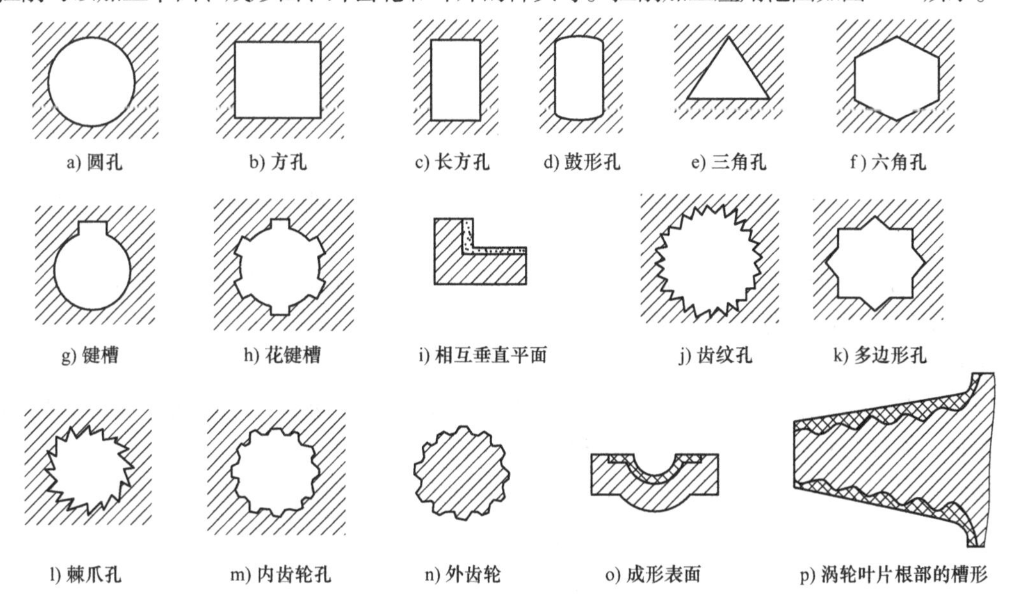

图 4-25 拉削加工应用范围

由于拉削加工具有以上特点，所以主要适用于成批和大量生产，尤其适于在大量生产中加工比较大的复合形表面，如发动机的气缸体等。在单件、小批生产中，对于某些精度要求较高、形状特殊的成形表面，用其他方法加工很困难时，可考虑采用拉削加工。但对于不通孔、深孔、阶梯孔及有障碍的外表面，则不能用拉削加工。

学习小结

七、拉刀

1. 拉刀种类

拉刀为用于拉削的成形刀具。刀具表面上有多排刀齿，各排刀齿的尺寸和形状从切入端至切出端依次增加和变化。当拉刀做拉削运动时，每个刀齿就从工件上切下一定厚度的金属，最终得到所要求的尺寸和形状。拉刀常用于成批和大量生产中加工圆孔、花键孔、键槽、平面和成形表面等，生产率很高。拉刀按加工表面部位的不同，分为内拉刀和外拉刀；按工作时受力方式的不同，分为拉刀和推刀，推刀常用于校准热处理后的型孔。拉刀种类如图 4-26 所示。

2. 拉刀结构

拉刀的种类虽多，但结构组成都类似。以普通圆孔拉刀的结构组成为例，如图 4-27 所示。

（1）前柄部　它与机床相连，用于拉床夹头夹持拉刀，带动拉刀进行拉削，以传递动力。

（2）颈部　拉刀前柄部和过渡锥部的连接部分，拉刀的规格等标记一般都打在颈部上。

（3）过渡锥部　引导拉刀前导部进入工件预加工孔的锥度部分，有对准中心的作用。

（4）前导部　引导拉刀切削齿正确地进入工件待加工表面的部分，并可检查拉前孔径是否太小，以免拉刀第一个刀齿负荷太重而损坏。

（5）切削部　切削部刀齿起切削作用，切除工件上的全部加工余量，它是由粗切齿、过渡齿和精切齿组成，各齿直径依次递增。

（6）校准部　具有几个尺寸形状相同的齿，起校准和储备作用。

（7）后导部　是保证拉刀最后刀齿正确地离开工件的导向部分，以防止拉刀在即将离开工件时，工件下垂而损坏已加工表面和拉刀刀齿。

（8）后柄部　当拉刀长而重时，拉床的托架或夹头支撑在后柄部上，防止拉刀下垂而影响加工质量，并可减轻装卸拉刀的劳动强度。

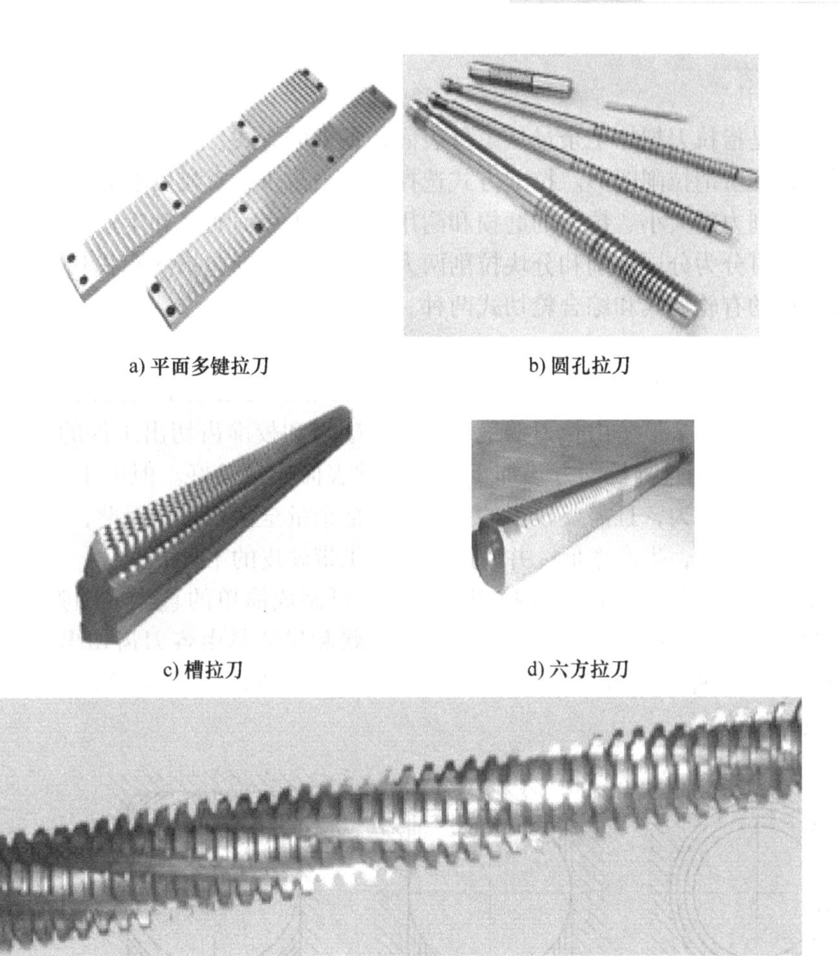

a) 平面多键拉刀　　b) 圆孔拉刀

c) 槽拉刀　　d) 六方拉刀

e) 螺旋拉刀

图 4-26　拉刀种类

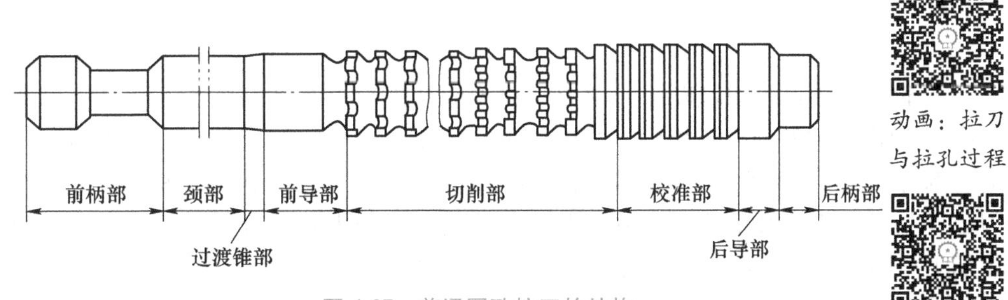

图 4-27　普通圆孔拉刀的结构

动画：拉刀与拉孔过程

微课：拉刀结构

学习小结

八、拉削方式

拉削方式是指拉刀把加工余量从工件表面切下来的方式。它决定每个刀齿切下的切削层的截面形状，即所谓拉削图形。拉削方式选择得恰当与否，直接影响到刀齿负荷的分配、拉刀的长度、切削力的大小、拉刀的磨损和耐用度及加工表面质量和生产率。

拉削方式可分为分层拉削和分块拉削两大类。分层拉削包括同廓式和渐成式两种，分块拉削目前常用的有轮切式和综合轮切式两种。

1. 分层拉削方式

（1）同廓式　按同廓式设计的拉刀，各刀齿的廓形与被加工表面的最终形状一样。它们一层层地切去加工余量，由拉刀的最后一个切削齿和校准齿切出工件的最终尺寸和表面，如图 4-28 所示。采用这种拉削方式加工出的工件表面质量较好。但由于每个刀齿的切削层宽而薄，单位切削力大，且需要较多的刀齿才能把余量全部切除，因此，按同廓式设计的拉刀较长，刀具成本高，生产率低，并且不适于加工带硬皮的工件。

（2）渐成式　按渐成式设计的拉刀，各刀齿可制成简单的直线或圆弧，它们一般与被加工表面的最终形状不同，被加工表面的最终形状和尺寸是由各刀齿切出的表面连接而成，如图 4-29 所示。这种拉刀制造比较方便，但它不仅具有同廓式的同样缺点，而且加工出的工件表面质量较差。

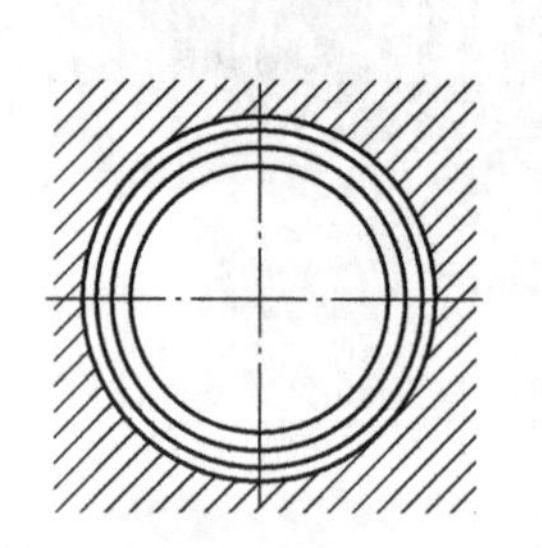
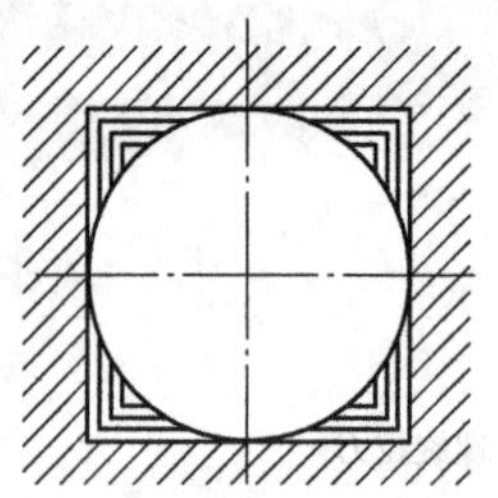

图 4-28　同廓式拉削图形

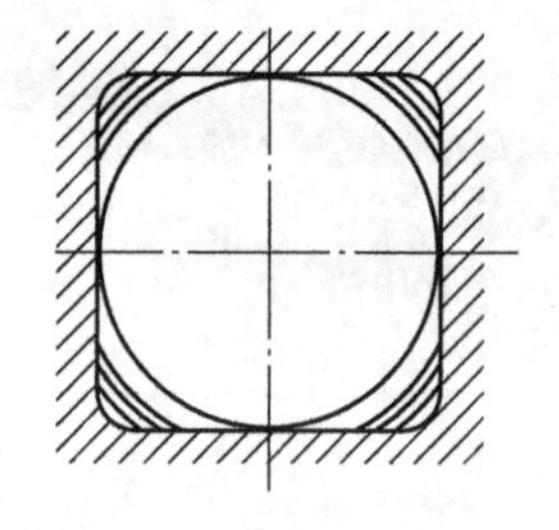

图 4-29　渐成式拉削图形

微课：拉削加工方法

2. 分块拉削方式

（1）轮切式　按轮切式设计的拉刀，拉刀的切削部分是由若干齿组组成。每个齿组中有 2~5 个刀齿，它们的直径相同，共同切下加工余量中的一层金属，每个刀齿仅切去一层中的一部分。图 4-30a 所示为三个刀齿列为一组的轮切式拉刀刀齿的结构与拉削图形。前两个刀齿（1，2）无齿升量，在切削刃上磨出交错分布的大圆弧分屑槽，但为了避免第 3 个刀齿切下整圈金属，其直径应较同组其他刀齿直径略小。

轮切式与分层拉削方式比较，其优点是每一个刀齿上参加工作的切削刃的宽度较小，但切削厚度较分层拉削方式要大得多，因此虽然每层金属要有一组（2 或 3 个）刀齿去切除，但由于切削厚度要比分层拉削方式大 2~10 倍，所以在同一拉削用量下，所需刀齿的总数减少了许多，拉刀长度大大缩短，不仅节省了贵重的刀具材料，生产率也大为提高。在刀齿上分屑槽的转角处，强度高、散热良好，故刀齿的磨损量也较小。

轮切式拉刀主要适用于加工尺寸大、余量多的内孔，并可以用来加工带有硬皮的铸件和锻件。但轮切式拉刀的结构较复杂，加工出的工件表面质量较差。

（2）综合轮切式　按综合轮切式设计的拉刀，集中了同廓式与轮切式的优点，即粗切齿制成轮切式结构，精切齿采用同廓式结构，这样既缩短了拉刀长度，提高了生产率，又能获得较好的工件表面质量。图 4-30b 所示为综合轮切式拉刀刀齿的结构与拉削图形。拉刀上粗切齿Ⅰ与过渡齿Ⅱ采用轮切齿式刀齿结构，各齿均有较大的齿升量。过渡齿齿升逐渐减小。精切齿Ⅲ采用同廓式刀齿结构，其齿升量较小。校正齿Ⅳ无齿升量。

综合轮切式拉刀刀齿齿升量分布较合理，拉削较平稳，加工表面质量高。但综合轮式拉刀的制造较困难。

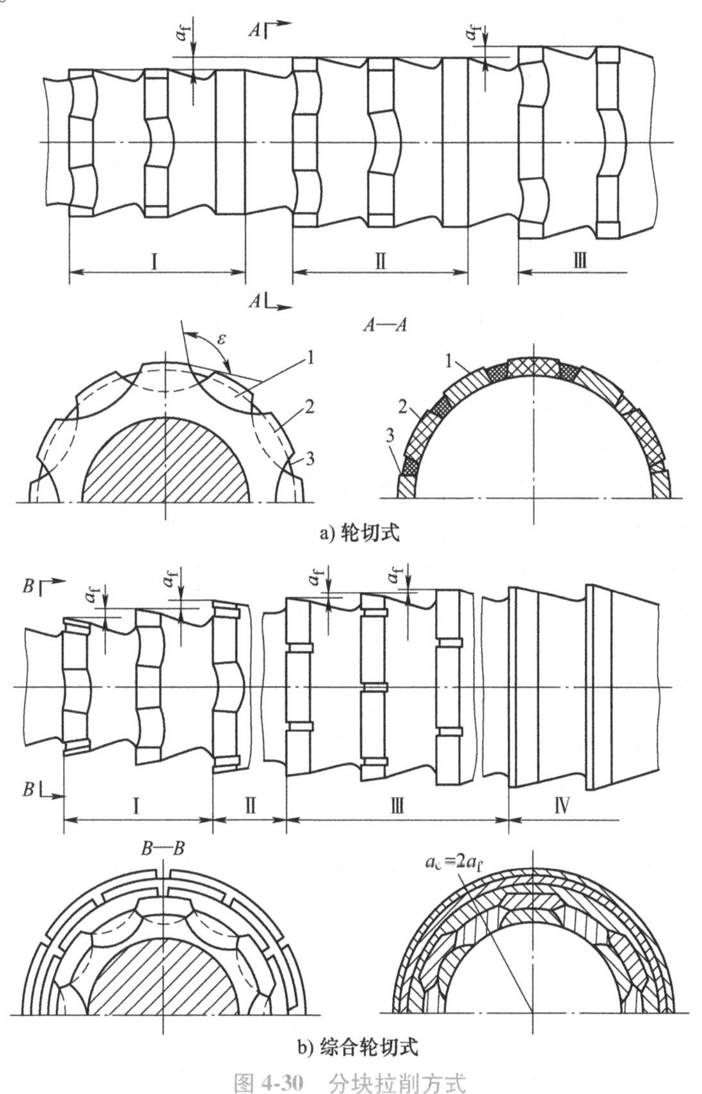

图 4-30 分块拉削方式

学 习 小 结

九、拉削加工中要注意的问题

1. 拉削加工中常出现的问题

1）对于一些塑性较好的材料（如退火的45钢、20CrMnTi等）且长度较短的工件，拉削表面粗糙度不够理想，拉削速度对加工表面粗糙度有显著的影响。拉削塑性材料易形成积屑瘤，在拉削速度比较低（<2m/min）和比较高（>16m/min）时，可消除积屑瘤，减少振动，得到比较好的表面粗糙度。

2）对于拉削长度大于80mm以上的产品，有时孔的直线度有突变现象。为了能适应安装各种规格尺寸的拉刀，拉刀头部与拉削头体无配合要求。拉刀在上下方向无法定位，因此在拉削过程中受拉削力的作用，拉刀在上下方向产生变向，从而引起孔的直线度有突变现象。

2. 拉刀断裂的主要原因

1）拉削前，工件的尺寸和几何精度达不到要求。工件的预加工孔必须有一定的几何精度要求。假如工件孔过小，会增大拉削力，拉刀会因拉力过大而断裂。若孔和端面不垂直，则需要使用浮动拉座，否则，拉刀会因受力不均而断裂。

2）工件的硬度在180~210HBW时，可加工性好，拉削后的表面质量好。当工件硬度低于170HBW或高于240HBW时，需对工件进行预先热处理，适当改变材料硬度，以改善其可加工性。工件硬度高于240HBW时，切削力增加过大，拉刀长期超负荷工作，导致拉刀疲惫断裂。工件硬度低于170HBW时，加工过程常泛起堆屑，只要有一个刀齿被粘住，其他刀齿也接踵被粘住，大大增加了拉削阻力，而导致拉刀断裂。加工时，操作者可根据切屑的外形来判定工件的可加工性。切屑如是卷屑，则表明可加工性良好；假如是堆屑，则表明可加工性差。

3）拉刀刃磨得不好。切削刃表面质量越好，拉刀的使用寿命就越长。刃磨拉刀时，要保证拉刀原来的容屑槽深度和外形，以使切屑卷曲，容易排除，应控制好拉刀上所有接触工件或切屑部分的粗拙度，粗拙的排屑槽会增加切屑卷曲和排出的阻力，使刀齿易崩断，甚至使拉刀断裂。

4）工件材质不平均。如工件的材质不平均，即使经由热处理，其硬度也不会一致，加工时横向负荷不平衡，在径向切削力的作用下，拉刀会偏向软的一侧，使拉刀偏离中央造成断裂。

3. 解决措施

1）选择拉刀时，留意选择拉刀的型号，同时工作的起码齿数不应少于5齿，避免刀齿切入或切出时，引起拉削瞬时速度变化过大，防止对加工表面质量产生不利影响。

2）改变拉削头结构。改变拉削头的结构，拉刀头部与拉削头体有配合要求，使拉刀处于定心位置，避免拉刀产生变向。

3）严格控制拉削前的毛坯几何外形精度，防止分歧格的毛坯进入拉削工序，避免不利于加工质量的因素发生。

4）制定加工工艺规范，严格控制拉削前的毛坯硬度在180~210HBW范围内，以利于拉削加工。

5）切削刃磨钝后，须及时刃磨，不要等拉刀过钝时再磨，否则会缩短拉刀寿命。切削刃如出现缺口，要用油石修磨。油石移动方向应与拉刀工作方向一致，不要来回滚动油石。

6）拉刀的校准。开始工作时，工件将因自重而下坠。假如工件重、批量又较大，会造成拉刀弯曲。因此，应常常滚动拉刀的位置。

学 习 小 结

【自学自测】

学习领域	金属切削加工		
学习情境四	刨削、钻削及齿轮加工	任务 1	零件刨削、插削加工
作业方式	个人解答、小组分析，现场批阅，集体评判		
1	刨削加工方法有哪些？		
解答：			
2	刨床的滑枕进给如何调整？		
解答：			
3	插削的工艺特点有哪些？		
解答：			
4	拉床种类有哪些？适用范围是什么？		
解答：			
5	拉削方式有哪些？		
解答：			
6	刨削加工的特点有哪些？		
解答：			
评价：			

班级		组别		组长签字	
学号		姓名		教师签字	
教师评分		日期			

【任务实施】

刨削加工任务实施

本任务如图 4-1a 所示，要求独立完成箱体底平面刨削加工操作，需按照加工要求完成箱体零件底面的加工并填写任务评价表单。

一、零件图与分析

箱体通常作为装配的基础件，一般结构比较复杂，加工的主要表面有平面和孔，本次任务是完成平面部分的加工，该部分在尺寸精度和几何精度方面要求高，表面质量要求较低，本次加工要求表面粗糙度值为 $Ra6.3\mu m$，须在加工中给予保证。

二、加工方法的选择

箱体零件在平面加工中常采用的加工方法和工艺路线有：粗刨→精刨、粗刨→半精刨→磨削、粗铣→精铣或粗铣→磨削。其中刨削适用于中小批生产，铣削生产率比较高，多用于中批以上生产。

本次任务为小批次生产，确定箱体底面为加工平面，加工方法选择刨削，因表面粗糙度要求 $Ra6.3\mu m$，故选择粗刨即可满足生产要求。

三、选择毛坯材料、刨床、刨刀与装夹方法

箱体零件采用 HT200。

箱体零件采用压板、螺栓固定装夹。

选用 B6050 型牛头刨床、平面刨刀，可以满足生产加工需求。

四、加工工艺路线

综合分析，确定箱体底面加工的工艺路线为：调整刨床→安装刨刀→调整滑枕、工作台等参数→安装工件→刨削平面→去毛刺→检测工件。

五、确定刨削用量

根据刀具尺寸、工件材料，确定刨削用量为：刨削深度 a_p 为 2mm，进给量 f 为 0.33mm/str，切削速度 v 为 30m/min。

六、刨削过程

(1) 调整刨床　将刨床工作台调整至适当高度后紧固，安装刨刀，调整滑枕每分钟往返次数、工作台进给量。

图 4-31　工件安装示意图

(2) 安装工件　确定工件定位合理后开始安装工件，安装后保证能够夹持牢固。以箱体对合面（上平面）为基准，将工件用压板夹紧在工作台面上，如图 4-31 所示。

（3）刨削平面　刨削采用分层刨削，完成箱体底面的刨削加工。

（4）去毛刺，检测工件　确定所刨平面是否合格，用锉刀将底平面上毛刺去除后，综合检验各项技术要求，保证加工质量。

七、操作注意事项

1）装夹刨刀时，尽量缩短刀具伸出长度。

2）刨削时如发现工件表面有波纹或不正常声音时，应停机检查。

3）刨削过程中，刀具切入工件时有冲击，为减小冲击和振动，可适当减小切削速度。

八、检测及评分标准

工件放在平板上，用钢直尺或游标卡尺测量工件尺寸，用表面粗糙度对比块检验表面粗糙度值。零件检测及评分标准见表4-1。

表4-1　零件检测及评分标准

序号	操作及质检内容	配分	评分标准
1	长±0.3mm	5	超0.1mm扣2分，超0.2mm不得分
2	宽±0.3mm	5	超0.1mm扣2分，超0.2mm不得分
3	高±0.1mm	5	超差不得分
4	*Ra*6.3μm两处	2×10	超差不得分
5	平面透光均匀四处	4×5	漏光明显不得分
6	底面刀纹均匀	20	刀纹明显不得分
7	去毛刺	5	不工整不得分
8	工件外观	10	不工整扣分
9	安全文明操作	10	违章扣分

插削加工任务实施

本任务如图4-1b所示，要求独立完成齿轮键槽的插削加工操作，需按照加工要求完成齿轮键槽的加工并填写任务评价表单。

一、零件图与分析

分析零件图，掌握插削的尺寸、部位、作用、要求及有关的加工工艺。图4-1b所示齿轮平键槽插削加工零件图中，在齿轮内孔中插平键槽，槽宽为（10±0.018）mm，槽深$35.3^{+0.2}_{0}$mm，键槽侧面*Ra*3.2μm，槽底*Ra*6.3μm。这些技术要求必须在加工中给予保证。

二、选择插床、插刀、装夹方法

选用B5032型插床、10mm插刀，用自定心卡盘装夹。

三、确定插削用量

根据刀具尺寸、工件材料，确定插削用量。确定插削进给量为0.33mm/str，切削速度为30m/min。

四、调整插床

将插床工作台调整至适当位置后安装插刀，调整滑枕每分钟往返次数、工作台进给量等参数。

五、安装工件

安装工件需要保证工件定位合理，夹持牢固。以齿轮外圆为基准，将工件用自定心卡盘夹紧，如图 4-32 所示。

六、对刀

对刀是为了插刀与工件的相对位置正确，保证所插键槽对称度。此步骤采用试切对刀法，将工件中心平面与插刀中心平面重合。

七、插削键槽

需确保插削键槽符合技术要求。此处采用分层插削法，如图 4-33 所示。

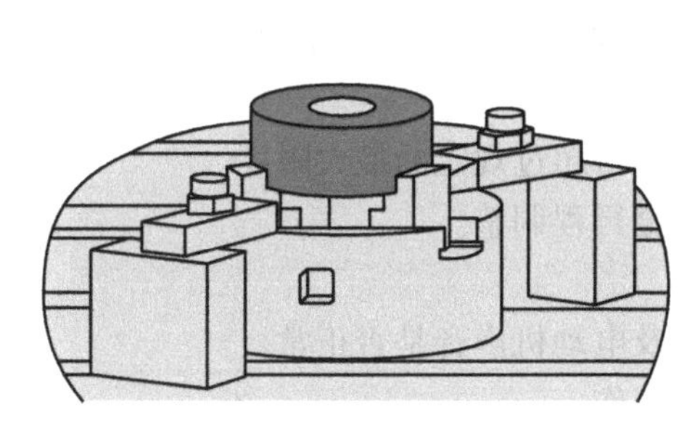

图 4-32 工件安装示意图

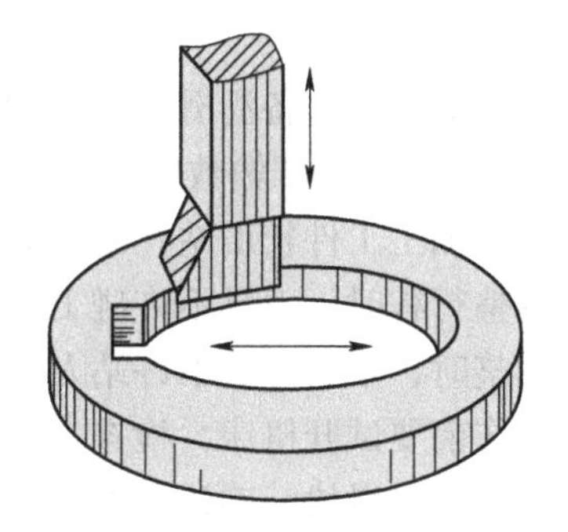

图 4-33 分层插削法示意图

八、去毛刺，检测工件

用锉刀将平键槽上毛刺去除后，将工件放在平板上，综合检验各项技术要求，确定所插键槽是否合格。零件检测及评分标准见表 4-2。

表 4-2 零件检测及评分标准

序号	操作及质检内容	配分	评分标准
1	长$26_{-0.130}^{0}$mm	10	超 0.1mm 扣 2 分，超 0.2mm 不得分
2	宽（10±0.018）mm 两处	2×10	超 0.1mm 扣 2 分，超 0.2mm 不得分
3	$Ra6.3\mu m$	10	超差不得分
4	$Ra3.2\mu m$ 两处	2×10	超差不得分
5	去毛刺	10	不工整不得分
6	工件外观	20	不工整扣分
7	安全文明操作	10	违章扣分

【刨工安全操作规范】

刨工安全操作标准和行为规范适用范围为操作刨床及附属设备的人员。作业要求除遵守机械类安全技术操作《通则》外，必须遵守本规范。

一、一般要求

1. 刨工必须经过培训，熟练掌握刨床的结构、性能、基本原理，做到会使用、会维护、会保养、会处理一般性故障。经考试合格并取得合格证后方可上岗操作。

2. 刨工负责刨床安全设施的维护保养工作。

二、开机前的准备

1. 工作前要穿戴好劳保用品，检查设备周围环境、前后有没有障碍物。

2. 要检查各润滑部位润滑情况，保证润滑良好。

3. 检查各部螺栓是否有松动，保证部件紧固。

三、刨削操作

1. 开机前，按设备润滑图表注油，检查各手柄、开关是否处于规定位置，手摇调整滑块行程，检查工作台传输数据是否正常。

2. 根据加工工件长度钻孔调整刨床行程，不得超过规定的最大限度。

3. 调整行程时，刀具不许碰工件，用手摇全行程调整。

4. 调整时，牛头前后不许站人。

5. 工作前要试开机床，检查各部运转情况及电动机声音是否正常。

6. 点动移动滑块，确认无误后，方可进行工作。

7. 刨削进行中不准把头伸入刀具、工件行程之内，手不得伸到行程之内检查、测量。

8. 装卸刀杆时，防止碰伤手，脚及床面，工件应垫平、压紧，卡工件的压板不准超出工作台面。

9. 关闭电动机前，应将刀架抬起。

10. 关闭机床电控总开关，解封电控柜空气开关。

11. 清洁机床，按设备润滑图表注油。

四、行为规范

1. 刨床工作台，最大行程的终点外，两端地面要留有不低于 0.7m 的距离，并在垂直方向用红线标出，在此范围内，不得堆放任何物件。

2. 台虎钳上不能用锤子敲打扳手，装夹应牢固。

3. 托盘不许放工具，刀具不许伸得过长，应装夹牢靠。

4. 班中休息时设备要停电。

5. 工作结束时，设备先进行停电，然后收拾物件，清理各部位卫生，保养机械。

6. 设备长期不用时，应给各润滑部位注油，使用时，应先试车。

【零件刨削、插削加工工作单】
计划单

学习情境四	刨削、钻削及齿轮加工	任务 1	零件刨削、插削加工	
工作方式	组内讨论、团结协作共同制订计划：小组成员进行工作讨论，确定工作步骤		计划学时	0.5 学时
完成人	1.　　2.　　3. 4.　　5.　　6.			
计划依据：1. 箱体底平面零件图；2. 齿轮平键槽零件图				
序号	计划步骤	具体工作内容描述		
1	准备工作（准备图样、材料、机床、工具、量具，谁去做?）			
2	组织分工（成立组织，人员具体都完成什么?）			
3	制订加工工艺方案（先粗加工什么，再半精加工什么，最后精加工什么?）			
4	零件加工过程（加工准备什么，安装刨刀、装夹零件、零件粗加工和精加工、零件检测?）			
5	整理资料（谁负责？整理什么?）			
制订计划说明	（写出制订计划中人员为完成任务的主要建议或可以借鉴的建议、需要解释的某一方面）			

决策单

<table>
<tr><td>学习情境四</td><td colspan="2">刨削、钻削及齿轮加工</td><td>任务 1</td><td colspan="2">零件刨削、插削加工</td></tr>
<tr><td></td><td colspan="3">决策学时</td><td colspan="2">0.5 学时</td></tr>
<tr><td colspan="6">决策目的：刨削、插削加工方案对比分析，比较加工质量、加工时间、加工成本等</td></tr>
<tr><td rowspan="13">工艺方案对比</td><td>小组
成员</td><td>方案的可行性
（加工质量）</td><td>加工的合理性
（加工时间）</td><td>加工的经济性
（加工成本）</td><td>综合评价</td></tr>
<tr><td>1</td><td></td><td></td><td></td><td></td></tr>
<tr><td>2</td><td></td><td></td><td></td><td></td></tr>
<tr><td>3</td><td></td><td></td><td></td><td></td></tr>
<tr><td>4</td><td></td><td></td><td></td><td></td></tr>
<tr><td>5</td><td></td><td></td><td></td><td></td></tr>
<tr><td>6</td><td></td><td></td><td></td><td></td></tr>
<tr><td></td><td></td><td></td><td></td><td></td></tr>
<tr><td></td><td></td><td></td><td></td><td></td></tr>
<tr><td></td><td></td><td></td><td></td><td></td></tr>
<tr><td></td><td></td><td></td><td></td><td></td></tr>
<tr><td></td><td></td><td></td><td></td><td></td></tr>
<tr><td></td><td></td><td></td><td></td><td></td></tr>
<tr><td>决策评价</td><td colspan="5">结果：（根据组内成员加工方案对比分析，对自己的工艺方案进行修改并说明修改原因，最后确定一个最佳方案）</td></tr>
</table>

检查单

<table>
<tr><td colspan="2">学习情境四</td><td>刨削、钻削及齿轮加工</td><td>任务 1</td><td colspan="4">零件刨削、插削加工</td></tr>
<tr><td colspan="3">评价学时</td><td colspan="2">课内
0.5 学时</td><td colspan="3">第　　组</td></tr>
<tr><td colspan="2">检查目的及方式</td><td colspan="6">教师全过程监控小组的工作情况，如检查等级为不合格，小组需要整改，并拿出整改说明</td></tr>
<tr><td rowspan="2">序号</td><td rowspan="2">检查项目</td><td rowspan="2">检查标准</td><td colspan="5">检查结果分级
（在检查相应的分级框内划“√”）</td></tr>
<tr><td>优秀</td><td>良好</td><td>中等</td><td>合格</td><td>不合格</td></tr>
<tr><td>1</td><td>准备工作</td><td>查找资源、材料准备完整</td><td></td><td></td><td></td><td></td><td></td></tr>
<tr><td>2</td><td>分工情况</td><td>安排合理、全面，分工明确</td><td></td><td></td><td></td><td></td><td></td></tr>
<tr><td>3</td><td>工作态度</td><td>小组成员工作积极主动、全员参与</td><td></td><td></td><td></td><td></td><td></td></tr>
<tr><td>4</td><td>纪律出勤</td><td>按时完成负责的工作内容、遵守工作纪律</td><td></td><td></td><td></td><td></td><td></td></tr>
<tr><td>5</td><td>团队合作</td><td>相互协作、互相帮助、成员听从指挥</td><td></td><td></td><td></td><td></td><td></td></tr>
<tr><td>6</td><td>创新意识</td><td>任务完成不照搬照抄，看问题具有独到见解，创新思维</td><td></td><td></td><td></td><td></td><td></td></tr>
<tr><td>7</td><td>完成效率</td><td>工作单记录完整，并按照计划完成任务</td><td></td><td></td><td></td><td></td><td></td></tr>
<tr><td>8</td><td>完成质量</td><td>工作单填写准确，评价单结果达标</td><td></td><td></td><td></td><td></td><td></td></tr>
<tr><td>检查
评语</td><td colspan="5"></td><td colspan="2">教师签字：</td></tr>
</table>

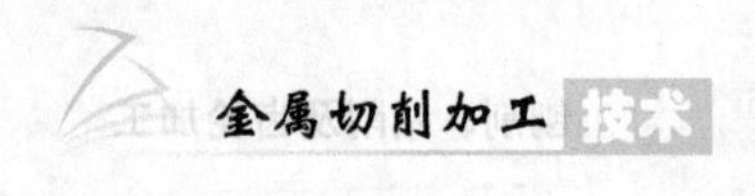

任务评价

小组产品加工评价单

学习情境四	刨削、钻削及齿轮加工				
任务1	零件刨削、插削加工				
评价类别	评价项目	子项目	个人评价	组内互评	教师评价
专业知识与技能	加工准备（15%）	零件图分析（5%）			
		设备及刀具准备（5%）			
		加工方法的选择以及切削用量的确定（5%）			
	任务实施（30%）	工作步骤执行（5%）			
		功能实现（5%）			
		质量管理（5%）			
		安全保护（10%）			
		环境保护（5%）			
	工件检测（30%）	产品尺寸精度（15%）			
		产品表面质量（10%）			
		工件外观（5%）			
	工作过程（15%）	使用工具规范性（5%）			
		操作过程规范性（5%）			
		工艺路线正确性（5%）			
	工作效率（5%）	能够在要求的时间内完成（5%）			
	作业（5%）	作业质量（5%）			
评价评语					

班级		组别		学号		总评	
教师签字		组长签字		日期			

小组成员素质评价单

<table>
<tr><td colspan="2">学习情境四</td><td>刨削、钻削及齿轮加工</td><td colspan="2">任务 1</td><td colspan="4">零件刨削、插削加工</td></tr>
<tr><td>班级</td><td></td><td>第　组</td><td colspan="2">成员姓名</td><td colspan="4"></td></tr>
<tr><td colspan="2">评分说明</td><td colspan="7">每个小组成员评价分为自评和小组其他成员评价两部分，取平均值计算，作为该小组成员的任务评价个人分数。评价项目共设计 5 个，依据评分标准给予合理量化打分。小组成员自评分后，要找小组其他成员以不记名方式打分</td></tr>
<tr><td>评分项目</td><td colspan="2">评分标准</td><td>自评分</td><td>成员 1 评分</td><td>成员 2 评分</td><td>成员 3 评分</td><td>成员 4 评分</td><td>成员 5 评分</td></tr>
<tr><td>核心价值观（20 分）</td><td colspan="2">是否体现社会主义核心价值观的思想及行动</td><td></td><td></td><td></td><td></td><td></td><td></td></tr>
<tr><td>工作态度（20 分）</td><td colspan="2">是否按时完成负责的工作内容、遵守纪律，是否积极主动参与小组工作，是否全过程参与，是否吃苦耐劳，是否具有工匠精神</td><td></td><td></td><td></td><td></td><td></td><td></td></tr>
<tr><td>交流沟通（20 分）</td><td colspan="2">是否能清晰地表达自己的观点，是否能倾听他人的观点</td><td></td><td></td><td></td><td></td><td></td><td></td></tr>
<tr><td>团队合作（20 分）</td><td colspan="2">是否与小组成员合作完成任务，做到相互协作、互相帮助、听从指挥</td><td></td><td></td><td></td><td></td><td></td><td></td></tr>
<tr><td>创新意识（20 分）</td><td colspan="2">看问题是否能独立思考，提出独到见解，是否能够以创新思维解决遇到的问题</td><td></td><td></td><td></td><td></td><td></td><td></td></tr>
<tr><td>最终小组成员得分</td><td colspan="8"></td></tr>
</table>

课后反思

学习情境四		刨削、钻削及齿轮加工	任务1	零件刨削、插削加工
班级		第　组	成员姓名	
情感反思		通过对本任务的学习和实训，你认为自己在社会主义核心价值观、职业素养、学习和工作态度等方面有哪些需要提高的部分？		
知识反思		通过对本任务的学习，你掌握了哪些知识点？请画出思维导图。		
技能反思		在完成本任务的学习和实训过程中，你主要掌握了哪些技能？		
方法反思		在完成本任务的学习和实训过程中，你主要掌握了哪些分析和解决问题的方法？		

【课后作业】

冲压模座的上、下平面是其主要表面，其中表面要求较高的平面为粗基准。常用的平面粗加工方法有刨削和铣削两种。实际加工中，根据平面的结构特点，选择相应的加工方法。一般情况下，窄长平面采用刨削，宽大平面采用铣削。本次练习需要完成如图 4-34 所示零件上、下平面的粗加工。

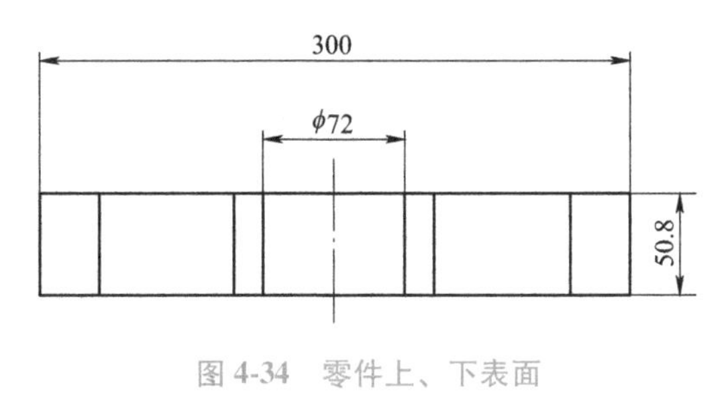

图 4-34　零件上、下表面

任务 2　轴承套钻削加工

【学习导图】

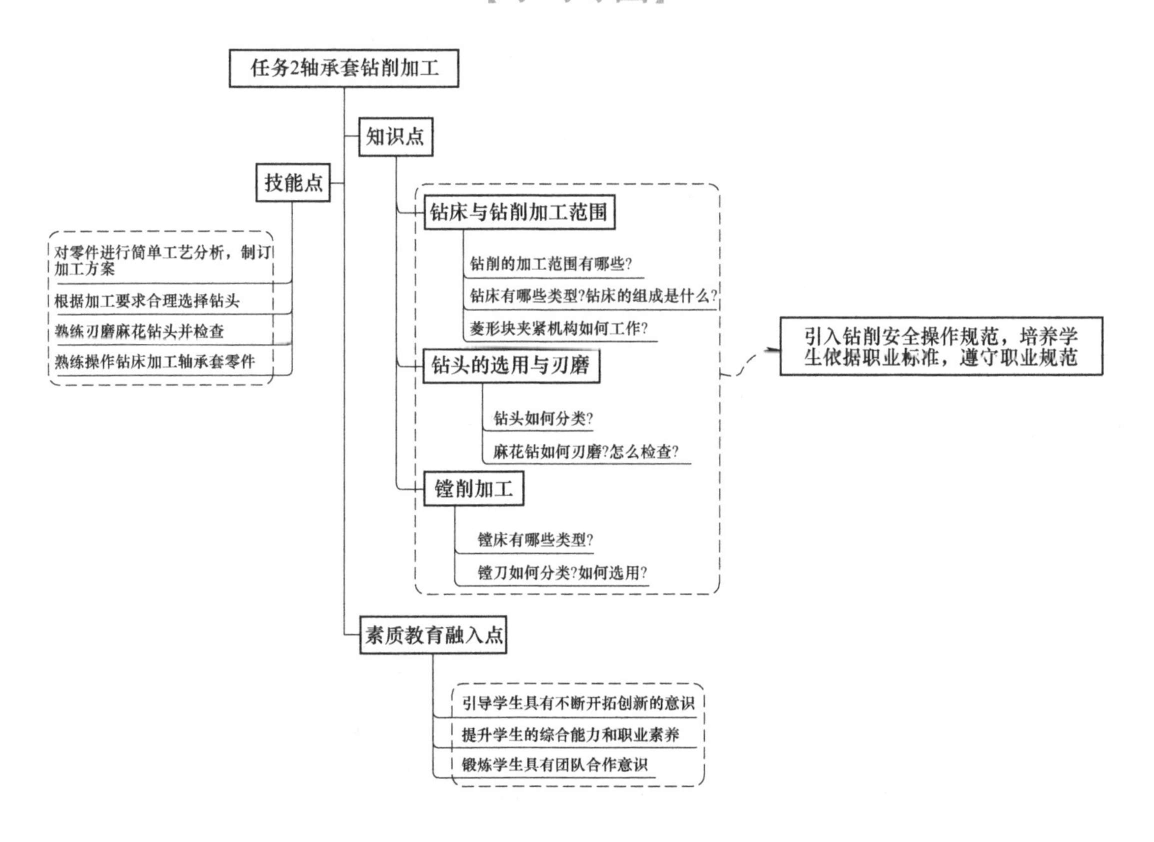

【任务工单】

<table>
<tr><td>学习情境四</td><td colspan="2">刨削、钻削及齿轮加工</td><td colspan="2">工作任务 2</td><td colspan="2">轴承套钻削加工</td></tr>
<tr><td colspan="3">任务学时</td><td colspan="4">6 学时（课外 6 学时）</td></tr>
<tr><td colspan="7">布置任务</td></tr>
<tr><td>工作目标</td><td colspan="6">1. 根据轴承套结构特点，合理选择加工机床及附件。
2. 根据轴承套结构特点，合理选择钻头并能进行刃磨。
3. 根据加工要求，选择正确的加工方法。
4. 根据加工要求，制订合理加工路线并完成轴承套的加工 。</td></tr>
<tr><td>任务描述</td><td colspan="6">图 4-35 为轴承套零件图，本次任务以轴承套加工为案例，重点分析和研究内圆柱表面的常见加工方法。如何选用设备、刀具，怎样操作孔加工机床，是同学们要深入思考与学习的内容。本任务主要是掌握零件精度要求，了解加工中所涉及的钻床操作，对零件进行简单工艺分析，并能独立加工出合格产品，从而达到本课程的学习目标。
图 4-35　轴承套零件图</td></tr>
<tr><td rowspan="2">学时安排</td><td>资讯</td><td>计划</td><td>决策</td><td>实施</td><td>检查</td><td>评价</td></tr>
<tr><td>1 学时</td><td>1 学时</td><td>0.5 学时</td><td>2.5 学时</td><td>0.5 学时</td><td>0.5 学时</td></tr>
<tr><td>提供资源</td><td colspan="6">1. 轴承套零件图样。
2. 课程标准、多媒体课件、教学演示视频及其他共享数字资源。
3. 机床及附件。
4. 游标卡尺等工具和量具。</td></tr>
<tr><td>对学生学习及成果的要求</td><td colspan="6">1. 能够正确识读和表述轴承套零件图。
2. 合理选择加工机床及附件。
3. 合理选择刀具并能进行刃磨。
4. 加工出表面质量和精度合格的轴承套。
5. 学生均能按照学习导图自主学习，并完成课前自学的问题训练和课后作业。
6. 严格遵守课堂纪律，学习态度认真、端正，能够正确评价自己和同学在本任务中的素质表现。
7. 学生必须积极参与小组工作，承担零件图识读、零件切削加工设备选用、加工工艺路线制订等工作，做到积极主动不推诿，能够与小组成员合作完成工作任务。
8. 学生均需独立或在小组同学的帮助下完成任务工作单、加工工艺文件、加工视频及动画等，并提请检查、签认，对提出的建议或错误之处务必及时修改。
9. 每组必须完成任务工单，并提请教师进行小组评价，小组成员分享小组评价分数或等级。
10. 学生均完成任务反思，以小组为单位提交。</td></tr>
</table>

【课前自学】

一、钻削加工范围与钻床认知

1. 钻削加工范围

钻床是孔加工用机床，主要用来加工外形比较复杂、没有对称回转轴线的工件上的孔，如杠杆、盖板、箱体和机架等零件上的各种孔。在钻床上加工时，工件固定不动，刀具旋转做主运动，同时沿轴向移动做进给运动。钻床可完成钻孔、扩孔、铰孔、攻螺纹、锪沉头孔和锪端面等工作。钻削加工的范围如图 4-36 所示。

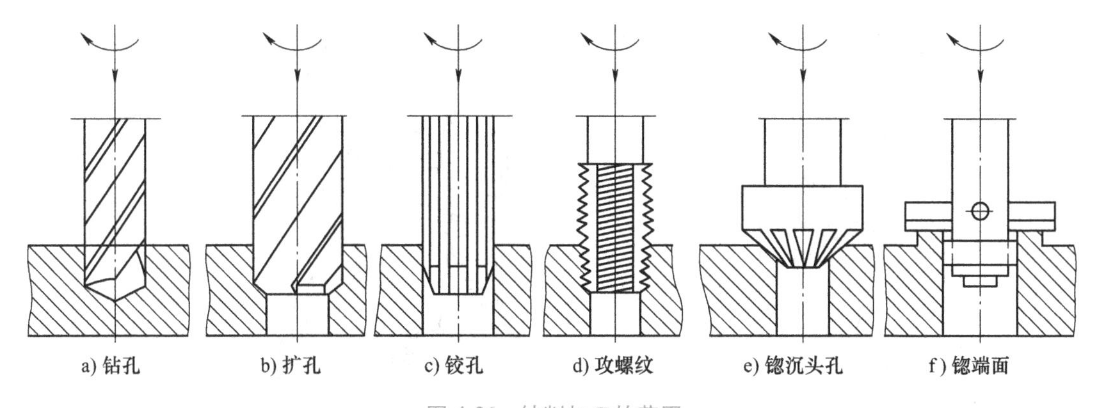

图 4-36 钻削加工的范围

2. 钻床认知

（1）台式钻床　台式钻床简称台钻，是一种小型钻床。机床主轴用电动机经一对塔轮以 V 带传动，刀具用主轴前端的夹头夹紧，通过齿轮齿条机构使主轴套筒做轴向进给。台式钻床的钻孔直径一般小于 12mm，最小可加工 $\phi0.1$mm 的孔，是钻小直径孔的主要设备。它的结构简单，体积小，使用方便。台式钻床主要用于电器、仪表工业及机器制造业的钳工、装配工作中。台式钻床的主参数以最大钻孔直径表示。台式钻床的外部结构如图 4-37 所示。

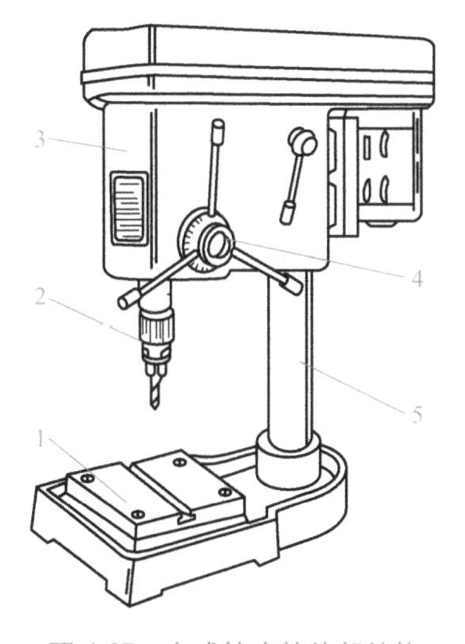

图 4-37 台式钻床的外部结构
1—底座 2—主轴 3—主轴箱
4—手柄 5—立柱

（2）立式钻床　立式钻床是一种主轴箱和工作台安置在立柱上，主轴垂直布置的钻床，如图 4-38 所示为立式钻床的外形。它由底座 1、工作台 2、主轴箱 3、立柱 4、手柄 5 等部件组成。主轴箱内有主运动及进给运动的传动与换置机构，刀具安装在主轴的锥孔内，由主轴带动做旋转主运动，主轴套筒可以手动或机动做轴向进给。工作台可沿立柱上的导轨做调位运动。工件用工作台上的虎钳夹紧，或用压板直接固定在工作台上加工。立式钻床的主轴中心线是固定的，必须移动工件使被加工孔的中心线与主轴中心线对准。所以，立式钻床只适用于在单件、小批生产中加工中、小型工件。

（3）摇臂钻床　摇臂钻床是一种摇臂可绕立柱回转和升降，通常主轴箱在摇臂上做水平移动的钻床。在立式钻床上加工孔时，刀具与工件的对中是通过工件的移动来实现的，这对一些大而重的工件显然不方便，而摇臂钻床能用移动刀具中的位置来对中，这就给在单件及小批生产中，加工大而重工件上的孔带来了很大的方便。图 4-39 所示为摇臂钻床的外形，工件固定在底座 1 的工作台上，主轴的旋转和轴向进给运动是由电动机通过主轴箱 6 实现的。主轴箱可以在摇臂 5 的导轨上移动，摇臂借助电动机及丝杠 4 的传动能沿立柱上下移动。立柱由内立柱 3 和外立柱 2 组成，外立柱 2 固定在底座 1 上，内立柱 3 由滚动轴承支承，外立柱可绕内立柱在±180°范围内回转，因此主轴能很容易地调整到所需的加工位置。

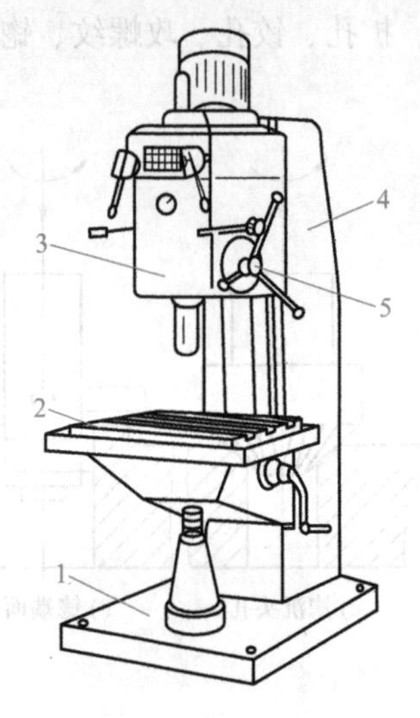

图 4-38　立式钻床的外形

1—底座　2—工作台　3—主轴箱　4—立柱　5—手柄

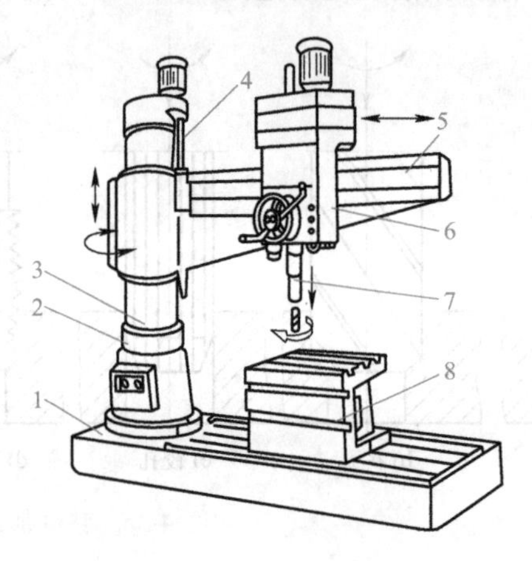

图 4-39　摇臂钻床的外形

1—底座　2—外立柱　3—内立柱　4—丝杠　5—摇臂　6—主轴箱　7—主轴　8—工作台

学习小结

二、菱形块夹紧机构介绍

为了使主轴在加工时保持准确的位置，摇臂钻床上装有立柱、摇臂及主轴箱的菱形块夹紧机构，当主轴的位置调整妥当后，就可快速地将它们夹紧，如图 4-40 所示。外立柱绕内立柱回转后的夹紧、摇臂沿外立柱升降后的夹紧和主轴箱在摇臂上移动后的夹紧均采用了此种形式的夹紧机构。其工作原理如下：V 形块 2 和 4 分别装夹在轴 3 上。当轴 3 的右端作用一个 $\boldsymbol{F}_1$ 力后，轴与 V 形块向左移动，直至两个菱形块 1、5 处于垂直线时，夹紧块 6 以夹紧力 $\boldsymbol{F}_3$ 将被夹物 7 夹紧在平面 8 上。当轴 3 的右端受到一个相反的 $\boldsymbol{F}_2$ 力后，轴与 V 形块向右移动，使两个菱形块倾斜，被夹物 7 被松开。

夹紧机构的具体应用如图 4-41 所示。立柱由外立柱 1 和内立柱 2 组成，内立柱固定在底座上。摇臂与外立柱一起绕内支柱回转，回转到位后应夹紧。当液压系统中的液压油进入

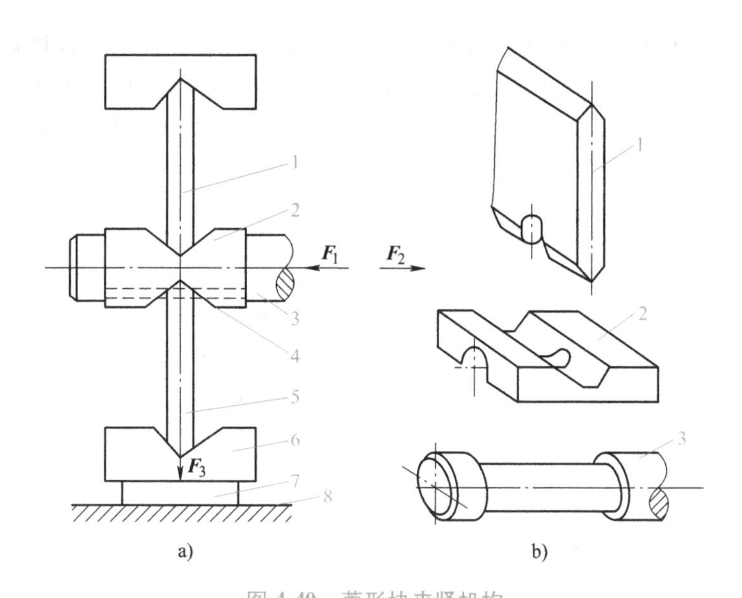

图 4-40 菱形块夹紧机构

1、5—菱形块 2、4—V 形块 3—轴 6—夹紧块 7—被夹物 8—平面

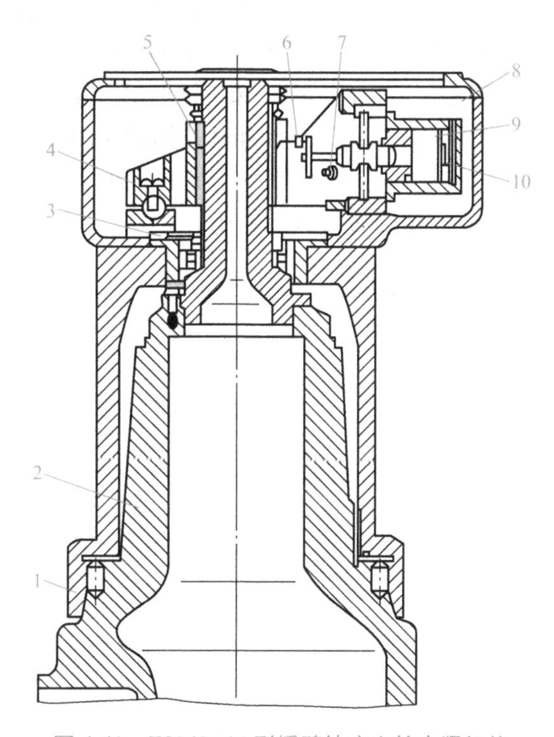

图 4-41 Z3040×16 型摇臂钻床立柱夹紧机构

1—外立柱 2—内立柱 3—平板弹簧 4—杠杆 5—球形垫圈 6、7—限位开关 8—油腔 9—活塞 10—液压缸右腔

液压缸右腔 10 时，活塞 9 向左移动，菱形块张开，呈夹紧状态，通过内立柱上端球形垫圈 5 支点及杠杆 4 的作用，使外立柱左右两边受到力，迫使外立柱向下移动，使外立柱被夹紧在内立柱的圆锥面上。此时，平板弹簧 3 受力并向上鼓起变形。当需要松开时，只要使液压

油进入油腔8，活塞9右移，推动菱形块，使其处于倾斜位置。此时，杠杆被松开，作用在外立柱的夹紧力消失，在平板弹簧3的弹力作用下，外立柱被抬起，外立柱即可轻便地转动。限位开关6和7与指示灯相连，用来观察和检查夹紧机构是否正常工作。

学习小结

三、钻头的选用与刃磨

（一）钻头的分类

钻头主要用于孔加工，常用的钻头有麻花钻、扁钻、深孔钻、扩孔钻、锪钻、中心钻、空心钻等。

1. 麻花钻

麻花钻是应用最广的孔加工刀具，如图4-42所示。通常直径范围为0.25~80mm。它主要由钻头工作部分和柄部构成。工作部分有两条螺旋形的沟槽，形似麻花，因而得名。麻花钻自钻尖向柄部方向直径逐渐减小，呈倒锥状。麻花钻的螺旋角主要影响切削刃上前角的大小、刃瓣强度和排屑性能，通常为25°~32°。标准麻花钻的切削部分顶角为118°，横刃斜角为40°~60°，后角为8°~20°。由于结构上的原因，前角在外缘处大、向中间逐渐减小，横刃处为负前角（可达-55°左右），钻削时起挤压作用。

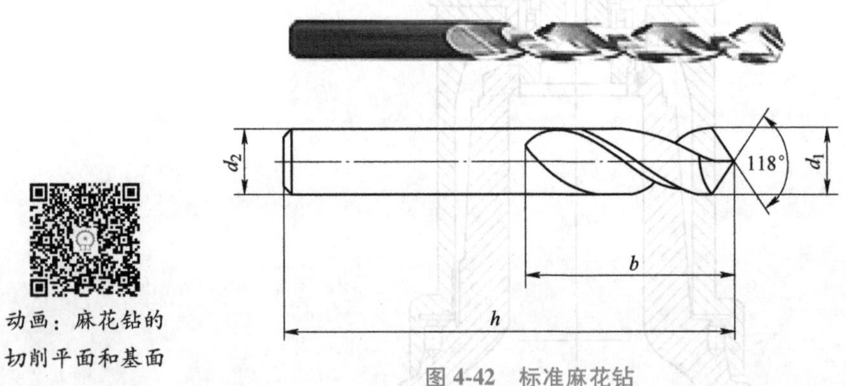

动画：麻花钻的切削平面和基面

动画：麻花钻的组成

图4-42 标准麻花钻

2. 扁钻

扁钻的切削部分为铲形，结构简单，制造成本低，切削液轻易导入孔中，但切削和排屑性能较差。扁钻的结构有整体式和装配式两种。整体式主要用于钻削直径为0.03~0.5mm的微孔。装配式扁钻刀片可换，可采用内冷却，主要用于钻削直径为25~500mm的大孔，如图4-43所示。

3. 深孔钻

深孔钻通常是指加工孔深与孔径之比大于6的孔的刀具，如图4-44所示。常用的有枪钻、BTA深孔钻、喷射钻、DF深孔钻等。套料钻也常用于深孔加工。

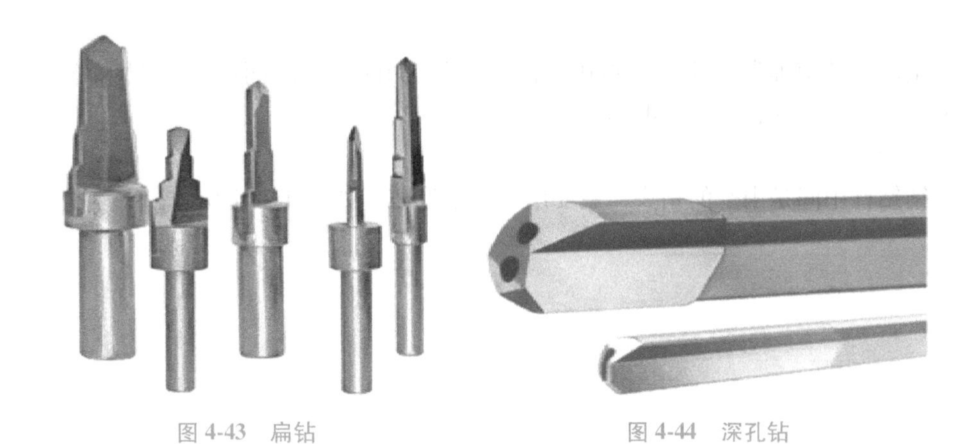

图 4-43 扁钻　　图 4-44 深孔钻

4. 扩孔钻

扩孔钻有 3~4 个刀齿，其刚性比麻花钻好，用于扩大已有的孔并提高加工精度和表面质量，如图 4-45 所示。

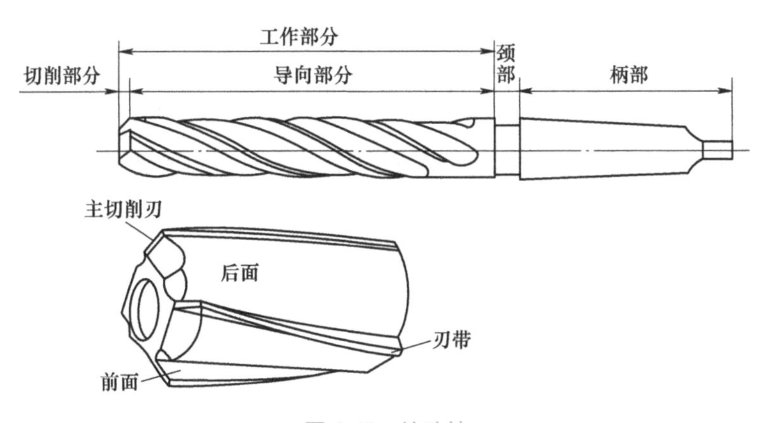

图 4-45 扩孔钻

5. 锪钻

锪钻有较多的刀齿，以成形法将孔端加工成所需的外形，用于加工各种沉头螺钉的沉头孔，或削平孔的外端面，如图 4-46 所示。

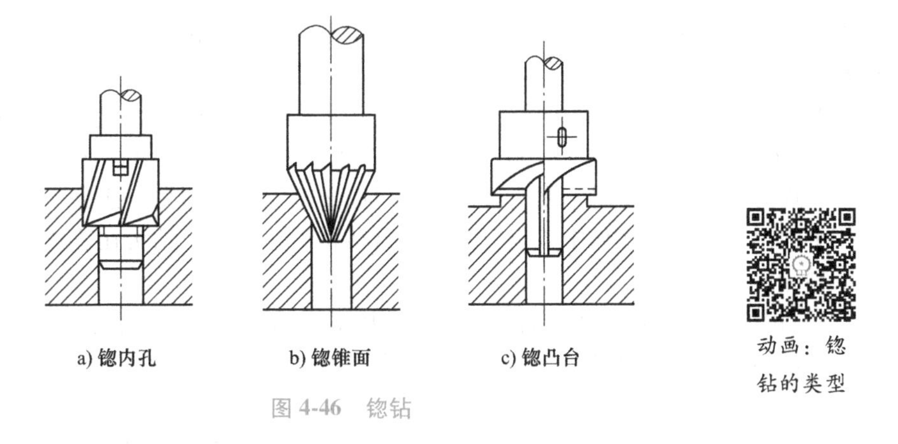

图 4-46 锪钻

6. 中心钻

中心钻用于钻削轴类工件的中心孔，它实质上是由螺旋角很小的麻花钻和锪钻复合而成，故又称复合中心钻，如图 4-47 所示。

7. 空心钻

空心钻钻杆中间是中空的钻头，主要用于钻物取芯，如图 4-48 所示。

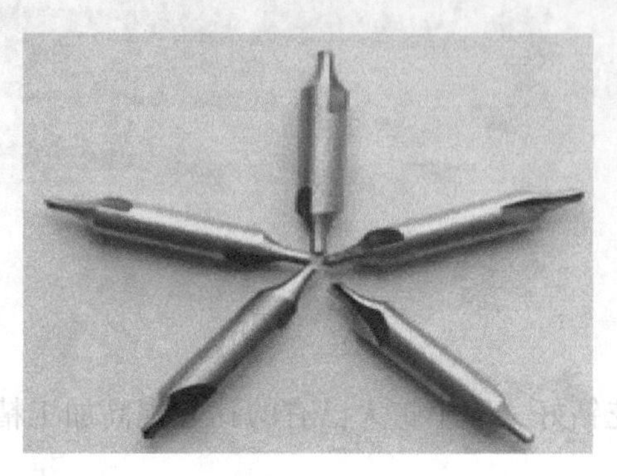

图 4-47 中心钻

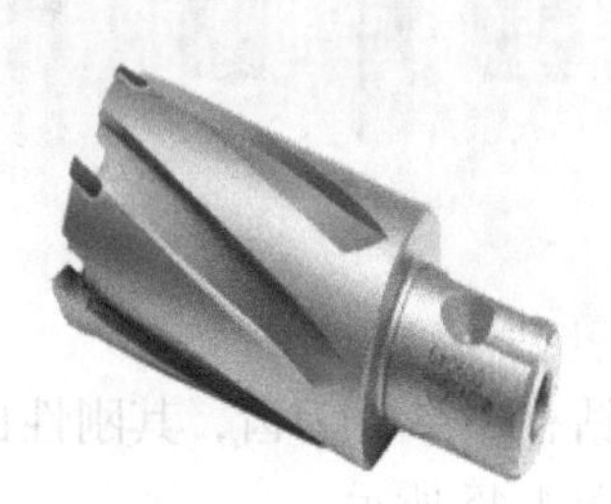

图 4-48 空心钻

（二）钻头的刃磨

1. 麻花钻的刃磨

（1）刃磨钻头动作要点 麻花钻的刃磨如图 4-49 所示。刃磨钻头动作要点如下。

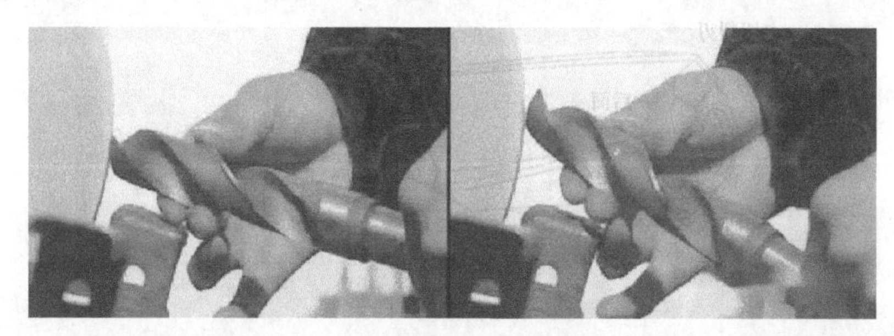

图 4-49 麻花钻的刃磨

1）钻头切削刃应水平缓慢靠近砂轮。不能把刃口摆平就靠在砂轮上开始刃磨，要切记缓慢靠近。要把被刃磨部分的主切削刃处于水平位置，慢慢靠拢砂轮，此时钻头还不能接触砂轮。

2）将钻轴斜放露出锋角。这里是指钻头轴心线与砂轮表面之间的位置关系。“锋角”即顶角 118°±2°的一半，约为 60°。这个位置很重要，它直接影响钻头顶角大小及主切削刃形状和横刃斜角。刃磨时不要为了摆平刃口而忽略了摆好斜角，或为了摆好斜放轴线而忽略了摆平刃口。在实际操作中，很容易出现这些错误。此时，钻头在位置正确的情况下，准备接触砂轮。

3）由切削刃向背面磨后面。这里是指从钻头的刃口开始沿着整个后刀面缓慢刃磨。这样便于散热和刃磨。刃磨时要观察火花的均匀性，要及时调整压力大小，并注意钻头的冷却。

4）握准钻头，不能上下摆动，这个动作在钻头刃磨过程中也很重要，往往刃磨时把

“上下摆动”变成了“上下转动”，使钻头的另一主切削刃被破坏。同时，钻头的尾部不能高翘于砂轮水平中心线以上，否则会使刃口磨钝，无法切削。

注意：在刃磨过程中，要对钻头进行冷却以免发生退火。若对合金钻头进行刃磨时，在刃磨过程中切记不要用水进行冷却，这是因为合金在高温时用水冷却，刀片会产生裂痕，而造成刀片报废。为防止烫伤，刃磨钻头时可用厚布包裹，但要防止包裹的布条绞入砂轮机中。

（2）修磨横刃　具体操作方法是：右手握住钻头的切削部分，左手握柄，将钻头的后刀面与螺旋槽相邻的棱边靠近砂轮侧面的圆角，使磨削点由外刃沿着这条棱线逐渐平移到钻头的轴线，一直磨到切削刃的前面，磨短横刃磨出内刃；然后转 180°，再磨另一侧。最后的横刃长度是原来的 1/5～1/3，修磨后形成内刃，使内刃的斜角为 20°～30°，内刃处前角为 0°～ −15°。

2. 刃磨后的检查

1）检查麻花钻的顶角 2ϕ 的大小是否正确、是否对称于钻头的轴线（标准麻花钻的顶角是±118°，刃磨较硬的材料时，顶角可大于 120°，刃磨较软的材料时，顶角可小些，但不能小于 90°。）

2）检查两主切削刃是否长短一致，高低一致。若两主切削刃长短不一致，则会影响钻孔的质量。

3）目测钻头外缘处的后角。具体判别方法如图 4-50 所示。

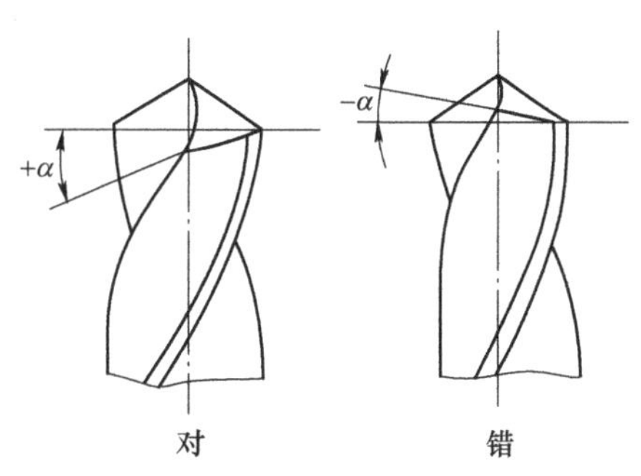

图 4-50　麻花钻的刃磨检查

学习小结

~~~~~~

~~~~~~

~~~~~~

~~~~~~

四、镗削加工

1. 镗床的种类

镗床种类很多，主要有立式镗床、卧式镗床、坐标镗床、金刚镗床、落地镗床、精镗床等。常见镗床类机床的组、系代号及主参数见表 4-3。

（1）卧式镗床　卧式镗床是镗床类机床中应用最为普遍的一种镗床，其工艺范围非常广泛，除镗孔外，还可以钻孔、扩孔和铰孔，铣削平面、成形面和各种形状的沟槽，车削端面、短外圆柱面内外环形槽和螺纹等。卧式镗床外形如图 4-51 所示。

（2）坐标镗床　坐标镗床是一种高精度机床，主要用于镗削高精度的孔，特别适用于加工相互位置精度很高的孔系，如钻模、镗模等的孔系。坐标镗床还可以用来钻孔、扩孔、铰孔、锪平面、铣平面和沟槽等。此外，还可以做精密刻度、样板划线、孔距及直线尺寸的测量等工作。所以，坐标镗床是一种万能性的精密机床。坐标镗床有立式的，也有卧式的，立式坐标镗床还有单柱、双柱之分。图 4-52 所示为立式单柱坐标镗床。

表 4-3　常用镗床组、系代号及主参数

类	组	系	名称	主参数	主参数的折算系数
镗床	4	1	立式单柱坐标镗床	工作台面宽度	1/10
	4	2	立式单柱坐标镗床	工作台面宽度	1/10
	4	6	立式双坐标镗床	工作台面宽度	1/10
	6	1	卧式镗床	镗轴直径	1/10
	6	2	落地镗床	镗轴直径	1/10
	6	9	落地镗铣床	镗轴直径	1/10
	7	0	单面卧式精镗床	工作台面宽度	1/10
	7	1	双面卧式精镗床	工作台面宽度	1/10
	7	2	立式精镗床	最大镗孔直径	1/10

微课：镗床的分类

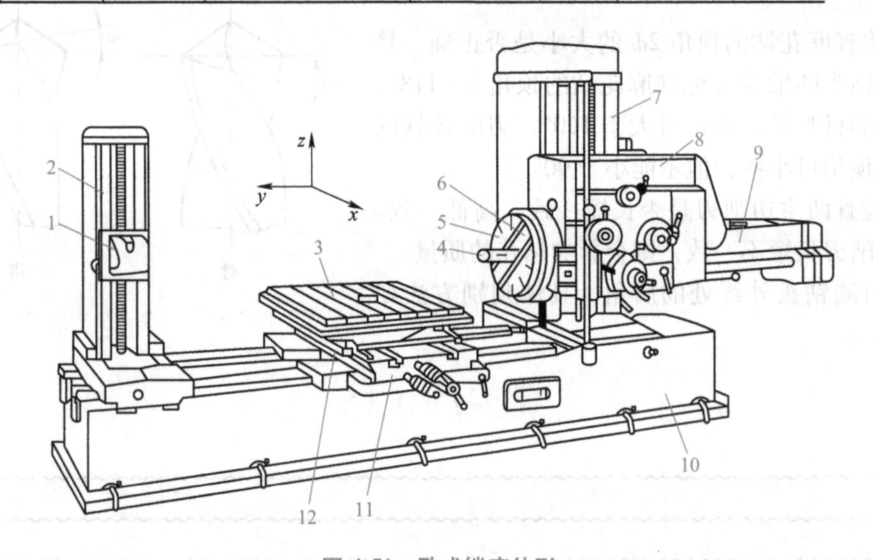

图 4-51　卧式镗床外形

1—后支承架　2—后立柱　3—工作台　4—镗轴　5—平旋盘　6—径向刀具溜板
7—前立柱　8—主轴箱　9—后尾筒　10—床身　11—下滑座　12—上滑座

动画：立式单柱坐标镗床

动画：立式双柱坐标镗床

动画：卧式坐标镗床

如图 4-53 所示为卧式坐标镗床，它是一种主轴水平布置的坐标镗床。机床上两坐标方向的移动，分别由下滑座的纵向移动和主轴箱沿立柱的上下移动来实现，工作台能在水平面内回转角度，实现精密分度。适于加工箱体零件，由于工作台能在水平面内旋转，使得有可能只需一次安装，即可加工出箱体四周所有的孔，生产率高，因此这类坐标镗床发展迅速。

（3）落地镗床和落地镗铣床　落地镗床和落地镗铣床是用于加工大而重的工件的重型

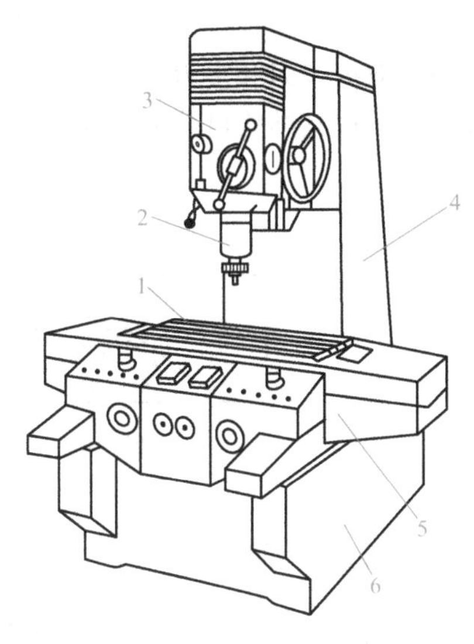

图 4-52 立式单柱坐标镗床

1—工作台 2—主轴 3—主轴箱 4—立柱 5—床鞍 6—床身

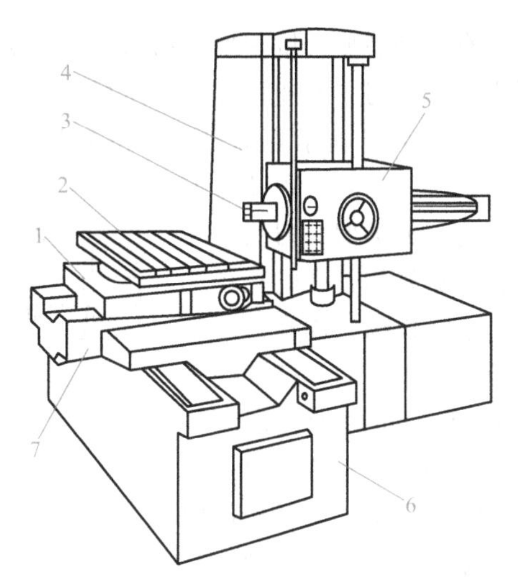

图 4-53 卧式坐标镗床

1—上滑座 2—回转工作台 3—主轴 4—立柱 5—主轴箱 6—床身 7—下滑座

机床，其镗轴直径一般在 125mm 以上。这两种机床在布局结构上的主要特点是没有工作台，被加工工件直接安装在落地平台上，加工过程中的工作运动和调整运动全由刀具完成。

图 4-54 所示为落地镗床和落地镗铣床的外形简图。立柱通过滑座安装在横向床身上，可沿床身导轨做横向移动。镗孔的坐标位置由主轴箱沿立柱导轨上下移动和立柱横向移动来确定。当需用后支承架支承刀杆进行镗孔时，可在平台上安装后立柱。后立柱也可沿其底座上的导轨做横向移动，以便调整后支承架的位置，使其支承孔与镗轴处于同一轴线上。

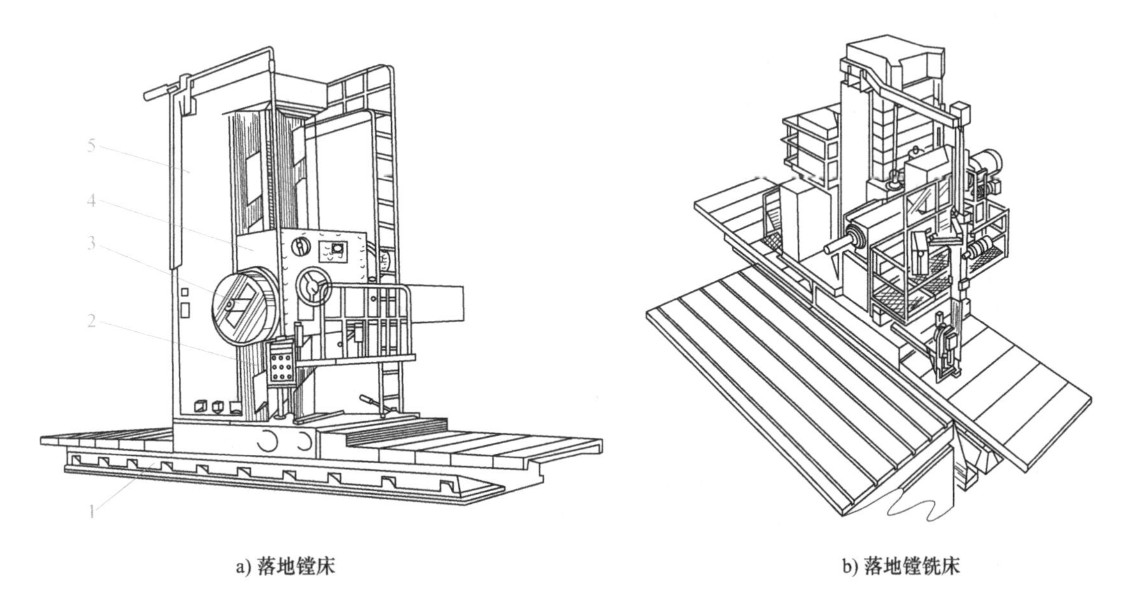

a) 落地镗床　　b) 落地镗铣床

图 4-54 落地镗床和落地镗铣床

1—床身 2—防护装置 3—主轴 4—主轴箱 5—立柱

2. 镗刀

镗刀有多种类型，按其切削刃数量可分为单刃镗刀、双刃镗刀和多刃镗刀；按其加工表面可分为通孔镗刀、不通孔镗刀、阶梯孔镗刀和端面镗刀；按其结构可分为整体式、装配式和可调式。图 4-55 所示为单刃镗刀和多刃镗刀的结构。

（1）单刃镗刀　单刃镗刀刀头结构与车刀类似，刀头装在刀杆中，根据被加工孔的孔径大小，通过手工操纵，用螺钉固定刀头的位置。刀头与镗杆轴线垂直（图 4-55a）可镗通孔，倾斜安装（图 4-55b）可镗不通孔。单刃镗刀结构简单，可以校正原有孔轴线偏斜和小的位置偏差，适应性较广，可用来进行粗加工、半精加工或精加工。但是，所镗孔径尺寸的大小要靠人工调整刀头的悬伸长度来保证，较为麻烦，加之仅有一个主切削刃参加工作，故生产率较低，多用于单件小批量生产。

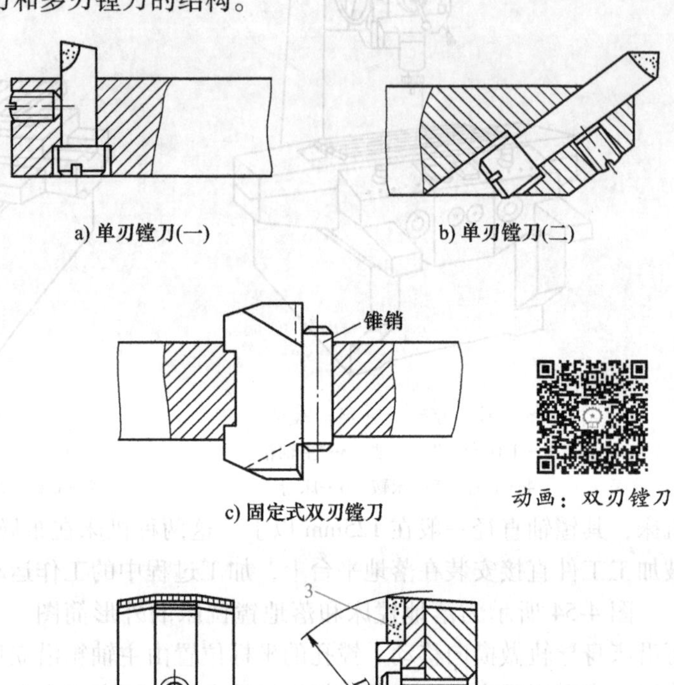

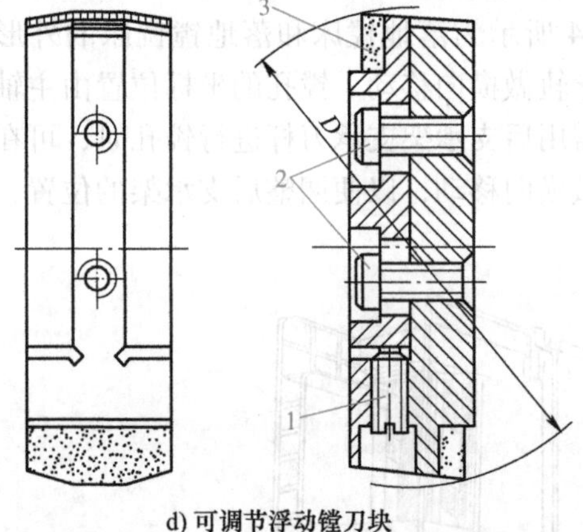

图 4-55　单刃镗刀和多刃镗刀的结构

1、2—螺钉　3—镗刀

（2）双刃镗刀　双刃镗刀有两个对称的切削刃，切削时径向力可以相互抵消，工件孔径尺寸和精度由镗刀径向尺寸保证。图 4-5c 为固定式双刃镗刀。工作时，镗刀块可通过斜楔、锥销或螺钉装夹在镗杆上，镗刀块相对于轴线的位置偏差会造成孔径误差。固定式双刃镗刀是定尺寸刀具，适用于粗镗或半精镗直径较大的孔。图 4-55d 为可调节浮动镗刀块，调节时，先松开螺钉 2，转动螺钉 1，改变刀片的径向位置至两切削刃之间尺寸等于所要加工孔径尺寸，最后拧紧螺钉 2。工作时，镗刀块在镗杆的径向槽中不紧固，能在径向自由滑动，刀块在切削力的作用下保持平衡对中，可以减少镗刀块安装误差及镗杆径向圆跳动所引起的加工误差，而获得较高的加工精度。但它不能校正原有孔轴线偏斜或位置误差，其使用应在单刃镗之后进行。浮动镗削适于精加工批量较大、孔径较大的孔。

【自学自测】

<table>
<tr><td>学习领域</td><td colspan="3">金属切削加工</td></tr>
<tr><td>学习情境四</td><td>刨削、钻削及齿轮加工</td><td>任务 2</td><td>轴承套钻削加工</td></tr>
<tr><td>作业方式</td><td colspan="3">个人解答、小组分析，现场批阅</td></tr>
<tr><td>1</td><td colspan="3">钻削与镗削有哪些区别？</td></tr>
<tr><td colspan="4">解答：</td></tr>
<tr><td>2</td><td colspan="3">钻头刃磨技巧有哪些？</td></tr>
<tr><td colspan="4">解答：</td></tr>
<tr><td>3</td><td colspan="3">标准麻花钻由哪几部分组成？各部分作用是什么？</td></tr>
<tr><td colspan="4">解答：</td></tr>
<tr><td colspan="4">评价：</td></tr>
</table>

班级		组别		组长签字	
学号		姓名		教师签字	
教师评分		日期			

【任务实施】

一、零件图与分析

图4-35所示的轴承套，材料为ZQSn6-6-3，每批数量为200件。该轴承套属于短套筒，材料为锡青铜。其主要技术要求为ϕ34js7外圆对ϕ22H7孔的径向圆跳动公差为0.01mm；左端面对ϕ22H7孔轴线的垂直度公差为0.01mm。轴承套外圆精度为IT7级，内孔精度也为IT7级。

二、确定毛坯

分析图4-35轴承套零件的结构，当内孔直径小于20mm时，一般采用冷拔、热轧棒料或实心铸件；当孔径较大时，则采用带孔的铸、锻件或无缝钢管。

三、确定主要表面的加工方法

轴承套属于短套筒，轴承套外圆精度为IT7级，内孔精度为IT7级，外圆对内孔的径向圆跳动要求在0.01mm内，用软卡爪装夹无法保证，因此精车外圆时应以内孔为定位基准，使轴承套在小锥度心轴上定位，用两顶尖装夹，使加工基准和测量基准一致，这样容易达到图样要求。故可确定加工顺序为：钻孔→车孔→铰孔。

四、划分阶段

内圆精度要求较高时，通常采用内圆最终加工方案。轴承套加工可划分为三个阶段：粗加工内孔→粗、精加工外圆→精加工内孔。

五、选择机床、刀具及附件

根据套筒类零件加工的特点，该任务应选用车床、钻床、外圆车刀、切断刀、麻花钻以及卡盘、顶尖等装备完成轴承套的加工。

六、加工工艺路线

综合上述分析，轴承套的工艺路线如下：

备料→钻中心孔→粗车→钻孔→车端面、内孔、内槽，铰孔→精车→钻油孔→检验。

七、轴承套的加工过程

轴承套的加工过程见表4-4。

表4-4　轴承套的加工过程

序号	工序名称	具体内容
1	备料	准备棒料
2	钻中心孔	车端面，钻中心孔；掉头车另一端面，钻中心孔
3	粗车	车外圆ϕ42mm，长度为6.5mm，车外圆ϕ34js7，长度为35mm，车空刀槽2mm×0.5mm，取总长40.5mm，车分割槽ϕ20mm×3mm，两端倒角C1.5。

（续）

序号	工序名称	具　体　内　容
4	钻孔	钻孔 ϕ22H7 至 ϕ22mm 成单件
5	车端面、内孔、内槽，铰孔	车端面，取总长 40mm 至尺寸；车内孔 ϕ22H7 为 $22_{-0.05}^{\ 0}$ mm；车内槽 ϕ24mm×16mm 至尺寸 铰孔 ϕ22H7 至尺寸；孔两端倒角
6	精车	车 ϕ34js7(±0.012mm) 至尺寸
7	钻油孔	钻径向油孔 ϕ4mm
8	检验	按照图样要求，检测零件

【钻削安全操作规范】

1. 操作者必须熟悉钻床结构、性能及传动系统、操作手柄、润滑系统、电气等基本知识及使用维护方法，严禁超负荷运作。

2. 工作前必须紧束服装、扎紧袖口、戴好工作帽；严禁戴手套、围巾进行操作。

3. 钻削时，要把锥柄孔擦干净，装卸钻头或夹具时，要用规定的工具，不得随意敲打。

4. 加工件应使用虎钳或专用夹具牢固地装夹在工作台上。钻通孔时工件下面一定要放垫块，以免损坏台面。

5. 钻孔的直径不得超过钻床所允许的最大直径。

6. 在工作中不许离开工作岗位，如需离开时，无论时间长短都应停车，以免发生事故。

7. 在工作中严禁开车变速，如需变速时，必须先将车停稳，否则会造成事故。

8. 在工作中如钻小而薄的工件时，需要用钳子夹住工件，严禁用手直接拿着工件钻孔，以免工件甩出伤人。

9. 使用摇臂钻床时，对好被加工孔的位置后，一定要把摇臂固定牢。

10. 摇臂钻床使用完后，要将摇臂降至最低的位置，并将变速箱移至立柱端。

11. 当钻头接近加工面或孔快钻通时，用力不可过猛；更换钻头、清扫机床、取下工件时，要在转轴旋转停止后进行。

12. 在钻夹头中装上钻头后，一定要先取下松紧钻头用的钥匙扳手后方可开车。

【轴承套钻削加工工作单】

计划单

<table>
<tr><td>学习情境四</td><td>刨削、钻削及齿轮加工</td><td>任务 2</td><td colspan="2">轴承套钻削加工</td></tr>
<tr><td>工作方式</td><td>组内讨论、团结协作共同制订计划：小组成员进行工作讨论，确定工作步骤</td><td colspan="2">计划学时</td><td>1 学时</td></tr>
<tr><td>完成人</td><td colspan="4">1.　　　　2.　　　　3.
4.　　　　5.　　　　6.</td></tr>
<tr><td colspan="5">计划依据：1. 轴承套零件图；2. 零件的加工工艺表</td></tr>
<tr><td>序号</td><td>计划步骤</td><td colspan="3">具体工作内容描述</td></tr>
<tr><td>1</td><td>准备工作（准备图样、材料、机床、工具、量具，谁去做?）</td><td colspan="3"></td></tr>
<tr><td>2</td><td>组织分工（成立组织，人员具体都完成什么?）</td><td colspan="3"></td></tr>
<tr><td>3</td><td>制订加工工艺方案（先粗加工什么，再半精加工什么，最后精加工什么?）</td><td colspan="3"></td></tr>
<tr><td>4</td><td>零件加工过程（加工准备什么，安装钻头、装夹零件、零件粗加工和精加工、零件检测?）</td><td colspan="3"></td></tr>
<tr><td>5</td><td>整理资料（谁负责？整理什么?）</td><td colspan="3"></td></tr>
<tr><td>制订计划说明</td><td colspan="4">（写出制订计划中人员为完成任务的主要建议或可以借鉴的建议、需要解释的某一方面）</td></tr>
</table>

决策单

<table>
<tr><td>学习情境四</td><td colspan="2">刨削、钻削及齿轮加工</td><td>任务 2</td><td colspan="2">轴承套钻削加工</td></tr>
<tr><td colspan="3">决策学时</td><td colspan="3">0.5 学时</td></tr>
<tr><td colspan="6">决策目的：轴承套钻削加工方案对比分析，比较加工质量、加工时间、加工成本等</td></tr>
<tr><td rowspan="13">工艺方案对比</td><td>小组
成员</td><td>方案的可行性
（加工质量）</td><td>加工的合理性
（加工时间）</td><td>加工的经济性
（加工成本）</td><td>综合评价</td></tr>
<tr><td>1</td><td></td><td></td><td></td><td></td></tr>
<tr><td>2</td><td></td><td></td><td></td><td></td></tr>
<tr><td>3</td><td></td><td></td><td></td><td></td></tr>
<tr><td>4</td><td></td><td></td><td></td><td></td></tr>
<tr><td>5</td><td></td><td></td><td></td><td></td></tr>
<tr><td>6</td><td></td><td></td><td></td><td></td></tr>
<tr><td></td><td></td><td></td><td></td><td></td></tr>
<tr><td></td><td></td><td></td><td></td><td></td></tr>
<tr><td></td><td></td><td></td><td></td><td></td></tr>
<tr><td></td><td></td><td></td><td></td><td></td></tr>
<tr><td></td><td></td><td></td><td></td><td></td></tr>
<tr><td></td><td></td><td></td><td></td><td></td></tr>
<tr><td>决策评价</td><td colspan="5">结果：（根据组内成员加工方案对比分析，对自己的工艺方案进行修改并说明修改原因，最后确定一个最佳方案）</td></tr>
</table>

检查单

<table>
<tr><td colspan="2">学习情境四</td><td>刨削、钻削及齿轮加工</td><td>任务2</td><td colspan="4">轴承套钻削加工</td></tr>
<tr><td colspan="2"></td><td>评价学时</td><td>课内
0.5 学时</td><td colspan="4">第　　　组</td></tr>
<tr><td colspan="2">检查目的及方式</td><td colspan="6">教师全过程监控小组的工作情况，如检查等级为不合格，小组需要整改，并拿出整改说明</td></tr>
<tr><td rowspan="2">序号</td><td rowspan="2">检查项目</td><td rowspan="2">检查标准</td><td colspan="5">检查结果分级
（在检查相应的分级框内划“√”）</td></tr>
<tr><td>优秀</td><td>良好</td><td>中等</td><td>合格</td><td>不合格</td></tr>
<tr><td>1</td><td>准备工作</td><td>查找资源、材料准备完整</td><td></td><td></td><td></td><td></td><td></td></tr>
<tr><td>2</td><td>分工情况</td><td>安排合理、全面，分工明确</td><td></td><td></td><td></td><td></td><td></td></tr>
<tr><td>3</td><td>工作态度</td><td>小组成员工作积极主动、全员参与</td><td></td><td></td><td></td><td></td><td></td></tr>
<tr><td>4</td><td>纪律出勤</td><td>按时完成负责的工作内容、遵守工作纪律</td><td></td><td></td><td></td><td></td><td></td></tr>
<tr><td>5</td><td>团队合作</td><td>相互协作、互相帮助、成员听从指挥</td><td></td><td></td><td></td><td></td><td></td></tr>
<tr><td>6</td><td>创新意识</td><td>任务完成不照搬照抄，看问题具有独到见解，创新思维</td><td></td><td></td><td></td><td></td><td></td></tr>
<tr><td>7</td><td>完成效率</td><td>工作单记录完整，并按照计划完成任务</td><td></td><td></td><td></td><td></td><td></td></tr>
<tr><td>8</td><td>完成质量</td><td>工作单填写准确，评价单结果达标</td><td></td><td></td><td></td><td></td><td></td></tr>
<tr><td>检查评语</td><td colspan="5"></td><td colspan="2">教师签字：</td></tr>
</table>

任务评价

小组产品加工评价单

<table>
<tr><td colspan="2">学习情境四</td><td colspan="4">刨削、钻削及齿轮加工</td></tr>
<tr><td colspan="2">任务 2</td><td colspan="4">轴承套钻削加工</td></tr>
<tr><td>评价类别</td><td>评价项目</td><td>子项目</td><td>个人评价</td><td>组内互评</td><td>教师评价</td></tr>
<tr><td rowspan="16">专业知识与技能</td><td rowspan="3">加工准备（15%）</td><td>零件图分析（5%）</td><td></td><td></td><td></td></tr>
<tr><td>设备及刀具准备（5%）</td><td></td><td></td><td></td></tr>
<tr><td>加工方法的选择以及切削用量的确定（5%）</td><td></td><td></td><td></td></tr>
<tr><td rowspan="5">任务实施（30%）</td><td>工作步骤执行（5%）</td><td></td><td></td><td></td></tr>
<tr><td>功能实现（5%）</td><td></td><td></td><td></td></tr>
<tr><td>质量管理（5%）</td><td></td><td></td><td></td></tr>
<tr><td>安全保护（10%）</td><td></td><td></td><td></td></tr>
<tr><td>环境保护（5%）</td><td></td><td></td><td></td></tr>
<tr><td rowspan="3">工件检测（30%）</td><td>产品尺寸精度（15%）</td><td></td><td></td><td></td></tr>
<tr><td>产品表面质量（10%）</td><td></td><td></td><td></td></tr>
<tr><td>工件外观（5%）</td><td></td><td></td><td></td></tr>
<tr><td rowspan="3">工作过程（15%）</td><td>使用工具规范性（5%）</td><td></td><td></td><td></td></tr>
<tr><td>操作过程规范性（5%）</td><td></td><td></td><td></td></tr>
<tr><td>工艺路线正确性（5%）</td><td></td><td></td><td></td></tr>
<tr><td>工作效率（5%）</td><td>能够在要求的时间内完成（5%）</td><td></td><td></td><td></td></tr>
<tr><td>作业（5%）</td><td>作业质量（5%）</td><td></td><td></td><td></td></tr>
<tr><td>评价评语</td><td colspan="5"></td></tr>
</table>

班级		组别		学号		总评	
教师签字		组长签字		日期			

小组成员素质评价单

<table>
<tr><td>学习情境四</td><td colspan="3">刨削、钻削及齿轮加工</td><td colspan="2">任务2</td><td colspan="3">轴承套钻削加工</td></tr>
<tr><td>班级</td><td></td><td colspan="2">第　组</td><td colspan="2">成员姓名</td><td colspan="3"></td></tr>
<tr><td colspan="2">评分说明</td><td colspan="7">每个小组成员评价分为自评和小组其他成员评价两部分，取平均值计算，作为该小组成员的任务评价个人分数。评价项目共设计5个，依据评分标准给予合理量化打分。小组成员自评分后，要找小组其他成员以不记名方式打分</td></tr>
<tr><td>评分项目</td><td colspan="2">评分标准</td><td>自评分</td><td>成员1评分</td><td>成员2评分</td><td>成员3评分</td><td>成员4评分</td><td>成员5评分</td></tr>
<tr><td>核心价值观（20分）</td><td colspan="2">是否体现社会主义核心价值观的思想及行动</td><td></td><td></td><td></td><td></td><td></td><td></td></tr>
<tr><td>工作态度（20分）</td><td colspan="2">是否按时完成负责的工作内容、遵守纪律，是否积极主动参与小组工作，是否全过程参与，是否吃苦耐劳，是否具有工匠精神</td><td></td><td></td><td></td><td></td><td></td><td></td></tr>
<tr><td>交流沟通（20分）</td><td colspan="2">是否能清晰地表达自己的观点，是否能倾听他人的观点</td><td></td><td></td><td></td><td></td><td></td><td></td></tr>
<tr><td>团队合作（20分）</td><td colspan="2">是否与小组成员合作完成任务，做到相互协作、互相帮助、听从指挥</td><td></td><td></td><td></td><td></td><td></td><td></td></tr>
<tr><td>创新意识（20分）</td><td colspan="2">看问题是否能独立思考，提出独到见解，是否能够以创新思维解决遇到的问题</td><td></td><td></td><td></td><td></td><td></td><td></td></tr>
<tr><td>最终小组成员得分</td><td colspan="8"></td></tr>
</table>

课后反思

学习情境四		刨削、钻削及齿轮加工	任务 2	轴承套钻削加工
班级		第　组	成员姓名	
情感反思		通过对本任务的学习和实训，你认为自己在社会主义核心价值观、职业素养、学习和工作态度等方面有哪些需要提高的部分？		
知识反思		通过对本任务的学习，你掌握了哪些知识点？请画出思维导图。		
技能反思		在完成本任务的学习和实训过程中，你主要掌握了哪些技能？		
方法反思		在完成本任务的学习和实训过程中，你主要掌握了哪些分析和解决问题的方法？		

【课后作业】

图 4-56 所示为精镗活塞销孔工序的示意图，工件以止口面及半精镗过的活塞销孔定位，试分析影响工件加工精度的工艺系统的各种原始误差因素。

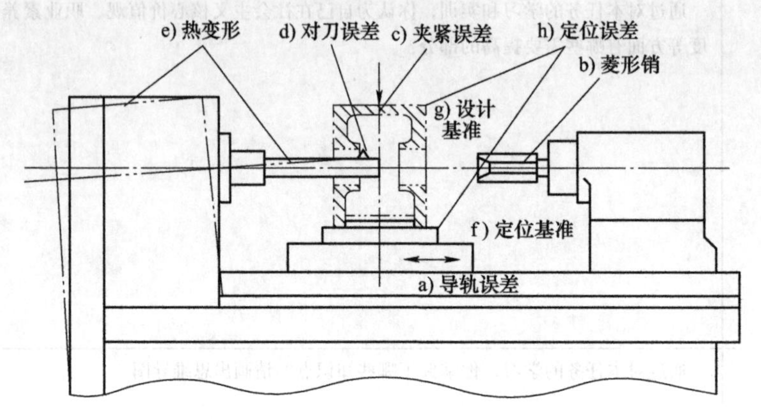

图 4-56 精镗活塞销孔工序示意图

任务3 齿轮加工

【学习导图】

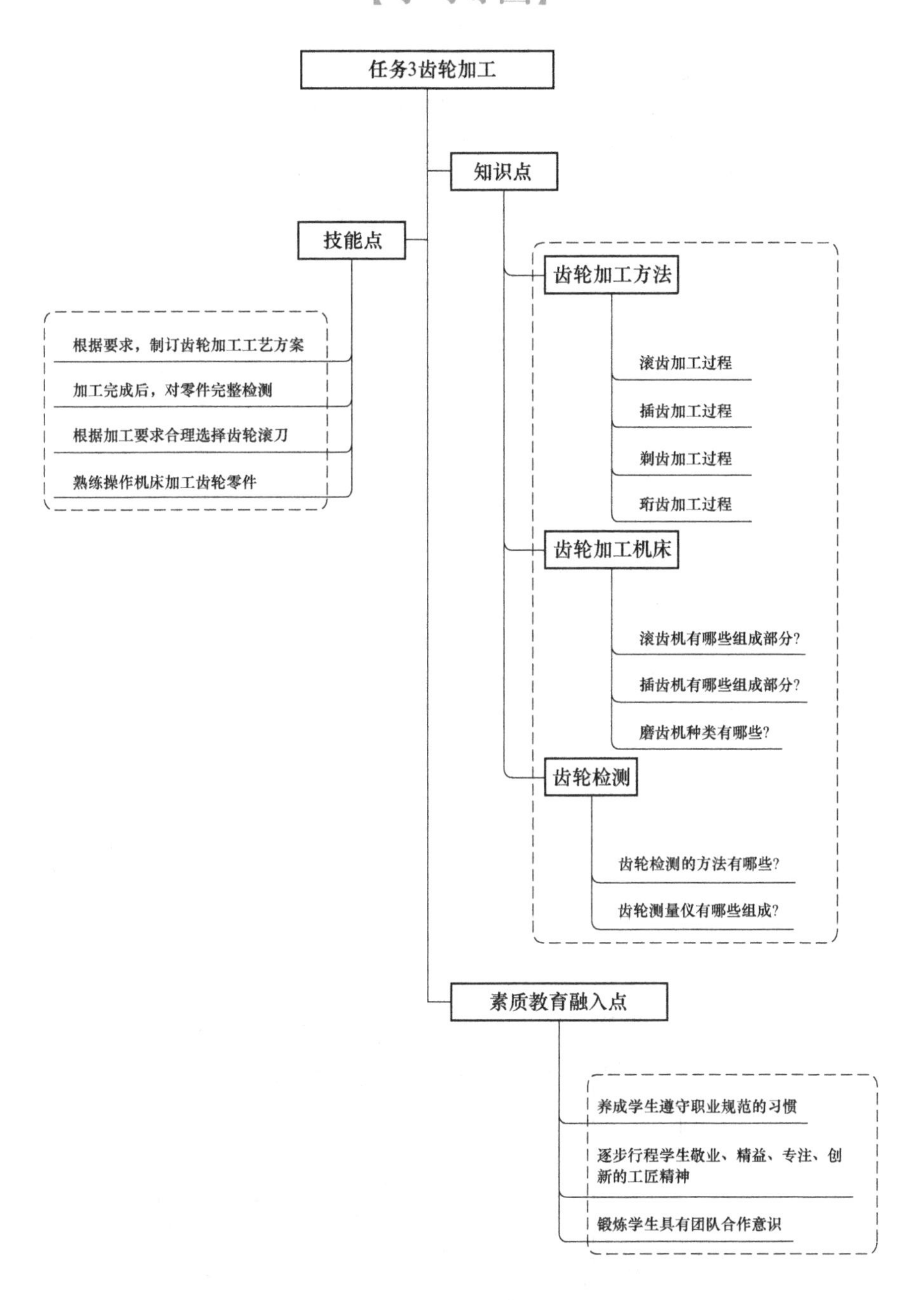

【任务工单】

学习情境四	刨削、钻削及齿轮加工	工作任务 3	齿轮加工
任务学时		4 学时（课外 6 学时）	
布置任务			

工作目标

1. 根据齿轮零件结构特点，合理选择加工机床及附件。
2. 根据齿轮零件结构特点，合理选择齿轮滚刀并能进行加工操作。
3. 根据加工要求，选择正确的加工方法。
4. 根据加工要求，制订合理加工路线并完成齿轮的加工。

任务描述

齿轮在人类日常生活与机械传动中扮演着重要角色，图 4-57 为齿轮传动与齿轮在变速器中的应用。

图 4-57　齿轮图示

齿轮零件体与回转件及腔体类零件在结构形状上有着明显的不同，作为一类典型零件，齿轮是如何加工出来的，怎样检测齿轮，齿轮可否具有互换性等问题，同学们思考过吗？

图 4-58 所示为齿轮简图，结合齿轮结构特点和技术要求，合理地设计齿轮加工的工艺路线，加工出符合图样要求的零件，从而达到本课程的学习目标。

模数	3.5
齿数	63
压力角	20°
精度等级	655
基本极限偏差	±0.006 5
周节累积公差	0.045
公法线平均长度	$80.58^{-0.14}_{-0.22}$
跨齿数	8
齿向公差	0.007
齿形公差	0.007

$\sqrt{Ra\ 6.3}$ ($\sqrt{}$)

材料：40Cr
齿部：G52

图 4-58　齿轮简图

（续）

学时安排	资讯 1 学时	计划 0.5 学时	决策 0.5 学时	实施 1 学时	检查 0.5 学时	评价 0.5 学时
提供资源	1. 齿轮加工图样。 2. 课程标准、多媒体课件、教学演示视频及其他共享数字资源。 3. 加工机床及附件。 4. 游标卡尺等工具和量具。					
对学生学习及成果的要求	1. 能够正确识读和表述齿轮零件图。 2. 合理选择加工机床及附件。 3. 合理选择齿轮滚刀并能进行加工操作。 4. 加工出表面质量和精度合格的齿轮。 5. 学生均能按照学习导图自主学习，并完成自学自测和课后作业。 6. 严格遵守课堂纪律，学习态度认真、端正，能够正确评价自己和同学在本任务中的素质表现。 7. 学生必须积极参与小组工作，承担零件图识读、零件切削加工设备选用、加工工艺路线制订等工作，做到积极主动不推诿，能够与小组成员合作完成工作任务。 8. 学生均需独立或在小组同学的帮助下完成任务工作单、加工工艺文件、加工视频及动画等，并提请检查、签认，对提出的建议或错误之处务必及时修改。 9. 每组必须完成任务工单，并提请教师进行小组评价，小组成员分享小组评价分数或等级。 10. 学生均完成任务反思，以小组为单位提交。					

【课前自学】

一、齿轮加工方法

齿轮在各种机械、仪器、仪表中应用广泛，它是传递运动和动力的重要零件，齿轮的质量直接影响到机电产品的工作性能、承载能力、使用寿命和工作精度等。齿轮的加工方法很多，主要有滚齿加工、插齿加工、剃齿加工和珩齿加工。

（一）滚齿加工

滚齿加工是用滚刀来加工齿轮，相当于一对交错螺旋齿轮啮合。这对啮合齿轮传动副中，一个齿轮齿数很少，有一个或几个，螺旋角很大，就演变成了一个蜗杆，再将蜗杆开槽并铲背，就成为齿轮滚刀。齿轮滚刀螺旋线法向剖面各刀齿面也相当于一根齿条，当滚刀连续转动时，就相当于一根无限长齿条沿刀具轴向连续移动。齿轮滚刀按给定切削速度做旋转运动时，工件则按齿轮齿条啮合关系传动（即当滚刀转一圈，相当于齿条移动一个或几个齿距，齿轮坏也相应转过一个或几个齿距），齿坯上切出齿槽，形成渐开线齿面，如图 4-59 所示。滚齿轮过程中，滚刀各刀齿相继切出齿槽中的一薄层金属，每个齿槽在旋转过程中由几个刀齿依次切出，渐开线齿廓则由切削刃一系列瞬时位置包络而成，如图 4-59b 所示，因此，滚齿加工齿面的成形方法是展成法。成形运动是由滚刀的旋转运动和工件的旋转运动组成的复合运动（$B_{11}+B_{12}$），这个复合运动称为展成运动。当滚刀与工件连续啮合转动时，便在工件整个圆周上依次切出所有齿槽。这一过程中，齿面形成与齿轮分度是同时进行的，因此展成运动也就是分度运动。由上所述，滚齿时，滚刀和工件之间必须保持严格的相对运动关系，即当滚刀转过 1 转时，工件相应转过 K/z 转（K 为滚刀头数，z 为工件齿数）。

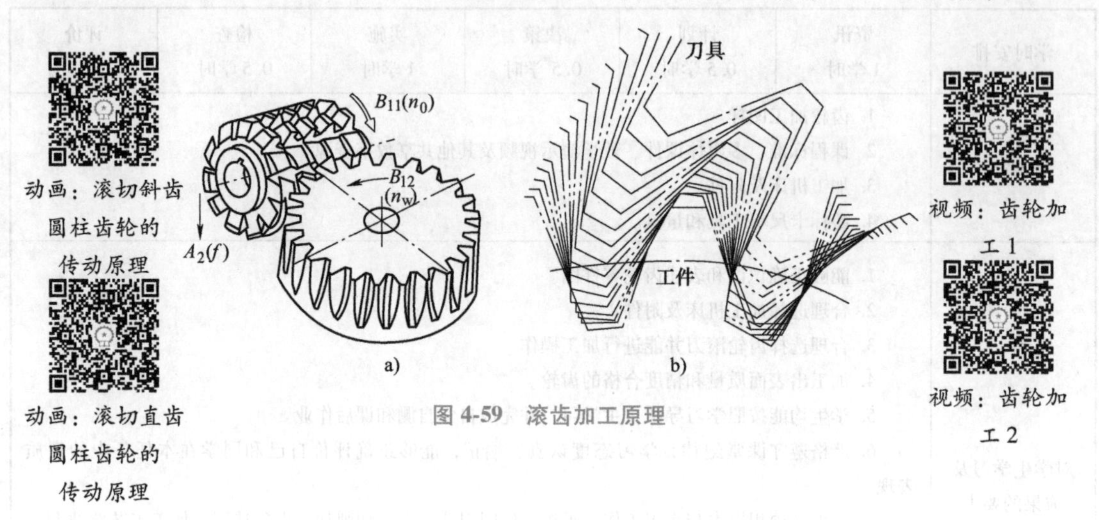

图 4-59　滚齿加工原理

（二）插齿加工

1. 插齿加工

插齿是利用插齿刀在插齿机上加工内、外齿轮或齿条等的齿面加工方法。插齿的加工过程，从原理上讲，相当于一对直齿圆柱齿轮的啮合。工件和插齿刀的运动形式，如图 4-60a 所示，插齿刀相当于一个在齿轮上磨出前角和后角，形成切削刃的齿轮，而齿轮齿坯则作为另一个齿轮。插齿时刀具沿工件轴线方向做高速的往复直线运动，形成切削加工的主运动，同时还与工件做无间隙的啮合运动，在工件上加工出全部轮齿齿廓。在加过程中，刀具每往复一次，仅切出工件齿槽的很小一部分，工件齿槽的齿面曲线是由插齿刀切削刃多次切削的包络线所组成的，如图 4-60b 所示。

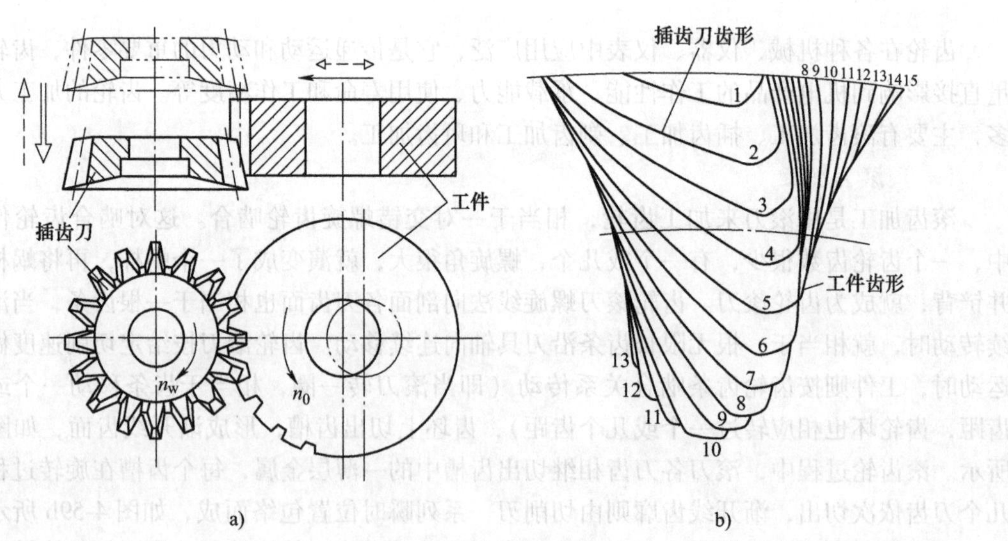

图 4-60　插齿加工

2. 插齿运动

插齿加工时，插齿机必须具备以下运动：

（1）主运动　插齿刀的往复上、下运动称为主运动。以每分钟的往复次数来表示，向下为切削行程，向上为返回行程。

（2）展成运动　插齿时，插齿刀和工件之间必须保持一对齿轮副的啮合运动关系，即插齿刀每转过一个齿（$1/z$ 刀转）时，工件也必须转过一个齿（$1/z$ 工转）。

（3）径向进给运动　为了逐渐切至工件的全齿深，插齿刀必须有径向进给运动。径向进给量用插齿刀每次往复行程中工件或刀具径向移动的毫米数来表示。当达到全齿深时，机床便自动停止径向进给运动，工件和刀具必须对滚一周，才能加工出全部轮齿。

（4）圆周进给运动　展成运动只确定插齿刀和工件的相对运动关系，而运动快、慢由圆周进给运动来确定。插齿刀每一往复行程在分度圆上所转过的弧长称为圆周进给量，其单位为 mm。

（5）让刀运动　为了避免插齿刀在回程时擦伤已加工表面和减少刀具磨损，刀具和工件之间应让开一段间隔，而在插齿刀重新开始向下工作行程时，应立即恢复到原位，以便刀具向下切削工件。这种让开和恢复原位的运动称为让刀运动。一般新型号的插齿机通过刀具主轴座的摆动来实现让刀运动，以减小让刀产生的振动。

3. 插齿机传动

插齿机的传动图如图 4-61 所示，主运动传动链由“电动机 M—1—2—u_v—3—4—5—曲柄偏心盘 A—插齿刀主轴（往复直线运动）”组成，其中换置机构 u_v 用于改变插齿刀每分钟往复行程数。圆周进给运动链由“插齿刀主轴（往复直线运动）—曲柄偏心盘 A—5—4—6—u_s—7—8—9—蜗杆蜗轮副 B—插齿刀主轴（旋转运动）”组成，其中换置机构 u_s 用来调整圆周进给量大小。展成运动传动链由“插齿刀主轴（旋转运动）—蜗杆蜗轮副 B—9—8—10—u_c—11—12—蜗杆蜗轮副 C—工作台主轴（旋转运动）”所组成，其中换置机构 u_c 用来调整插齿刀与工件所需的正确相对运动关系。由于让刀运动及径向切进运动不直接参加表面成形运动，因此图 4-61 中没有表示出来。

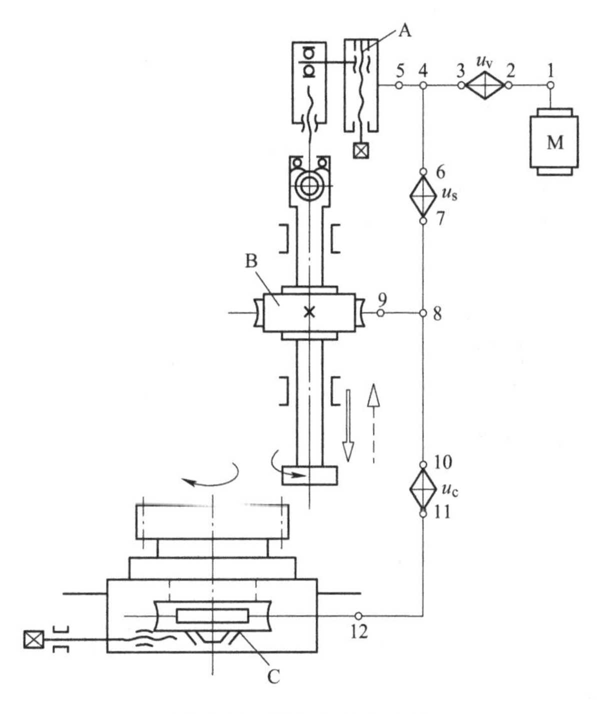

图 4-61　插齿机的传动图

4. 插齿加工特点

（1）插齿加工精度较高　由于插齿刀的制造、刃磨和检验均较滚刀简便，易保证制造精度，故可保证插齿的齿形精度高；但插齿加工时，刀具上各刀齿顺次切制工件的各个齿槽，因此，插齿刀的齿距累积误差将直接传递给被加工齿轮，影响被切齿轮的运动精度。

（2）插齿齿向偏差比滚齿大　由于插齿机的主轴回转轴线与工作台回转轴线之间存在平行度误差，加之插齿刀往复运动频繁，主轴与套筒轻易磨损，所以插齿的齿向偏差通常比滚齿大。

(3) 齿面粗糙度值较小　由于插齿刀是沿轮齿全长连续地切下切屑，且形成齿形包络线的切线数目比滚齿时多，因此插齿加工的齿面质量优于滚齿。

(4) 插齿生产率比滚齿低　插齿刀的切削速度受往复运动惯性限制，且空行程损失大，因此生产率低于滚齿加工。

插齿适用于加工模数小，齿宽较窄的内齿轮、双联或多联齿轮、齿条、扇形齿等。

(三) 剃齿加工

剃齿加工是根据一对螺旋角不等的螺旋齿轮啮合的原理，剃齿刀与被切齿轮的轴线空间交叉一个角度，它们的啮合为无侧隙双面啮合的自由展成运动。在啮合传动中，由于轴线交叉角的存在，齿面间沿齿向产生相对滑移，此滑移速度 $v_{切}=(v_{t2}-v_{t1})$ 即为剃齿加工的切削速度。剃齿刀的齿面开槽而形成切削刃，通过滑移速度将齿轮齿面上的加工余量切除。由于是双面啮合，因此剃齿刀的两侧面都能进行切削加工，但由于两侧面的切削角度不同，一侧为锐角，切削能力强，另一侧为钝角，切削能力弱，以挤压擦光为主，故对剃齿质量有较大影响。为使齿轮两侧获得同样的剃削条件，在剃削过程中，使剃齿刀做交替正反转运动。剃齿加工如图 4-62 所示。

剃齿加工需要有以下几种运动：

1）剃齿刀带动工件的高速正、反转运动——基本运动。

2）工件沿轴向往复运动——使齿轮全齿宽均能剃出。

3）工件每往复一次做径向进给运动——以切除全部余量。

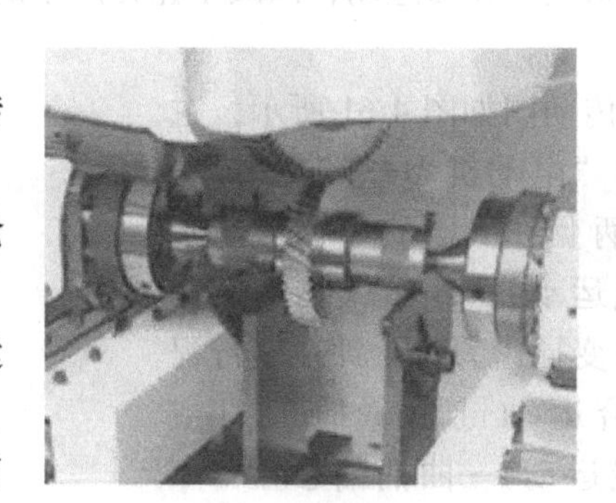

图 4-62　剃齿加工

动画：剃齿工作原理

综上所述，剃齿加工的过程是剃齿刀与被切齿轮在轮齿双面紧密啮合的自由展成运动中，实现微细切削过程，而实现剃齿的基本条件是轴线存在一个交叉角。当交叉角为零时，切削速度为零，剃齿刀对工件没有切削作用。

剃齿加工特点如下：

1）剃齿加工精度一般为 6~7 级，表面粗糙度 Ra 为 0.8~0.4μm，用于未淬火齿轮的精加工。

2）剃齿加工的生产率高，加工一个中等尺寸的齿轮一般只需 2~4min，与磨齿相比较，可提高生产率 10 倍以上。

3）由于剃齿加工是自由啮合，机床无展成运动传动链，故机床结构简单，机床调整容易。

(四) 珩齿加工

当工件硬度超过 35HRC 时，通常使用珩齿代替剃齿。珩齿是齿轮热处理后的一种光整加工方法，目前生产中应用广泛。淬火后的齿轮轮齿表面有氧化皮，影响轮齿的表面粗糙度，热处理的变形也影响齿轮的精度。由于工件已淬硬，因此需采用磨削加工，或采用珩齿进行精加工。

珩齿原理与剃齿相似，珩轮与工件类似于一对螺旋齿轮呈无侧隙啮合，利用啮合处的相对滑动，并在齿面间施加一定的压力来进行珩齿。珩齿时的运动和剃齿相同，即珩轮带动工件高速正、反向转动，工件沿轴向往复运动及工件径向进给运动。与剃齿不同的是，开车后一次径向进给到预定位置，故开始时齿面压力较大，随后逐渐减小，直到压力消失时珩齿便结束，如图 4-63 所示。

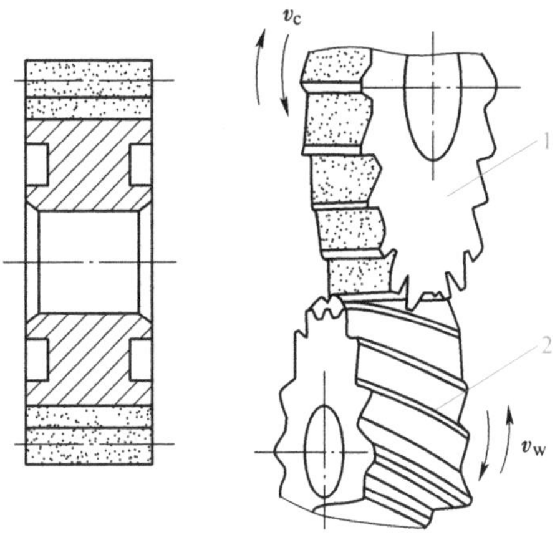

图 4-63 珩齿加工
1—珩轮 2—珩齿

珩齿加工的特点如下：

1）珩轮结构和磨轮相似，但珩齿速度甚低（通常为 1~3m/s），加之磨粒粒度较细，珩轮弹性较大，故珩齿过程实际上是一种低速磨削、研磨和抛光的综合过程。

2）珩齿时，除齿面间隙沿齿向有相对滑动外，沿齿形方向也存在滑动，因此齿面形成复杂的网纹，提高了齿面质量，其表面粗糙度值可从 $Ra1.6\mu m$ 降到 $Ra0.8 \sim 0.4\mu m$。

3）珩轮弹性较大，对珩前齿轮的各项误差修正作用不强。因此，对珩轮本身的精度要求不高，珩轮误差一般不会反映到被珩齿轮上。

4）珩轮主要用于去除热处理后齿面上的氧化皮和毛刺。珩齿余量一般不超过 0.025mm，珩轮转速达到 1000r/min 以上，纵向进给量为 0.05~0.065mm/r。

5）珩轮生产率甚高，一般经过 3~5 次往复运动即可完成。

学习小结

二、齿轮加工机床

（一）滚齿机

滚齿机按布局分为立式和卧式两类。大中型滚齿机多为立式，小型滚齿机和专用于加工长的轴齿轮的滚齿机皆为卧式。立式滚齿机又分为工作台移动和立柱移动两种。立式滚齿机工作时，滚刀装在滚刀主轴上，由主电动机驱动做旋转运动，刀架可沿立柱导轨垂直移动，还可绕水平轴线调整一个角度。工件装在工作台上，由分度蜗轮副带动旋转，与滚刀的运动一起构成展成运动。滚切斜齿时，差动机构使工件做相应的附加转动。工作台（或立柱）可沿床身导轨移动，以适应不同工件直径和做径向进给。有的滚齿机的刀架还可沿滚刀轴线方向移动，以便用切向进给法加工蜗轮。大型滚齿机还设有单齿分度机构、指形齿轮铣刀刀架和加工人字齿轮的差动换向机构等。滚齿加工适用于成批，小批及单件生产圆柱斜齿轮和蜗轮，滚齿机的加工精度为 7~6 级，高精度滚齿机为 4~3 级，最大加工直径达 16m。滚齿机如图 4-64 所示。

a) 立式滚齿机

b) 卧式滚齿机

微课：
滚齿和插刀

图 4-64 滚齿机

（二）插齿机

插齿机分为立式和卧式两种，前者使用最普遍。立式插齿机又有刀具让刀和工件让刀两种形式。高速和大型插齿机用刀具让刀，中小型插齿机一般用工件让刀。在立式插齿机上，插齿刀装在刀具主轴上，同时做旋转运动和上下往复插削运动；工件装在工作台上，做旋转运动，工作台（或刀架）可横向移动实现径向切入运动。刀具回程时，刀架向后稍做摆动实现让刀运动或工作台做让刀运动。加工斜齿轮时，通过装在主轴上的附件（螺旋导轨）使插齿刀随上、下运动而做相应的附加转动。20 世纪 60 年代出现高速插齿机，其主要特点是采用硬质合金插齿刀，刀具主轴的冲程数高达 2000 次/min；采用静压轴承和静压滑块；由刀架摆动让刀，以减少冲击。卧式插齿机具有两个独立的刀具主轴，水平布置做交错往复运动，主要用来加工无空刀槽人字齿轮和各种轴齿轮等。此外，还有使用梳齿刀的插齿机，工作时梳齿刀做往复切削运动和让刀运动，工件做相应的转动，并在平行于梳齿刀节线方向上做直线运动，两者构成展成运动。工件的分齿是间歇的。加工精度可达 7 ~ 5 级，最大加工工件直径达 12m，插齿机如图 4-65 所示。

图 4-65 插齿机

（三）磨齿机

磨齿机根据砂轮形状可分为 4 种。

1. 碟形砂轮磨齿机

两个旋转的碟形砂轮的窄边相当于齿条的两个齿面，工件通过滚圆盘和钢带做展成运动，工作台沿工件轴向做往复运动以磨出整个齿宽。每磨完一齿后，由分度头架通过分度盘分齿。这种磨齿机还可利用附加装置磨削斜齿。若用一个砂轮伸入内齿轮中，就可磨削内齿轮。这种磨齿机一般为卧式布局，加工直径大于 1m 时用立式磨齿机，精度可达 4 级，适用于磨削高精度齿轮，如图 4-66 所示。

2. 锥面砂轮磨齿机

锥面砂轮磨齿机中砂轮的轴向剖面修整成齿条的一个齿形，并沿齿向做直线往复运动。工件通过蜗轮、丝杠和交换齿轮完成展成和分度运动，但也有用滚圆盘和钢带做展成运动，利用蜗轮副或分度盘做分度运动的。砂轮架按工件螺旋角转过一个角度时可磨削斜齿轮。这种机床调整方便，通用性好，适用于单件成批生产，应用较广。数控锥面砂轮磨齿机如图4-67所示。

图 4-66 碟形砂轮磨齿机

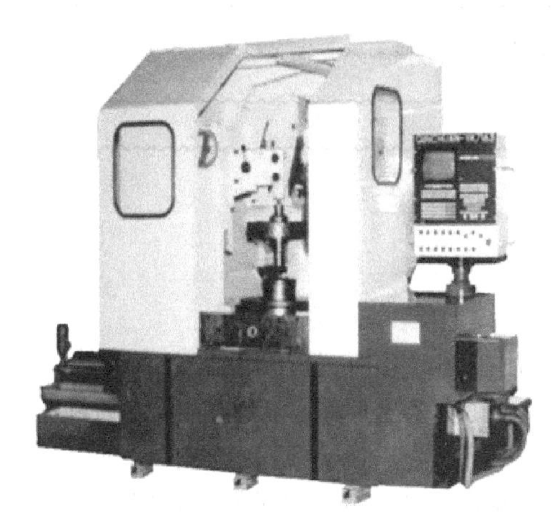

图 4-67 数控锥面砂轮磨齿机

3. 蜗杆砂轮磨齿机

原理与滚齿机相似，砂轮为大直径单头蜗杆（见蜗杆传动）形状，砂轮每转一转，工件转过一齿，其传动比准确，有的用机械传动，有的用同步电动机分别驱动，有的用光栅和伺服电动机传动。磨削时工件沿轴向做进给运动（见机床），以磨出整个齿面。砂轮用金刚石车刀车削或用滚压轮滚成蜗杆形。机床为立式布局，连续分度，磨削效率高，适用于成批生产中加工中等模数的齿轮，对齿数多的齿轮尤为合适，精度可达 4 级。蜗杆砂轮磨齿机如图 4-68 所示。

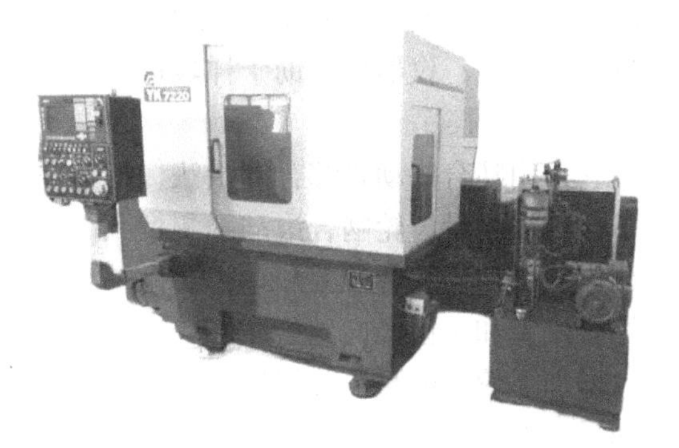

图 4-68 蜗杆砂轮磨齿机

4. 大平面砂轮磨齿机

砂轮的工作平面相当于齿条的一个齿面，用渐开线样板（也有用钢带和滚圆盘的）产生展成运动。砂轮和工件都不做工件轴向往复运动，磨出一侧齿面后利用分度盘分齿，依次磨出所有齿面。然后工件调头，再磨出另一侧齿面。机床为卧式布局，结构简单，性能稳定，精度可达 3 级，主要用于磨削插齿刀、剃齿刀和计量用的测量齿轮等，如图 4-69 所示。

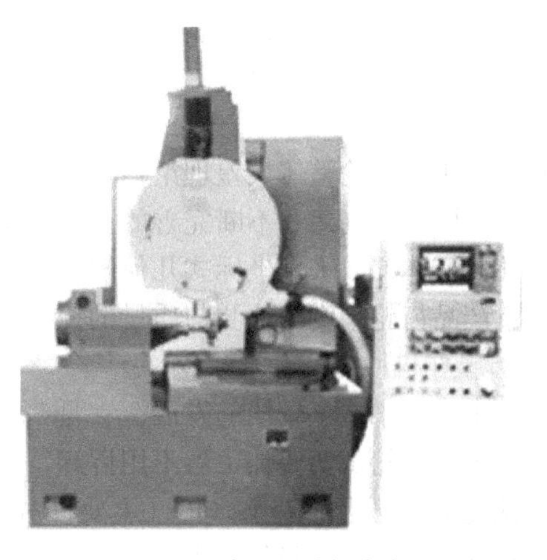

图 4-69 大平面砂轮磨齿机

学习小结

三、齿轮检测

（一）齿轮检测方法

1. 齿轮单项几何误差检测

采用坐标式几何解析测量法，将齿轮作为一个具有复杂形状的几何实体，在所建立的测量坐标系（直角坐标系、极坐标系或圆柱坐标系）上，按照设计几何参数对齿轮齿面的几何偏差进行测量。测量方式主要有两种：离散坐标点测量方式和连续几何轨迹点扫描（如展成）测量方式。测量的误差项目以齿廓、齿向和齿距等三项基本偏差为主。近年来由于坐标测量技术、传感器技术、计算机技术的发展，尤其是数据处理软件功能的增强，三维齿面形貌偏差、分解齿轮单项几何偏差和频谱分析等误差项目的测量得到了推广。单项几何偏差测量的优点是便于对齿轮（尤其是首件）加工质量进行分析和诊断、对机床加工工艺参数进行再调整；仪器可借助于样板进行校正，实现基准的传递。

2. 齿轮综合误差检测

它采用啮合滚动式综合测量法，把齿轮作为一个回转运动的传动元件，在理论安装中心距下，与被测量齿轮啮合滚动，测量其综合偏差。综合测量又分为齿轮单面啮合测量，用以检测齿轮的切向综合偏差和单齿切向综合偏差；以及齿轮双面啮合测量，用以检测齿轮的径向综合偏差和单齿径向综合偏差。为了更有效地发挥齿轮双面啮合测量技术的质量监控作用，增加了偏差的频谱分析测量项目；近年来还从径向综合偏差中分解出径向综合螺旋角偏差和径向综合齿向锥度偏差。这是齿轮径向综合测量技术中的一个新发展。综合运动偏差测量的优点是测量速度快，适合批量产品的质量终检，便于对齿轮加工工艺过程进行及时监控。仪器可借助于标准元件（如标准齿轮）进行校验，实现基准的传递。上述两项测量技术基于传统的齿轮精度理论，然而随着对齿轮质量检测要求的不断增加和提高，这些传统的齿轮测量技术也在不断细化、丰富、更新和提高。

3. 齿轮整体误差检测

它所基于的齿轮整体误差理论，是由我国机床工具行业，尤其是成都工具研究所的科研技术人员共同努力创建和不断完善的一种新型齿轮测量方法。把齿轮作为一个用于实现传动功能的几何实体，或采用坐标式几何解析法对其几何精度进行测量。齿轮整体误差检测特别适合批量产品齿轮精度的检测与质量的控制。

4. 齿轮在机检测

该技术近年来有了较快的发展，它是一个重要发展趋势。直接将齿轮测量装置集成于齿轮加工机床，齿轮试切或加工后不用拆卸，立即在机床上进行在机测量，根据测量结果对机床（或滚轮）参数及时调整修正（主要针对磨齿）。这对于成形磨齿加工和大齿轮磨齿加工而言，在提高生产率、降低成本方面，尤其具有重要意义。德国 KAPP 厂的数控磨齿机就是一个典型代表。CNC 齿轮加工机床的迅速发展，为推动齿轮在机测量技术的应用和发展提供了可靠的工作平台。

由于对大批量生产的汽车齿轮质量要求的提高，齿轮在线测量分选技术的应用已是必不可少。上海汽车齿轮厂近年首次从美国 ITW 公司引进了该项技术和相应仪器装备，取得了预期效果。

（二）齿轮测量仪

齿轮测量仪通常由仪器主机、坐标或位移传感器、测头装置、测量拖板数控驱动系统、测量系统电气装置与接口，以及计算机等部分组成。随着关键精密零部件生产专业化、标准化、模块化，尤其是近年来信息技术、计算机技术、精密机械制造技术以及精密测量技术的发展，推动了齿轮测量仪器的研制与开发，新的控制软件和测量软件的开发显得更为重要，如图 4-70 所示。

图 4-70　齿轮测量仪

学习小结

【自学自测】

学习领域	金属切削加工		
学习情境四	刨削、钻削及齿轮加工	任务3	齿轮加工
作业方式	个人解答、小组分析，现场批阅，集体评判		
1	齿轮加工常用方法有哪些?		
解答:			
2	简述齿轮展成法加工过程。		
解答:			
3	齿轮加工的一般工艺路线是什么?		
解答:			
评价:			

班级		组别		组长签字	
学号		姓名		教师签字	
教师评分		日期			

【任务实施】

一、齿轮加工内容和要求分析

圆柱齿轮的加工工艺过程一般应包括以下内容：齿轮毛坯加工、齿面加工、热处理工艺及齿面的精加工。在编制工艺过程中，常因齿轮结构、标准公差等级、生产批量和生产环境的不同，而采取各种不同的工艺方案。

本单元给定的任务是直齿圆柱齿轮的简图，编制该齿轮加工工艺过程大致可以划分如下几个阶段：

1）齿轮毛坯的形成：锻件、棒料或铸件。

2）粗加工：切除较多的余量。

3）半精加工：车、滚、插齿。

4）热处理：调质、渗碳淬火、齿面高频感应淬火等。

5）精加工：精修基准、精加工齿形。

二、选择基准

齿轮加工基准的选择常因齿轮的结构形状不同而有所差异。带轴齿轮主要采用顶点孔定位；对于空心轴，则在中心内孔钻出后，用两端孔口的斜面定位；孔径大时则采用锥堵。顶点定位的精度高，且能做到基准重合和统一。带孔齿轮在齿面加工时常采用以下两种定位、夹紧方式：

1）以内孔和端面定位。以工件内孔定位确定定位位置，再以端面作为轴向定位基准，并对着端面夹紧，使定位基准、设计基准、装配基准和测量基准重合。这种定位方式定位精度高，适合于批量生产，但对于夹具的制造精度要求较高。

2）以外圆和端面定位。当工件和夹具心轴的配合间隙较大时，采用千分表校正外圆以确定中心的位置，并以端面进行轴向定位，从另一端面夹紧。这种定位方式因每个工件都要校正，故生产率低；同时对齿坯的内、外圆同轴度要求高，而对夹具精度要求不高，故适用于单件、小批生产。

综上所述，为了减少定位误差，提高齿轮加工精度，在加工时应满足以下要求：

1）应选择基准重合、统一的定位方式。

2）内孔定位时，配合间隙应尽可能减小。

3）定位端面与定位孔或外圆应在一次装夹中加工出来，以保证垂直度要求。

三、齿轮毛坯加工

在齿轮图样的技术要求中，如果规定以分度圆选齿厚的减薄量来测定齿侧间隙时，应注意齿顶圆的精度要求，齿厚的检测是以齿顶圆为测量基准。齿顶圆精度太低，必然使测量出的齿厚无法正确反映出齿侧间隙的大小，所以在这一加工过程中应注意以下三个问题：

1）当以齿顶圆作为测量基准时，应严格控制齿顶圆的尺寸精度。

2）保证定位端面和定位孔或外圆间的垂直度。

3）提高齿轮内孔的制造精度，减小其与夹具心轴的配合间隙。

四、加工工艺路线

确定加工工艺路线为

锻造→正火→粗车→精车→滚齿→插削→磨削→检验

五、齿轮加工具体实施步骤

齿轮加工具体实施步骤见表 4-5。

表 4-5　齿轮加工具体实施步骤

序号	名称	工序内容	所需设备
1	锻造	锻造毛坯	
2	热处理	正火	
3	粗车	粗车外圆各部，均留加工余量 1.5mm	车床
4	精车	精车各部，内孔至 ϕ184.8H7	车床
5	滚齿	滚齿加工	滚齿机
6	倒角	倒圆轮齿端面	
7	插键槽	加工键槽	插床
8	钳	去毛刺	
9	热处理	热处理齿部（52HRC）	
10	磨	靠磨大端面 A	磨床
11	磨	磨削 B 面总长至尺寸	磨床
12	磨	磨内孔至尺寸	磨床
13	磨齿	磨齿轮各齿	齿轮磨床
14	检验		

【齿轮加工工作单】
计划单

<table>
<tr><td>学习情境四</td><td>刨削、钻削及齿轮加工</td><td>任务 3</td><td colspan="2">齿轮加工</td></tr>
<tr><td>工作方式</td><td colspan="2">组内讨论、团结协作共同制订计划：小组成员进行工作讨论，确定工作步骤</td><td>计划学时</td><td>0.5 学时</td></tr>
<tr><td>完成人</td><td colspan="4">1.　　　　2.　　　　3.
4.　　　　5.　　　　6.</td></tr>
<tr><td colspan="5">计划依据：1. 齿轮零件图；2. 加工任务要求</td></tr>
<tr><td>序号</td><td>计划步骤</td><td colspan="3">具体工作内容描述</td></tr>
<tr><td>1</td><td>准备工作（准备图样、材料、机床、工具、量具，谁去做?）</td><td colspan="3"></td></tr>
<tr><td>2</td><td>组织分工（成立组织，人员具体都完成什么?）</td><td colspan="3"></td></tr>
<tr><td>3</td><td>制订加工工艺方案（先粗加工什么，再半精加工什么，最后精加工什么?）</td><td colspan="3"></td></tr>
<tr><td>4</td><td>零件加工过程（用量的确定，机床的调整，工件的安装，零件检测?）</td><td colspan="3"></td></tr>
<tr><td>5</td><td>整理资料（谁负责？整理什么?）</td><td colspan="3"></td></tr>
<tr><td>制订计划说明</td><td colspan="4">（写出制订计划中人员为完成任务的主要建议或可以借鉴的建议、需要解释的某一方面）</td></tr>
</table>

决策单

学习情境四	刨削、钻削及齿轮加工		任务3	齿轮加工	
决策学时			0.5学时		
决策目的：齿轮加工方案对比分析，比较加工质量、加工时间、加工成本等					
工艺方案对比	小组成员	方案的可行性（加工质量）	加工的合理性（加工时间）	加工的经济性（加工成本）	综合评价
	1				
	2				
	3				
	4				
	5				
	6				
决策评价	结果：（根据组内成员加工方案对比分析，对自己的工艺方案进行修改并说明修改原因，最后确定一个最佳方案）				

检查单

<table>
<tr><td>学习情境四</td><td colspan="2">刨削、钻削及齿轮加工</td><td>任务 3</td><td colspan="4">齿轮加工</td></tr>
<tr><td colspan="3">评价学时</td><td colspan="2">课内
0.5 学时</td><td colspan="3">第　　组</td></tr>
<tr><td colspan="2">检查目的及方式</td><td colspan="6">教师全过程监控小组的工作情况，如检查等级为不合格，小组需要整改，并拿出整改说明</td></tr>
<tr><td rowspan="2">序号</td><td rowspan="2">检查项目</td><td rowspan="2">检查标准</td><td colspan="5">检查结果分级
（在检查相应的分级框内划“√”）</td></tr>
<tr><td>优秀</td><td>良好</td><td>中等</td><td>合格</td><td>不合格</td></tr>
<tr><td>1</td><td>准备工作</td><td>查找资源、材料准备完整</td><td></td><td></td><td></td><td></td><td></td></tr>
<tr><td>2</td><td>分工情况</td><td>安排合理、全面，分工明确</td><td></td><td></td><td></td><td></td><td></td></tr>
<tr><td>3</td><td>工作态度</td><td>小组成员工作积极主动、全员参与</td><td></td><td></td><td></td><td></td><td></td></tr>
<tr><td>4</td><td>纪律出勤</td><td>按时完成负责的工作内容、遵守工作纪律</td><td></td><td></td><td></td><td></td><td></td></tr>
<tr><td>5</td><td>团队合作</td><td>相互协作、互相帮助、成员听从指挥</td><td></td><td></td><td></td><td></td><td></td></tr>
<tr><td>6</td><td>创新意识</td><td>任务完成不照搬照抄，看问题具有独到见解，创新思维</td><td></td><td></td><td></td><td></td><td></td></tr>
<tr><td>7</td><td>完成效率</td><td>工作单记录完整，并按照计划完成任务</td><td></td><td></td><td></td><td></td><td></td></tr>
<tr><td>8</td><td>完成质量</td><td>工作单填写准确，评价单结果达标</td><td></td><td></td><td></td><td></td><td></td></tr>
<tr><td>检查
评语</td><td colspan="5"></td><td colspan="2">教师签字：</td></tr>
</table>

任务评价

小组产品加工评价单

学习情境四	刨削、钻削及齿轮加工				
任务3	齿轮加工				
评价类别	评价项目	子项目	个人评价	组内互评	教师评价
专业知识与技能	加工准备（15%）	零件图分析（5%）			
		设备及刀具准备（5%）			
		加工方法的选择以及切削用量的确定（5%）			
	任务实施（30%）	工作步骤执行（5%）			
		功能实现（5%）			
		质量管理（5%）			
		安全保护（10%）			
		环境保护（5%）			
	工件检测（30%）	产品尺寸精度（15%）			
		产品表面质量（10%）			
		工件外观（5%）			
	工作过程（15%）	使用工具规范性（5%）			
		操作过程规范性（5%）			
		工艺路线正确性（5%）			
	工作效率（5%）	能够在要求的时间内完成（5%）			
	作业（5%）	作业质量（5%）			
评价评语					

班级		组别		学号		总评	
教师签字		组长签字		日期			

小组成员素质评价单

学习情境四		刨削、钻削及齿轮加工		任务 3	齿轮加工			
班级		第　组		成员姓名				
评分说明		每个小组成员评价分为自评和小组其他成员评价两部分，取平均值计算，作为该小组成员的任务评价个人分数。评价项目共设计 5 个，依据评分标准给予合理量化打分。小组成员自评分后，要找小组其他成员以不记名方式打分						
评分项目	评分标准		自评分	成员 1 评分	成员 2 评分	成员 3 评分	成员 4 评分	成员 5 评分
核心价值观（20 分）	是否体现社会主义核心价值观的思想及行动							
工作态度（20 分）	是否按时完成负责的工作内容、遵守纪律，是否积极主动参与小组工作，是否全过程参与，是否吃苦耐劳，是否具有工匠精神							
交流沟通（20 分）	是否能清晰地表达自己的观点，是否能倾听他人的观点							
团队合作（20 分）	是否与小组成员合作完成任务，做到相互协作、互相帮助、听从指挥							
创新意识（20 分）	看问题是否能独立思考，提出独到见解，是否能够以创新思维解决遇到的问题							
最终小组成员得分								

课后反思

<table>
<tr><td>学习情境四</td><td colspan="2">刨削、钻削及齿轮加工</td><td>任务 3</td><td>齿轮加工</td></tr>
<tr><td>班级</td><td></td><td>第　组</td><td>成员姓名</td><td></td></tr>
<tr><td colspan="2">情感反思</td><td colspan="3">通过对本任务的学习和实训，你认为自己在社会主义核心价值观、职业素养、学习和工作态度等方面有哪些需要提高的部分？</td></tr>
<tr><td colspan="2">知识反思</td><td colspan="3">通过对本任务的学习，你掌握了哪些知识点？请画出思维导图。</td></tr>
<tr><td colspan="2">技能反思</td><td colspan="3">在完成本任务的学习和实训过程中，你主要掌握了哪些技能？</td></tr>
<tr><td colspan="2">方法反思</td><td colspan="3">在完成本任务的学习和实训过程中，你主要掌握了哪些分析和解决问题的方法？</td></tr>
</table>

【课后作业】

齿轮传动广泛应用于机床、汽车、飞机、船舶及精密仪器等行业中。图4-71为齿轮简图，结合齿轮结构特点与技术要求，合理设计出齿轮加工的工艺路线，说明齿轮的加工过程。

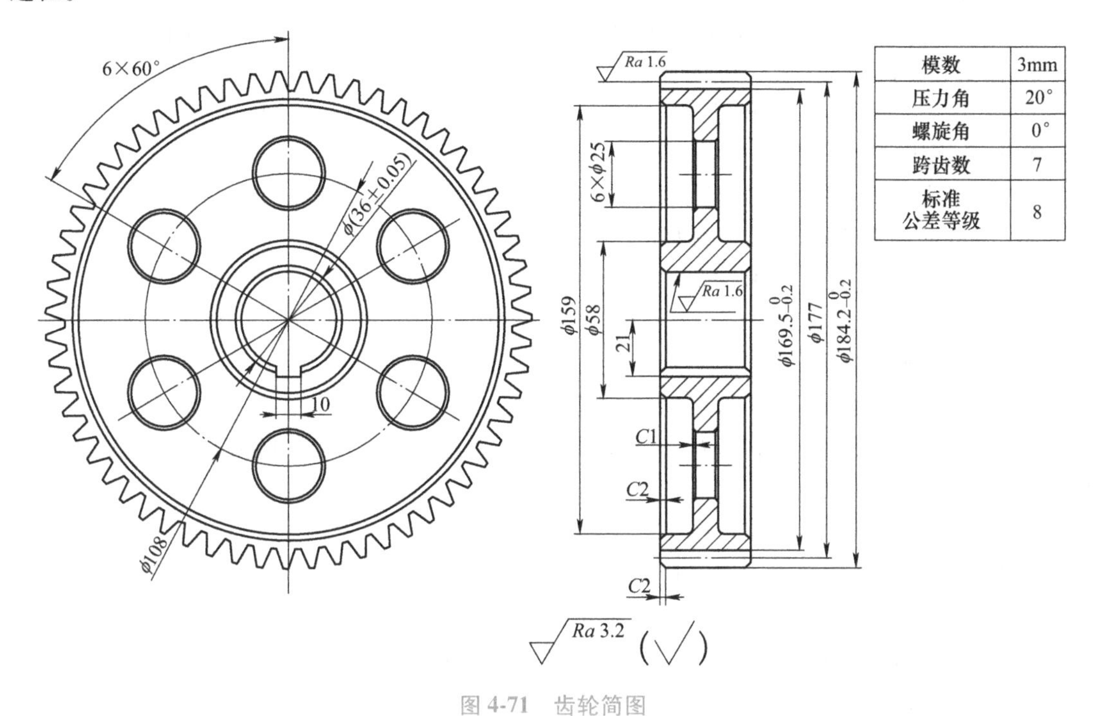

模数	3mm
压力角	20°
螺旋角	0°
跨齿数	7
标准公差等级	8

图4-71 齿轮简图

【课后思考与练习】

一、单选题（只有一个正确答案）

1. 加工 ϕ20mm 以下未淬火的小孔，尺寸精度IT8，表面粗糙度 Ra3.2～1.6μm，应选用（　　）加工方案。

A. 钻孔—镗—磨　　B. 钻—粗镗—精镗

C. 钻—扩—机铰　　D. 钻—镗—磨

2. 镗孔时，镗床导轨在（　　）对工件的加工精度影响较大。

A. 水平面内的直线度　　B. 垂直面内的直线度

C. 水平面内和垂直面内直线度

3. 钻床钻孔易产生（　　）精度误差。

A. 位置　　B. 形状　　C. 尺寸

4. 拉床的切削运动是（　　）。

A. 工件旋转　　B. 工件移动　　C. 拉刀旋转　　D. 拉刀移动

5. 刨削由于（　　），限制了切削速度的提高。

A. 刀具切入、切出时有冲击

B. 回程不工作

C. 单刃刀具

6. 属于成形法加工齿形的是（　　）。

A. 剃齿　　B. 珩齿　　C. 铣齿　　D. 插齿

7. 砂轮组织表示砂轮中磨料、结合剂和气孔间的（　　）。

A. 体积比例　　B. 面积比例　　C. 重量比例　　D. 质量比例

8. 在实心材料上加工孔，应选（　　）。

A. 钻孔　　B. 扩孔　　C. 铰孔　　D. 镗孔

9. 拉孔属于（　　）。

A. 粗加工阶段　　B. 半精加工阶段　　C. 精加工阶段　　D. 光整加工阶段

10. 下列四种齿轮刀具中，可以加工内齿轮的是（　　）。

A. 盘形齿轮铣刀　　B. 插齿刀　　C. 滚齿刀　　D. 指形齿轮铣刀

二、填空题

1. 孔内键槽在单件小批生产时宜用（　　　）方法加工。在大批大量生产时宜采用（　　　）方法加工可获得高的加工精度和生产率。

2. 剃齿加工过程相当于一对斜齿轮副的啮合过程，能进行剃齿切削的必要条件是（　　　）。

3. 钻孔防止钻偏的措施有：（　　　）和（　　　）。

4. 单刃镗刀镗孔比双刃镗刀镗孔的主要优点是（　　　）。

5. 插齿是按（　　　）的原理来加工齿轮的。

6. ϕ20H7，HT200 齿轮轴孔，Ra1.6μm，单件生产的加工方案是（　　　）。

7. 镗床镗孔最适合于加工（　　　）零件上的孔。

8. 齿形常用加工方法中，（　　　）的生产率最高，（　　　）的生产率最低。

9. 钻头刃磨正确，切削对称时，钻削中的（　　　）分力应为零。

10. 用展成法加工齿轮的刀具，除齿轮滚刀、插齿刀外，还有（　　　）刀。

三、简答题

1. 在零件的加工过程中，为什么常把粗加工和精加工分开进行？

2. 按加工原理的不同，齿轮齿形加工可以分为哪两大类？

3. 为什么孔的轴线应尽量与其端面垂直？

4. 选择钻削用量时应注意些什么？

5. 滚削斜齿圆柱齿轮时需要哪几条传动链？

6. 拉孔表面粗糙度值低的原因是什么？

7. 试述拉削加工生产率高的原因。

8. 试比较滚齿和插齿的特点及适用范围。

9. 砂轮的特性由什么决定？

10. 有一双联齿轮，材料为 45 钢，淬火，齿面表面粗糙度 Ra 值为 0.4μm，齿面精度 6 级，请简要说明加工方案。

附　录

课后思考与练习参考答案

学习情境一

一、单选题

1. C　2. C　3. D　4. C　5. A　6. B　7. A　8. B　9. A　10. A

11. C　12. C　13. A　14. C　15. A　16. A

二、填空题

1. 切削速度　进给量　背吃刀量
2. 减小
3. 在基面投影上主切削刃与进给方向
4. 降低
5. 基面　切削平面　正交平面
6. 进给方向
7. 较大
8. 圆锥
9. 高
10. 增大
11. 高
12. 润滑　冷却　清洗　防锈

三、简答题

1. 试述切削用量的选择原则。

答：从既要提高生产率，又要保证刀具寿命出发，选择切削用量的顺序是：首先选用尽可能大的背吃刀量 a_p，其次选用尽可能大的进给量 f，最后根据确定的刀具寿命选择合理的切削速度 v_e。

2. 切削力的分解与切削运动相联系，有何实用意义？

答：切削力的分解与切削运动相联系，便于测量和应用。切削力是校核刀具强度、设计机床、确定机床动力的必要数据；背切削力是设计机床主轴系统和校验工艺系统刚性的主要依据；进给力是设计和校验机床进给机构强度与刚度的主要依据。

3. 试述后角的定义和功用。

答：后角是在正交平面内测量的主后刀面与切削平面的夹角。增大后角能减小后刀面和过度表面之间的摩擦，减小刀具磨损还可以减小切削刃钝圆半径，使切削刃锋利易于切下切屑，可减小表面粗糙度值，但后角过大会降低切削刃强度和散热能力。

4. 什么是积屑瘤？如何抑制积屑瘤？

答：积屑瘤定义：在一定切削速度范围内，加工塑性材料时，在切削刃附近的前刀面上会出现一块高硬度的金属，它围着切削刃且覆盖着部分前刀面，可代替切削刃对工件进行切削加工。

抑制积屑瘤的措施：提高切削速度，增大刀具的前角，改变工件材料性质，降低工件材料的塑性，提高工件的硬度；其他措施有减小进给量、减小前刀面的粗糙度、合理使用切削液。

5. 试述车刀切削部分的组成。

答：三面两刃一刀尖。

三面：

前刀面：切屑流出的表面。

后刀面：与加工表面相对的刀面。

副后刀面：与待加工表面相对的刀面。

两刃：

主切削刃：前、后刀面的夹线。

副切削刃：前副后刀面的夹线。

一刀尖：主副切削刃的连接部分。

6. 试述车削加工的特点及应用范围。

答：车削加工工艺范围广，可以加工内外圆表面、圆锥面、端面、螺纹、车槽、切断、及形成回转体表面。

主运动是工件的旋转，进给运动时刀具的直线运动，生产率高、加工精度范围大、生产成本低。

高速精细车是加工有色金属高精度回转体表面的主要方法。

7. 试述前角的定义和作用。

答：前角是指在主剖面内测量的前刀面与基面的夹角。增大前角能减小切削变形和摩擦，降低切削力、切削温度，减小刀具磨损，改善加工质量，抑制积屑瘤；但前角过大会削弱刀头强度和散热能力，容易造成削刀。

8. 试述切削液的分类。

答：水溶液、乳化液、切削油。

学习情境二

一、单选题

1. A　2. C　3. B　4. B　5. A　6. D　7. B　8. C　9. C　10. D　11. B　12. A　13. B

二、填空题

1. 顺铣

2. 变化

3. 工件或铣刀　切削

4. 相等

5. 成形
6. 顺铣
7. 回转式　非回转式
8. 高速钢　硬质合金
9. 分层铣削法　扩刀铣削法
10. 基准面　圆棒
11. 立铣刀　1　T形槽　角度铣刀
12. 用平口钳装夹　压板装夹　万能分度头装夹　用回转工作台装夹

三、简答题

1. 什么是铣削？

答：铣削是将毛坯固定，用高速旋转的铣刀在毛坯上走刀，切出需要的形状和特征。传统铣削较多地用于铣轮廓和槽等简单外形特征。数控铣床可以进行复杂外形和特征的加工。

2. 铣削用量包括哪些？

答：铣削速度 v_c、进给量 f、铣削深度 a_p、铣削宽度 a_e。

3. 如何计算进给量？

答：

（1）每齿进给量 f_z，其单位为毫米每齿（mm/z）。

（2）每转进给量 f，其单位为毫米每转（mm/r）。

（3）每分钟进给量 v_f，又称进给速度，其单位为毫米每分钟（mm/min）。

上述三者的关系为 $v_f = nf = nzf_z$。

4. 列举出几种常见的铣床。

答：卧式万能铣床、立式铣床、万能工具铣床、龙门铣床等。

5. 简述卧式万能铣床的特点。

答：万能铣床是一种通用的多用途高效率机床，它可以采用多种刀具对零件进行平面、斜面、沟槽、齿轮等加工，还可以加装万能铣头分度头等机床附件来扩大加工范围。常用的万能铣床有卧式和立式两种。

卧式万能铣床质量稳定，如果使用适当铣床附件，可加工齿轮、凸轮、弧形槽及螺旋面等特殊形状的零件，配置万能铣头、圆工作台、分度头等铣床附件，采用镗刀杆后亦可对中、小零件进行孔加工。加装立铣头，可用立铣刀进行切削加工（立铣头为特殊附件），可进一步扩大机床使用范围。本机床适用于各种机械加工工业。

6. 简述立式铣床的特点。

答：立式铣床与卧式铣床相比较，主要区别是主轴垂直布置。除了主轴布置不同以外，工作台可以上、下升降；立式铣床用的铣刀相对灵活一些，适用范围较广，可使用立铣刀、机夹刀盘、钻头等。主要用于加工各种零部件的平面、斜面、沟槽等，是机械制造、模具、仪器仪表、汽车、摩托车等行业的理想加工设备。

7. 简述龙门铣床的特点。

答：龙门铣床，简称龙门铣，是具有门式框架和卧式长床身的铣床。龙门铣床上可以用多把铣刀同时加工表面，加工精度和生产率都比较高，适用于在成批和大量生产中加工大型工件的平面和斜面。

8. 常用的铣刀杆有哪些？

答：常用的铣刀杆有 22mm，27mm，32mm 三种。

9. 简述铣刀和铣刀杆的拆卸。

答：

（1）将铣床主轴转速调至最低或将主轴锁紧。

（2）反向旋转铣刀杆紧刀螺母，松开铣刀。

（3）调松挂架轴承，然后松开并卸下挂架。

（4）旋下铣刀杆紧刀螺母，取下垫圈和铣刀。

（5）松开拉紧螺杆的背紧螺母，然后用锤子轻击拉紧螺杆端部，使铣刀杆锥柄锥面与主轴锥孔脱开。

（6）右手握住铣刀杆，左手旋紧拉紧螺杆，取下铣刀杆。

（7）铣刀杆取下后，擦净、涂油，然后垂直放置在专用的支架上，不允许水平或杂乱放置，以免铣刀杆弯曲变形。

10. 在 X6132 型万能铣床上，用直径为 80mm 的圆柱形铣刀，以 200r/min 的铣削速度进行铣削。问铣床主轴转速应调整到多少？

答：$v_c = \frac{\pi d n}{1000}$　　$n = \frac{1000 v_c}{\pi d} = \frac{1000 \times 200}{3.14 \times 80}\text{r/min} \approx 796.18\text{r/min}$

取铣床主轴转速 800r/min。

学习情境三

一、单选题

1. A　2. B　3. A　4. D　5. C　6. A　7. C　8. B　9. D　10. B　11. C　12. B

二、填空题

1. 进给
2. 挤压摩擦
3. 硬
4. 高　低
5. 高
6. 正常磨损
7. 工件运动速度
8. 切深
9. 表面烧伤
10. 大
11. 精
12. 白刚玉

三、简答题

1. 外圆磨床包括哪些种类？

答：包括万能外圆磨床、普通外圆磨床、无心外圆磨床等。主要用于轴、套类零件的外圆柱、外圆锥面、阶台轴外圆面及端面的磨削。

2. M1432A 万能外圆磨床的组成有哪些？

答：它由床身、工作头架、工作台、磨具、砂轮架、尾座、液压控制箱横向进给机构等部分组成。

3. 砂轮的种类有哪些？

答：砂轮种类繁多，按所用磨料可分为普通磨料（刚玉和碳化硅等）砂轮和天然磨料超硬磨料和（金刚石和立方氮化硼等）砂轮；按形状可分为平形砂轮、斜边砂轮、筒形砂轮、杯形砂轮、碟形砂轮等；按结合剂可分为陶瓷砂轮、树脂砂轮、橡胶砂轮、金属砂轮等。砂轮的特性参数主要有磨料、黏度、硬度、结合剂、形状、尺寸等。

4. 什么是砂轮的硬度？如何进行选择？

答：砂轮的硬度是指砂轮表面上的磨粒在磨削力作用下脱落的难易程度。

选择砂轮硬度的一般原则是：加工软金属时，为了使磨料不致过早脱落，宜选用硬砂轮；加工硬金属时，为了能及时地使磨钝的磨粒脱落，从而露出具有尖锐棱角的新磨粒（即自锐性），宜选用软砂轮。前者是因为在磨削软材料时，砂轮的工作磨粒磨损很慢，不需要太早的脱离；后者是因为在磨削硬材料时，砂轮的工作磨粒磨损较快，需要较快的更新。

5. 什么是纵向磨削法？什么是切入磨削法？

答：纵向磨削法：使工作台作纵向往复运动进行磨削的方法。

切入磨削法（横向磨削法）：用宽砂轮进行横向切入磨削的方法。

6. 磨削加工中，磨床润滑的目的是什么？润滑的基本要求有哪些？

答：磨床润滑的目的是减少磨床摩擦面和机构传动副的磨损，使传动平稳，并提高机构工作的灵敏度和可靠度。

润滑的基本要求是“五点”，即定点、定质、定量、定期和定人。

7. 简述平面磨削运动。

答：

（1）主运动。磨削时主运动是砂轮的旋转运动，或称磨削速度，用 v 表示。

（2）进给运动。工件圆周进给运动和工件轴向进给运动。

（3）切入运动。切入运动是砂轮切入工件的运动，用 f_r 表示，单位为 mm/行程。

8. 什么是周磨？什么是端磨？

答：周磨是用砂轮的圆周表面磨削工件的。磨削时，砂轮和工件接触面积小，排屑及冷却条件好，工件发热量少，因此工件不易变形，砂轮磨损均匀，所以能得到较高的加工精度和表面质量，特别适合加工易翘曲变形的薄片零件。但磨削效率低，适用于精磨。

端磨是以砂轮端面磨削工件的。磨削时，砂轮轴伸出较短，而且主要受轴向力，所以刚性较好，能采用较大的磨削用量。但砂轮和工件接触面积大，金属材料磨去较快，因而磨削效率高，但是磨削热大，切削液又不易注入磨削区，容易发生工件被烧伤现象，另外端磨时不易排屑，因此加工质量较周磨低，适用于粗磨。

9. 砂轮的修整应起到什么作用？

答：砂轮的修整应起到两个作用：一是去除外层已钝化的磨粒或去除已被磨屑堵塞了的一层磨粒，使新的磨粒显露出来；二是使砂轮修整后具有足够数量的有效切削刃，从而提高已加工表面质量。

10. 为了改善端面磨削法加工质量，通常采取哪些措施？

答：

（1）选用粒度较粗、硬度较软的树脂结合剂砂轮。

（2）磨削时供应充分的切削液。

学习情境四

一、单选题

1. C　2. C　3. A　4. D　5. A　6. C　7. A　8. A　9. C　10. B

二、填空题

1. 插削　拉削
2. 齿轮副的齿面间有相对滑移
3. 预钻孔　钻模（套）
4. 可以纠偏
5. 展成法
6. 钻—扩—铰
7. 箱体
8. 滚齿　铣齿
9. 径向
10. 剃齿

三、简答题

1. 在零件的加工过程中，为什么常把粗加工和精加工分开进行？

答：这是与它们的目的所决定的，粗加工的目的是切除各加工表面的大部分加工余量，并完成精基准的加工，而精加工的目的是获得符合精度和表面粗糙度要求的表面。

粗加工时，背吃刀量和进给量大，切削力较大，切削热较高，工件受力变形、受热变形及内应力重新分布，将破坏已加工的表面，同时，粗加工时，还可以发现毛坯缺陷，避免因对不合格毛坯继续生产而造成的浪费。

2. 按加工原理的不同，齿轮齿形加工可以分为哪两大类？

答：

（1）成形法（也称仿形法）：是指用与被切轮齿齿间形状相符的成形刀具，直接切出齿形的加工方法。

（2）展成法（也称范成法或包络法）：是指利用齿轮刀具与被切齿轮的啮合运动（或称展成运动），切出齿形的加工方法。

3. 为什么孔的轴线应尽量与其端面垂直？

答：如果钻头轴线不垂直于进口或出口的端面，钻孔时钻头很容易产生偏斜或弯曲，甚至折断，因此孔的轴线尽量与端面垂直。

4. 选择钻削用量时应注意些什么？

答：钻大孔时，转速应低些，以免钻头急剧磨损，但进给量可适当增大，有利于生产率的提高。钻小孔时，应提高转速，但进给量应小些，以免折断钻头。

5. 滚削斜齿圆柱齿轮时需要哪几条传动链？

答：主运动传动链、展成运动传动链、附加运动传动链、垂直进给运动传动链。

6. 拉孔表面粗糙度值低的原因是什么？

答：

（1）机床传动系统简单，且为液压传动，平稳无振动。

（2）切削速度低，可避免积屑瘤。

（3）拉刀多刃，且有修光刃，加工残留面积小。

7. 试述拉削加工生产率高的原因。

答：

（1）机床在一个行程内可完成粗、半精、精加工。

（2）拉刀为多刃刀具，多个切削刃同时切削。

（3）刀具、工件均为浮动安装，缩短了辅助工艺时间。

8. 试比较滚齿和插齿的特点及适用范围。

答：插齿相对于滚齿：

（1）齿形精度高。

（2）表面粗糙度值小。

（3）传动准确性差。

（4）生产率低。

（5）适合加工直齿、内齿、多联齿轮以及扇形齿和齿条，不适于加工斜齿和蜗齿。

9. 砂轮的特性由什么决定？

答：砂轮的切削特性主要决定于磨料、粒度、结合剂 、硬度和组织等基本要素。

10. 有一双联齿轮，材料为45钢，淬火，齿面表面粗糙度 Ra 值为0.4μm，齿面精度6级，请简要说明加工方案。

答：其加工方案应为：插齿—淬火—磨齿。

参 考 文 献

［1］武友德．金属切削加工与刀具［M］．北京：北京理工大学出版社，2020.
［2］王靖东．金属切削与加工［M］．北京：高等教育出版社，2014.
［3］王道林．机械制造工艺［M］．北京：机械工业出版社，2022.
［4］吴拓．金属切削加工及装备［M］．北京：机械工业出版社，2017.
［5］武友德．机械加工工艺［M］．北京：北京理工大学出版社，2018.
［6］温上焦．现代制造工艺学［M］．北京：电子工业出版社，2018.